LE TOUR DE LA SCIENCE EN 365 EXPÉRIENCES

L'ouvrage original est une compilation de différents volumes, publiés sous les titres suivants :
Simple Science Experiments with Everyday Materials © 1989 : Muriel Mandell ;
Simple Weather Experiments with Everyday Materials © 1990 : Muriel Mandell ;
Amazing Science Experiments with Everyday Materials © 1991 : E. Richard Churchill ;
Simple Chemistry Experiments with Everyday Materials © 1994 : Louis V. Loeschnig ;
Simple Earth Science Experiments with Everyday Materials © 1996 : Louis V. Loeschnig.
Reprinted by Permission of Black Dog & Leventhal Publishers, Inc., New York and Sterling Publishing Company, Inc., New York.
Ces éditions ont fait l'objet d'une nouvelle mise en pages et d'une réorganisation aux fins de la nouvelle édition.

Maquette : Liz Trovato

Ouvrage original publié par
Black Dog & Leventhal Publishers, Inc.
151 West 19th Street, New York, NY 10011
sous le titre :
365 Simple Science Experiments with everyday materials
ISBN 1-884822-67-3

Traduction de l'américain : Patrick Delperdange
Réalisation : Millefeuilles, Bruxelles
Lecture : Marielle Thaeder, Véronique Vicuña Navarro
Coordination éditoriale : Christèle Jany

Réalisation complète : h.f.ullmann publishing GmbH, Potsdam, Allemagne

Imprimé en Chine, 2013

ISBN 978-3-8480-0412-6

10 9 8 7 6 5 4 3 2 1
X IX VIII VII VI V IV III II I

www.ullmann-publishing.com
newsletter@ullmann-publishing.com

FSC
www.fsc.org
MIX
Paper from
responsible sources
FSC® C008047

Les explications et indications fournies dans les textes de ce livre sont données en toute conscience et uniquement à titre indicatif. Les instructions d'essai ne vous libèrent pas d'un propre contrôle du mode d'exécution des essais en vue de votre sécurité et de celle des enfants sous votre responsabilité. Ne laissez jamais des personnes mineures effectuer les essais décrits dans cet ouvrage sans surveillance ! Les enfants ne sont pas à même d'évaluer de manière réaliste les risques portant atteinte à leur santé et à leur intégrité physique. Dans l'impossibilité de contrôler les essais, nous déclinons toute responsabilité quant à la réalisation des essais, notamment quant au maniement des moyens auxiliaires décrits dans les instructions d'essai. Aucune responsabilité n'est prise en charge pour tous dommages corporels et matériels en résultant.

accorder un verre, briser les rayons du Soleil, et vider un verre en te contentant de souffler dessus. Et, en plus de tout cela, tu apprendras pourquoi chacune de ces expériences fonctionne, tout en prenant du bon temps !

La partie suivante te permettra de voir comment, à partir d'ustensiles quotidiens comme les bouteilles, les bocaux, les journaux, les aimants, la terre, l'argile et le sable, tu pourras percevoir les forces mystérieuses qui affectent notre planète. Découvrir comment les tremblements de terre, la lumière, l'énergie, l'érosion et d'autres phénomènes, modifient l'aspect de la Terre. Tu découvriras la relation qui existe entre le magnétisme et l'électricité. Tu feras danser une épingle sur un fil, à la manière d'un charmeur de serpent, et tu comprendras comment, grâce à la force magnétique, les agents de sécurité parviennent à éliminer les jetons et les fausses pièces de monnaie qu'on introduit parfois dans les distributeurs automatiques. Tu verras aussi comment se forment les tremblements de terre et les raz-de-marée.

Les expériences proposées dans les quatre chapitres suivants sont liées au temps qu'il fait. Grâce à ces activités passionnantes, tu perceras les secrets de bon nombre des mystères du climat et du temps. Tu comprendras pourquoi le pôle Nord est plus froid que l'équateur, pourquoi le Soleil se couche, et ce qui provoque tonnerre et éclairs. Tu pourras te constituer ta propre station météo, en assemblant les instruments nécessaires pour enregistrer les températures, les pressions atmosphériques, la direction du vent et sa vitesse, l'humidité et les précipitations.

Les trois derniers chapitres comportent des dizaines d'expériences et d'activités épatantes qui te permettront de devenir un véritable chimiste. Certaines d'entre elles font appel à de sérieuses transformations chimiques, comme extraire le sel de l'eau et fabriquer son propre papier réactif à partir de baies pour tester produits acides ou basiques. D'autres expériences te feront penser à des tours de magie, mais elles sont toutes fondées sur les molécules et les réactions chimiques. Tu essaieras de gonfler un gant de caoutchouc avec un gaz que les chimistes étudient de près. Tu verseras de l'eau dans une bouteille sans pouvoir la remplir et tu fabriqueras des vers de papier qui gigotent vraiment.

Tu peux bien sûr commencer tes activités par n'importe quelle expérience de n'importe quel chapitre, mais tu tireras davantage de profit de ce livre si, après avoir choisi un chapitre, tu décides d'effectuer les expériences dans l'ordre proposé.

Pour certaines d'entre elles, tu vas devoir te servir d'un réchaud, ou d'eau bouillante, ou d'une allumette, c'est pourquoi ces expériences sont signalées par la mention CHAUD ! On peut les repérer au premier coup d'œil et demander alors l'assistance d'un adulte. Nous te ferons également savoir quelles expériences requièrent une construction, et nous attirerons ton attention sur les mesures de sécurité à prendre.

L'ensemble des matériaux nécessaires pour mener à bien ces activités sont peu coûteux et faciles à réunir. Tu pourras trouver la plupart d'entre eux chez toi. Le reste peut être acheté dans les grands magasins, les épiceries

ou les quincailleries. Certains ustensiles sont requis dans bon nombre d'expériences, et il serait judicieux que tu commences par rassembler des bouteilles et des bocaux de différentes tailles, des boîtes à café ou à chaussures, des pots de fleurs en plastique ou en terre, des cuillères en plastique, des pailles, des filtres à café, des packs de lait vides, de grandes bouteilles à soda, une loupe, une boussole pour enfant, des aimants en fer à cheval et sous forme de barre, des ciseaux, des pinceaux, du papier, un rapporteur, du terreau, du gravier, de l'argile et du sable. Il est préférable de demander à un adulte de vérifier les matériaux que tu auras réunis avant de les utiliser pour tes expériences. Tu peux également rassembler tout ton équipement scientifique dans une boîte ou un placard prévus à cet effet. En plus d'être ainsi rangé en toute sécurité, ton matériel sera toujours disponible à chaque fois que tu souhaiteras reprendre tes expériences.

Toutes celles qui te sont proposées ont été simplifiées et testées du début à la fin – elles fonctionnent. Si l'une d'elles te semble ne pas marcher, commence par relire les instructions avant de la tenter une seconde fois. Si tu respectes les instructions dans leurs moindres détails, l'expérience réussira. Promis, juré ! Certaines de ces expériences, cependant, comme celles qui font appel à des plantes et à des graines, doivent être menées sur le long terme – elles exigent du temps et de la patience.

La fête scientifique peut à présent commencer. Tu vas percer de nombreux mystères de la science. Nous te souhaitons des heures de plaisir et d'expériences réussies ! Amuse-toi bien !

Tout commence avec une paille...

La paille toute simple avec laquelle tu bois peut se transformer en vaporisateur, en compte-gouttes, en pipeau ou en trombone, en balance – et en bien d'autres choses encore !

Quelques mots sur les pailles

Qu'est-ce qu'une paille ? Le dictionnaire la définit comme la tige sèche de certaines céréales – blé, avoine, orge – quand le grain en a été séparé. Les premières pailles qui ont servi à boire étaient les tiges de ces céréales. Et c'est de là que vient leur nom.

La première paille en papier a été imaginée en 888 aux États-Unis, par Marvin Chester Stone. Elle était roulée à la main dans une feuille de papier kraft et collée à la paraffine. Les pailles alimentaires furent ainsi fabriquées à la main jusqu'en 1905, lorsque la société de Stone mit au point la première machine à fabriquer des pailles. De nos jours, les pailles sont en papier ou en plastique.

1 Fabriquer une paille en papier

Découper une bande de papier de 5 cm sur 25 cm. En partant d'un angle, l'enrouler en diagonale pour former un étroit cylindre jusqu'à l'angle opposé. Maintenir le bord en place à l'aide d'un morceau de ruban adhésif.

2 Principe de fonctionnement

MATÉRIEL
une paille alimentaire
un verre d'eau
un verre vide

Tu penses que c'est toi qui fait monter le liquide dans une paille ? Eh bien, pas du tout !

Que faire ? Aspirer un peu de liquide dans la paille, puis placer un doigt à son sommet avant de la sortir de l'eau. Placer la paille au-dessus du verre vide. Puis ôter le doigt de l'extrémité de la paille.

Que se passe-t-il ? Tant que tu laisses ton doigt au sommet de la paille, l'eau y reste. Dès que tu soulèves ton doigt, l'eau se met à couler.

Pourquoi ? Ton doigt posé au sommet de la paille diminue la pression de l'air au-dessus de la paille. La pression plus forte sous la paille empêche l'eau de s'écouler. Lorsque tu aspires à l'aide d'une paille, en réalité, tu ne fais pas monter le liquide. Ce que tu accomplis précisément, c'est enlever une partie de l'air qui se trouve dans la paille. La pression à l'intérieur de la paille devient plus faible que la pression à l'extérieur. Et la pression externe plus forte envoie alors l'eau du verre dans la paille, jusqu'à ta bouche.

La pipette, tube dont se servent les scientifiques pour mesurer et transférer un liquide d'un récipient dans un autre, fonctionne de la même manière.

3 Paille compte-gouttes

Tu peux transformer une simple paille en compte-gouttes. Il te suffit d'aspirer un peu de liquide dans la paille. Maintiens-le ensuite en posant le doigt sur le sommet de la paille. Puis, relève et abaisse tour à tour ton doigt plié, pour permettre au liquide prisonnier de s'écouler goutte après goutte.

Exerce-toi avec la paille jusqu'à trouver la bonne technique. C'est simple comme bonjour.

4

Paille atomiseur

MATÉRIEL

une paille alimentaire
une paire de ciseaux
un verre d'eau

C'est de cette façon que fonctionnent les vaporisateurs de produits nettoyants et les atomiseurs à parfums.

Que faire ? À une distance d'environ un tiers de la longueur de la paille, faire une incision horizontale. Plier la paille à l'endroit de la coupure et plonger la partie la plus courte dans le verre d'eau, en maintenant l'incision à 6 mm au-dessus de la surface.

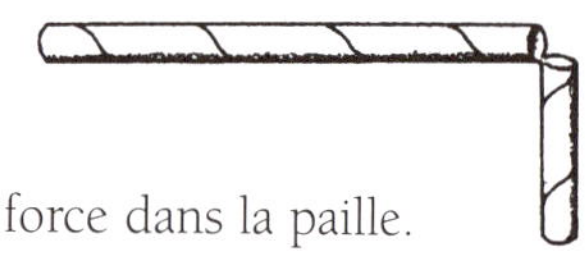

Souffler avec force dans la paille.

Que se passe-t-il ? L'eau monte dans la paille et en sort par l'incision, à la manière d'un vaporisateur.

Pourquoi ? Quand tu souffles dans la paille, un flux d'air circule au-dessus du bout de la partie courte, ce qui fait diminuer la pression à cet endroit précis. Tandis que la pression normale force l'eau à monter dans la paille, l'air la propulse alors en gouttelettes. Dans les vaporisateurs et les bombes aérosols, c'est une pompe qui projette cet air.

Paille pipeau

MATÉRIEL

une paille alimentaire
une paire de ciseaux

5

Les premiers instruments à vent étaient sans doute des roseaux percés dont jouaient les bergers. Tu peux produire ce genre de musique à l'aide d'une paille.

Que faire ? Écraser le bout d'une paille sur 1 ou 2 cm. Couper de petits triangles sur les coins pour former deux anches (languettes dont les vibrations produisent un son). Glisser la paille assez loin dans la bouche pour que les lèvres ne touchent pas les coins. Sans plisser les lèvres, souffler avec force. Découper trois petites fentes sur la longueur de la paille, à 2,5 cm d'intervalle. Écarter les fentes pour leur donner l'aspect de petits trous. Boucher un des trous et souffler. En boucher deux, puis trois, en soufflant à chaque fois.

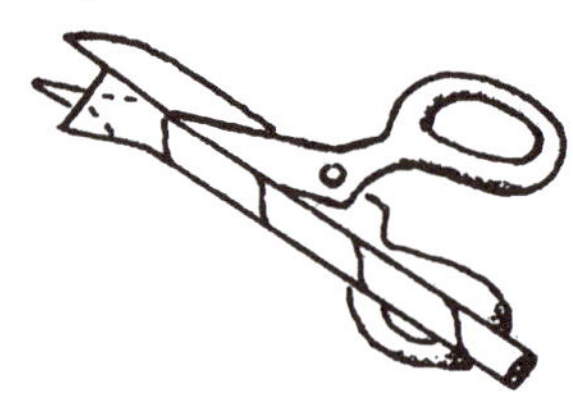

Que se passe-t-il ? Chaque fois que tu souffles, tu entends un bruit différent. Tu arriveras à jouer de petites mélodies en couvrant et en découvrant les trous.

Pourquoi ? Comme dans un véritable pipeau, les deux anches, s'ouvrant et se fermant trés vite, laissent d'abord passer l'air dans la paille, avant de couper le flux. C'est l'air qui, en vibrant, produit le son. Lorsque tu couvres et découvres les trous, tu détermines la longueur de la colonne d'air et, du même coup, la tonalité du son. Plus la colonne est courte, plus l'air vibre vite et plus la note est aiguë.

6 Trombone à eau

À l'aide d'une bouteille de soda vide, d'un peu d'eau et d'une simple paille, tu peux créer un trombone à coulisse.

Que faire ? Verser l'eau dans la bouteille jusqu'aux trois quarts. Glisser la paille dans la bouteille. Souffler au sommet de la paille. Puis baisser la bouteille, ou remonter la paille, tout en continuant à souffler.

Que se passe-t-il ? Lorsque la bouteille descend, le son émis se fait plus grave.

Pourquoi ? Tu allonges la colonne d'air dans la paille. Et c'est ainsi que fonctionne un trombone à coulisse.

Plier une paille sans la toucher 7

Tu peux « plier » une paille sans jamais la toucher !

Que faire ? Remplir le verre à moitié. Mettre la paille dans le verre. L'observer d'en haut, d'en bas, et de côté.

Que se passe-t-il ? Lorsque tu regardes la paille par les côtés du verre, elle t'apparaît pliée ou même brisée à l'endroit où elle sort de l'eau.

Pourquoi ? C'est grâce aux rayons lumineux qui partent d'un objet vers notre œil que nous parvenons à le voir. Les rayons de lumière circulent moins vite dans le verre ou dans l'eau que dans l'air. Et c'est pourquoi la lumière, qui part de la paille plongée dans l'eau, arrive moins vite à notre œil que celle qui part de la portion hors de l'eau. La paille nous apparaît donc pliée.

8 Paille balance

MATÉRIEL

une paire de ciseaux
un gobelet en carton
une paille alimentaire
une gomme de crayon
une grosse aiguille
un carton millimétré
un crayon
une grosse bobine de fil

À l'aide d'une paille, on peut fabriquer une véritable balance. Il suffit pour cela d'arriver à la “ calibrer ” – c'est-à-dire à déterminer à quoi correspondent ses mouvements en se servant d'objets dont on connaît déjà le poids.

Que faire ? Pratiquer deux découpes oblongues et opposées dans le gobelet de carton (A).

Découper l'une des extrémités de la paille pour former un petit réceptacle (B). Placer la gomme à l'autre bout de la paille. Garnir d'un peu de papier si la paille est trop large (C).

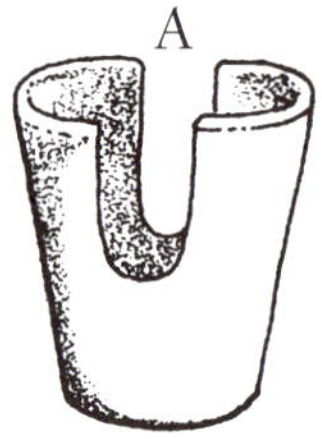

Percer le gobelet avec l'aiguille, poser la paille sur l'aiguille et dégager un peu la gomme de sorte que la paille soit légèrement inclinée (E).

Fixer le carton millimétré au crayon avant de le placer dans la bobine. Disposer la bobine de telle sorte que l'extrémité de la paille se trouve devant le carton (F). Calibrer la balance en pesant des objets dont on connaît le poids.

La balance est prête. Placer quelques grains de sucre dans le réceptacle pour les peser, ou bien accrocher un trombone à l'extrémité de la paille.

Que se passe-t-il ? La paille s'abaisse.

Pourquoi ? La balance fonctionne comme un levier. Elle se comporte à la manière d'une bascule. L'endroit où repose le levier s'appelle le pivot (dans ce cas, c'est l'aiguille). Lorsque la paille est immobile, la distance et le poids d'un côté de l'aiguille équivalent à la distance et au poids de l'autre côté. Si l'on ajoute du poids, on modifie la relation d'équilibre entre les deux côtés.

9 Trouver le centre de gravité

Il s'agit de déterminer le point d'équilibre de la paille. Pour cela, il suffit de la placer sur la tranche d'un livre ou le bord d'une règle métallique. Fais ensuite aller et venir la paille jusqu'à ce qu'elle reste en équilibre. Le point se trouvera certainement très proche de la gomme. Tu n'auras alors qu'à marquer ce point à l'aide d'un crayon.

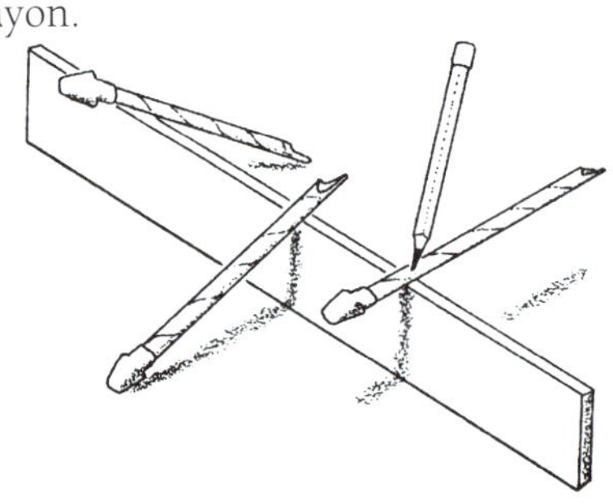

Percer une pomme de terre

10

MATÉRIEL

une pomme
de terre crue
une paille alimentaire

Sais-tu qu'une simple paille peut transpercer une pomme de terre sans se briser ?

Que faire ? Plonger la pomme de terre dans de l'eau, une demi-heure environ avant de commencer cette expérience.
Ensuite, d'un seul mouvement rapide, piquer la pomme de terre avec la paille.

Que se passe-t-il ? La paille perce la pomme de terre sans se plier ni se casser.

Pourquoi ? L'inertie est la tendance que possède tout objet à demeurer dans l'état dans lequel il se trouve. Un objet au repos (la pomme de terre) tend à rester au repos, alors qu'un objet en mouvement (la paille) tend à garder ce mouvement dans la même direction. Il arrive que les pailles qui poussent dans les champs percent – et même transpercent de part en part – les parois de bois des granges et des maisons, lorsqu'elles sont propulsées par des vents de tempêtes ou de tornades.

Des roues en paille

11

MATÉRIEL

un livre
quatre pailles
alimentaires

Les roues facilitent-elles vraiment le travail ? Vois par toi-même.

Que faire ? Placer le livre sur la table et essaier de le pousser. Disposer les pailles sur la table et ensuite poser le livre par-dessus. Pousser le livre.

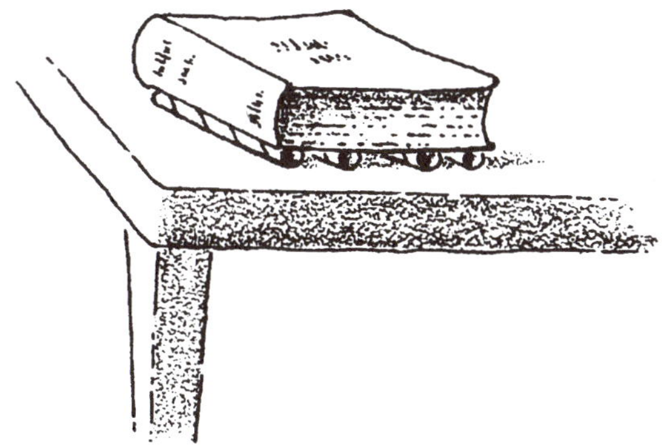

Que se passe-t-il ? Sans les pailles, il faut appliquer une forte poussée au livre pour le faire bouger. Avec les pailles, le livre bouge bien plus facilement.

Pourquoi ? Lorsqu'un objet frotte contre un autre objet, leurs mouvements sont réduits parce que leurs surfaces ne sont pas parfaitement lisses. Les aspérités d'une des surfaces (celle du livre) entrent en contact avec les aspérités de l'autre (celle de la table). Le degré de résistance, appelé friction, dépend du genre de surface et des forces qui s'exercent d'une surface sur l'autre. Plus les surfaces sont irrégulières, plus la friction est grande. De même, plus les objets sont lourds, plus la friction est grande. Le roulement des pailles entraîne moins de friction que le frottement du livre sur la table.

À VOS PAPIERS !

Charmer un serpent de papier, électrifier un journal, passer au travers d'un carton, et défier la gravité.

Quelques mots sur le papier

On prétend que le papier a été inventé par un Chinois nommé Ts'ai Lung, il y a de cela plus de deux mille ans. Le papier chinois était un mélange de chiffons et de fibres végétales.

La fabrication du papier ne s'est répandue en Europe que douze siècles plus tard. Jusqu'en 1700, le papier était fait de coton et de fibres de lin.

On fabriquait le papier à la main, une feuille après l'autre. En 1798, le Français Nicolas Robert inventa la première machine à papier, qu'il vendit aux Anglais Henry et Sealy Fourdrinier.

De nos jours, le papier se présente sous la forme de fines feuilles de matière constituée pour une large part de pulpe de bois.

Les types de papier les plus courants sont le papier à lettres, le papier sulfurisé, le carton, le papier journal, le papier peint, les fiches, les boîtes et les papiers d'emballage.

12 Faire des formes

MATÉRIEL

4 feuilles de papier d'imprimante
du ruban adhésif
une boîte de conserve
des livres

D'après toi, laquelle de ces formes est-elle la plus solide ? Quelle que soit la matière avec laquelle tu travailles, la résistance d'une structure dépend de la forme que tu lui donnes.

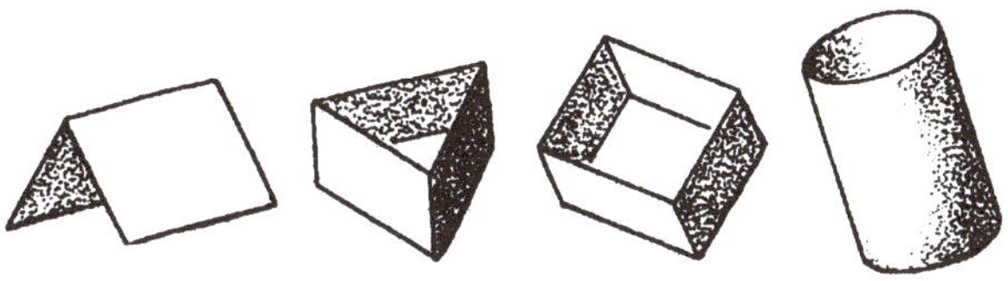

Que faire ? Plier les feuilles de papier selon différentes formes, comme celles qui sont représentées ci-dessus.

1. Plier une feuille en deux et la poser sur ses extrémités.

2. Plier une feuille en trois et coller les bords à l'aide du ruban adhésif.

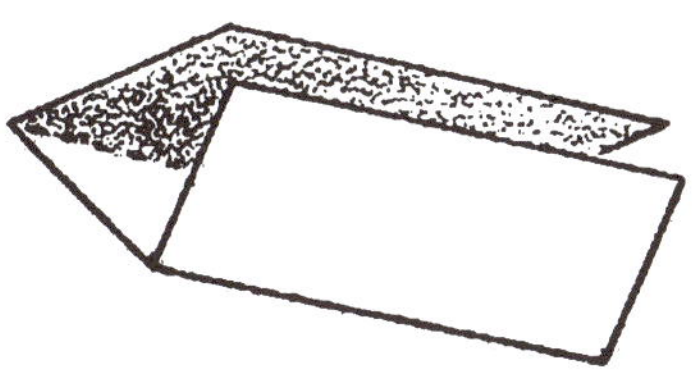

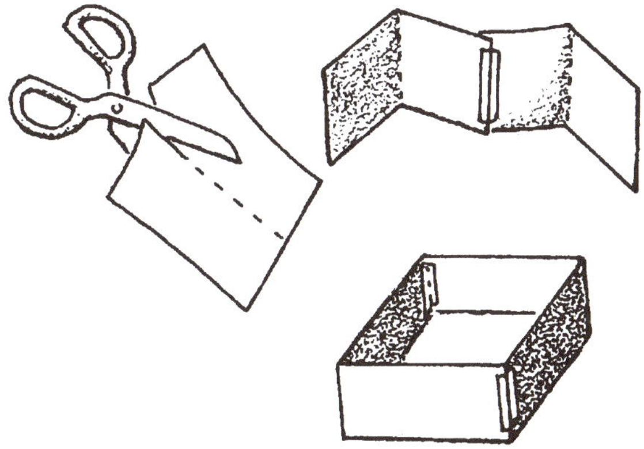

3. Plier une feuille de papier en deux dans la longueur, découper à la pliure, et recoller les deux parties bout à bout. Puis coller les deux extrémités restantes et écarter les feuilles pour former un cube.

4. Rouler une feuille de papier autour d'une boîte de conserve, coller le papier avec du ruban adhésif et enlever la boîte.

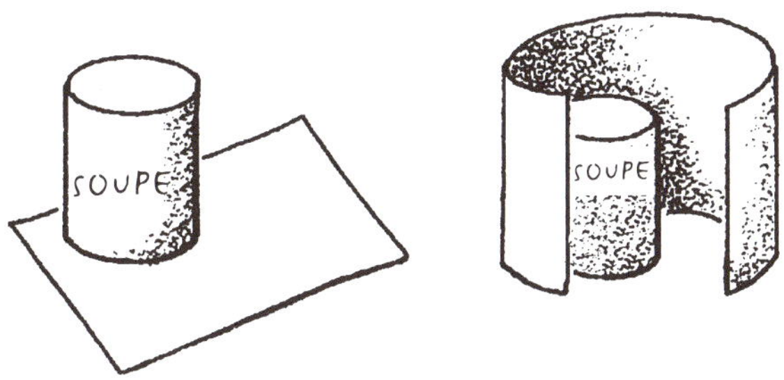

Placer un livre léger sur chacune des formes. Certaines s'effondrent aussitôt. Empiler d'autres livres sur celles qui résistent jusqu'à ce qu'elles cèdent.

Que se passe-t-il ? Le cylindre de papier est le plus résistant, et le nombre de livres qu'il supporte est étonnant.

Pourquoi ? Un cylindre est plus solide parce que le poids qu'il supporte est réparti sur toute sa surface.

13

Papier ondulé

Pourquoi le carton ondulé est-il si solide ?

MATÉRIEL

3 feuilles de papier
un bocal
une boîte de conserve

Que faire ? Plier une feuille pour former un repli d'environ 6 mm. Retourner la feuille et appuyer sur le repli. En se basant sur le premier repli, en former un second. Répéter l'opération jusqu'à ce que toute la feuille soit pliée comme sur l'illustration.

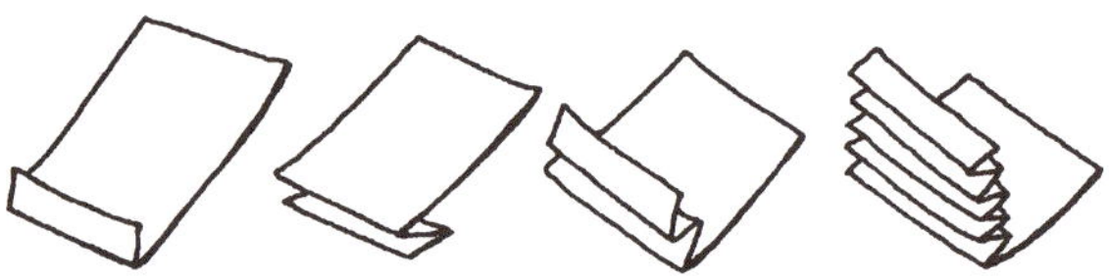

Enrouler une seconde feuille autour de la boîte de conserve, joindre les extrémités avec du ruban adhésif et enlever la boîte. Faire la même chose avec la troisième feuille.

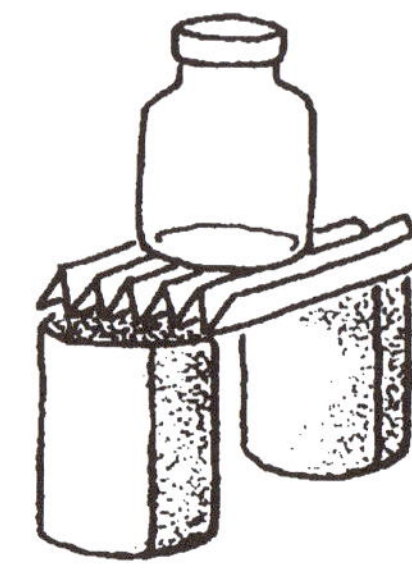

Disposer les deux cylindres de papier à une dizaine de centimètres l'un de l'autre. Placer la feuille pliée sur les deux cylindres. Poser le bocal sur la feuille pliée.

Que se passe-t-il ? La feuille pliée supporte le bocal.

Pourquoi ? Tu as accru la résistance en te servant de papier ondulé, que tu as fabriqué en repliant la feuille. C'est un ingénieur qui a imaginé ce moyen de rendre le papier plus épais – et plus solide.

14

Du papier robuste

A quel point le papier peut-il se révéler résistant ?

MATÉRIEL

du carton ondulé
une paire de ciseaux
une cannette
des élastiques ou du papier adhésif
une petite planche (genre planche à découper)

Que faire ? Découper une bande de carton ondulé d'environ 10 cm sur 30 cm. Enrouler la bande autour de la cannette et la fixer avec les élastiques ou le papier adhésif. Ensuite, enlever la boîte. Placer la planche sur le cylindre de carton, puis monter dessus.

Que se passe-t-il ? Le cylindre de carton supporte ton poids.

Pourquoi ? Sa résistance est due à la combinaison de la forme circulaire et du carton ondulé.

15 Un sacré journal

MATÉRIEL

une règle en bois
une table
un journal

Même en appuyant de toutes tes forces, tu n'arriveras pas à soulever ce journal !

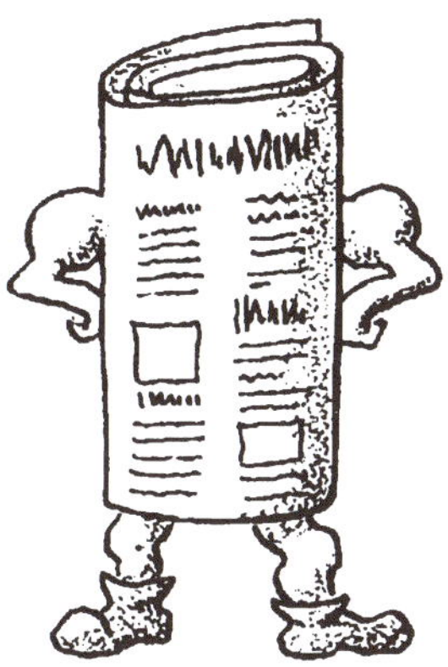

Que faire ? Placer la règle sur la table, de manière à ce qu'elle dépasse de 5 cm. Disposer une double page du journal sur la règle, de façon à ce que le bord du papier coïncide avec celui de la table.

Appuyer avec autant de force que possible sur le bord de la règle.

Que se passe-t-il ? Le journal ne bouge pas.

Pourquoi ? La pression de l'air qui s'exerce sur le papier l'empêche de bouger. L'air exerce une pression d'environ 1 kg par cm^2. Sur une feuille de papier journal de dimensions normales, la pression est de deux tonnes environ.

Un bouclier invisible 16

Si, surpris par la pluie, tu as un jour essayé de te protéger à l'aide d'un journal, tu sais déjà que l'eau n'est pas très bonne pour le papier. Mais dans l'expérience qui va suivre, le papier semble protégé par un bouclier invisible.

MATÉRIEL

une page de journal
un verre vide
un récipient d'eau

Que faire ? Chiffonner la feuille de papier journal et la placer au fond d'un verre vide de telle sorte qu'elle y reste coincée. En tenant le verre renversé, le plonger dans le récipient rempli d'eau. Le maintenir dans cette position environ une minute. Retirer le verre et sortir la boule de papier.

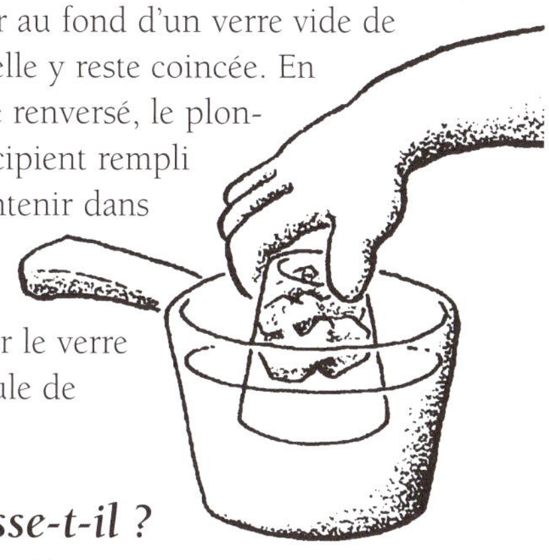

Que se passe-t-il ? Le papier est resté sec.

Pourquoi ? L'eau ne peut pas pénétrer dans le verre parce que celui-ci est déjà rempli d'air qui ne peut s'en échapper. L'air, plus léger que l'eau, reste emprisonné dans le verre.

17

Pas de fuite

MATÉRIEL
un morceau de carton
ou une fiche cartonnée
un verre d'eau

Jusqu'à ce que tu réussisses parfaitement cette expérience, il t'est conseillé de l'exécuter au-dessus d'un évier ou d'une bassine.

Que faire ? Placer la bande de carton sur le verre, au préalable rempli d'eau jusqu'à ras bord.

S'assurer qu'aucune bulle d'air ne se glisse dans le verre au moment où l'on dépose le morceau de carton. Ensuite, renverser le verre au-dessus d'un évier, en maintenant le carton en place avec la main. Écarter la main qui tient le carton.

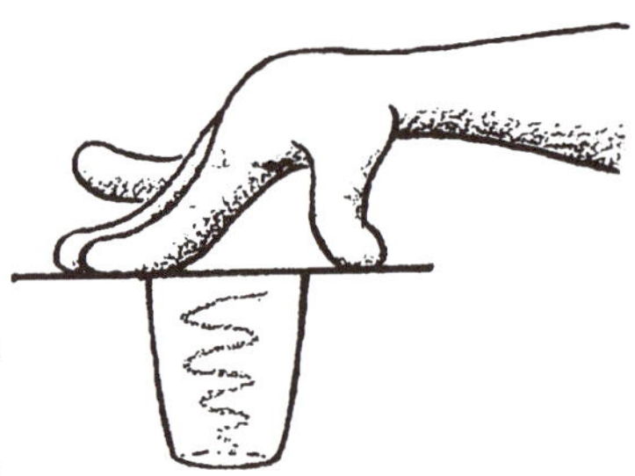

Que se passe-t-il ? Le carton reste en place. Et l'eau reste dans le verre.

Pourquoi ? La pression de l'air à l'extérieur du verre est plus forte que celle qui s'exerce à l'intérieur. C'est cette pression externe qui maintient l'eau dans le verre.

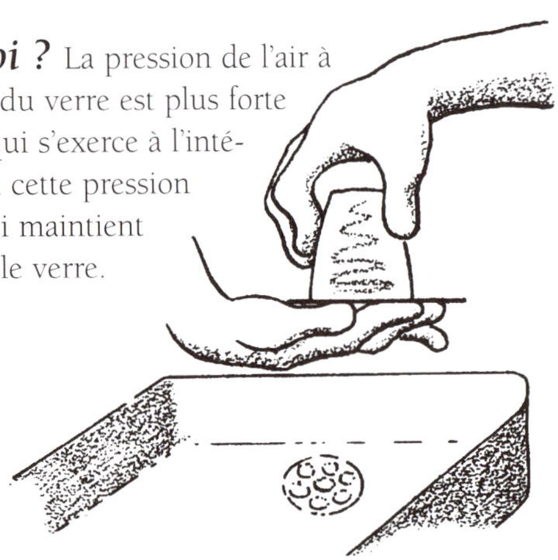

18

Le tour de la serviette en papier

MATÉRIEL
une serviette en papier
un verre en plastique
rempli d'eau

Il est également préférable de s'exercer à ce tour dans un endroit où l'eau répandue ne provoquera pas de dégâts.

Que faire ? Disposer la serviette sur le bord d'un comptoir ou d'une table. Placer le verre en plastique sur la serviette à environ 2,5 cm du bord.
Tirer rapidement la serviette.

Que se passe-t-il ? La serviette glisse – sans faire tomber le verre.

Pourquoi ? Le verre ne se renverse pas à cause de la tendance que possèdent les objets à rester au repos. C'est cette loi du mouvement – appelée inertie – qui est à l'œuvre ici. Si le verre se renverse, c'est que tu n'as pas tiré sur la serviette assez vite ou assez fort.

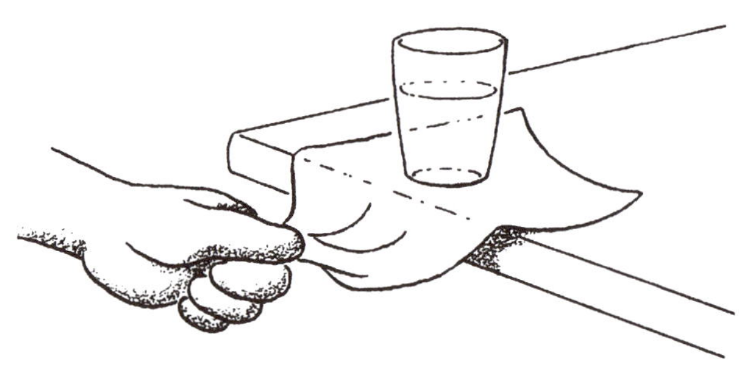

MATÉRIEL
6 carnets ou livres minces
une table

Un pont cantilever

19

Un pont cantilever est constitué de deux poutres qui se rejoignent pour former une travée.

Que faire ? Empiler les livres sur le bord de la table. Faire glisser le livre du dessus jusqu'à ce qu'il dépasse de moitié celui qui se trouve au-dessous ainsi que le bord de la table. Lorsqu'il se met à pencher, le reculer légèrement. Faire de même avec le second livre et le reculer légèrement lorsqu'il commence à pencher. Répéter l'opération avec les autres livres de la pile.

Que se passe-t-il ? Le livre du sommet de la pile paraît suspendu dans l'air, mais aucun des livres ne tombe.

Pourquoi ? Tu as découvert le centre de gravité, le point précis où semble se concentrer le poids d'un objet. Alors que le livre du dessus paraît suspendu dans l'air, plus de la moitié du poids total de la pile repose encore sur la table.

20

Flash !

Il te faudra l'aide d'un ami pour réaliser cette expérience.

MATÉRIEL
une feuille de papier
un petit morceau d'emballage en plastique
le couvercle d'une grande boîte métallique

Que faire ? Frotter vigoureusement la feuille de papier à l'aide du morceau de plastique pendant une trentaine de secondes. Puis, placer le couvercle de métal au centre de la feuille. Soulever la feuille en la tenant par les bords, tandis que l'ami approche son doigt du couvercle.

Que se passe-t-il ? Une étincelle se produit !

Pourquoi ? Quand une charge électrique transite d'un objet à un autre, il en résulte une étincelle. En frottant le papier, tu l'as chargé d'électricité statique. En approchant son doigt, ton ami a fait passer l'électricité du papier vers le couvercle qui n'en était pas chargé.

On peut apercevoir le même genre d'étincelles lorsqu'on marche sur une moquette avant de toucher une poignée de porte. Il peut également arriver qu'on entende un léger crépitement en se brossant les cheveux. Ce sont d'autres exemples d'électricité statique.

Un éclair est une énorme étincelle électrique causée par le passage des charges d'un nuage à un autre, ou d'un nuage à la terre.

21

Charmer un serpent de papier

MATÉRIEL

du carton mince ou du papier épais
une paire de ciseaux
de la ficelle
une ampoule ou un radiateur
un crayon muni d'une gomme, une épingle
une bobine de fil

Il est plus facile que tu ne le crois de charmer un serpent.

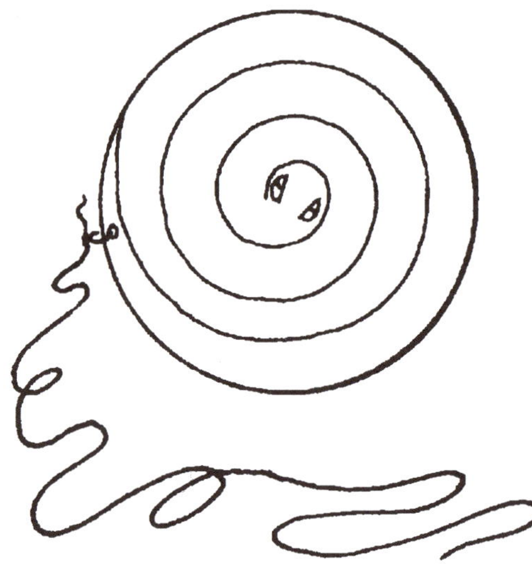

Que faire ? Dessiner un serpentin dans le carton comme indiqué sur l'illustration (une fiche ou du papier épais peuvent convenir).

Découper le serpent et accrocher la ficelle à sa « queue ».

Suspendre le serpent au-dessus d'une ampoule allumée ou d'un radiateur.

Que se passe-t-il ? Le serpent se met à danser.

Pourquoi ? L'air chaud est moins dense que l'air froid et, de ce fait, monte. L'air qui monte fait tourner le serpent de papier.

Pour fabriquer un socle à ton serpent, tu peux fixer sa tête à un crayon, en plantant une épingle dans sa gomme. Laisse ensuite pendre le serpent autour du crayon. Place le crayon dans le trou d'une bobine de fil.

22 Les poupées dansantes

As-tu jamais imaginé voir danser des poupées en papier ?

MATÉRIEL

du papier rigide
un crayon
une paire de ciseaux
de la colle ou du ruban adhésif
une grande feuille de carton
2 trombones
un aimant

Que faire ? Plier le papier rigide en deux, puis encore en deux dans le même sens. Dessiner la silhouette d'une moitié de poupée le long du pli extérieur, en traçant le bras et la jambe de la poupée en direction du pli, comme sur l'illustration.

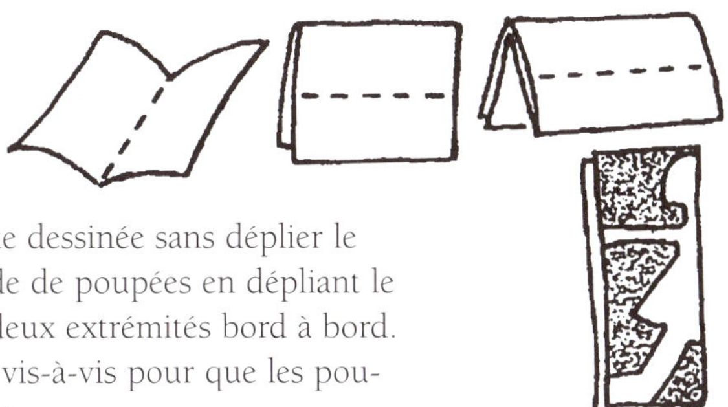

Découper la silhouette dessinée sans déplier le papier. Former une ronde de poupées en dépliant le papier et en collant les deux extrémités bord à bord. Placer les trombones en vis-à-vis pour que les poupées tiennent en équilibre.

Disposer la grande feuille de carton sur une table de manière à ce qu'une partie en dépasse. Placer la ronde de poupées sur le carton de façon à ce qu'un des trombones se trouve sur la partie qui dépasse.

Faire bouger l'aimant sous la feuille de carton – d'abord vers la droite, ensuite vers la gauche.

Que se passe-t-il ? Les poupées de papier se mettent à danser.

Pourquoi ? Les trombones sont en acier. C'est pourquoi les aimants les attirent. Même à travers un carton.

23 Le papier magique : l'anneau de Moebius

MATÉRIEL
une feuille de papier
une paire de ciseaux
colle ou ruban adhésif
un crayon

On peut obtenir un papier qui n'a qu'une face ! Ce phénomène étonnant a été découvert par un mathématicien allemand du XIXe siècle, August Ferdinand Moebius.

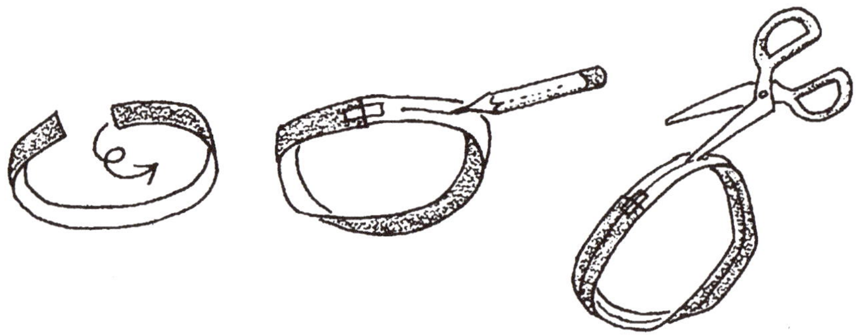

Que faire ? Découper une bandelette de papier de 2,5 cm sur 25 cm. Retourner l'un des deux bouts et joindre ensuite les deux extrémités à l'aide de la colle ou du ruban adhésif pour former une boucle.

Tracer une ligne au centre de la bandelette, sur toute la longueur, jusqu'à revenir au point de départ.

Découper la bandelette en longeant la ligne.

Que se passe-t-il ? La ligne fait le tour complet ! Et on n'obtient qu'une seule boucle, deux fois plus longue que l'originale.

Pourquoi ? Personne n'a jamais pu expliquer ce tour étrange. Mais on lui a trouvé des applications pratiques. D'habitude, les courroies de ventilateur et les tapis roulants dans l'industrie s'usent plus vite sur leur côté interne que sur leur côté externe. Tournées d'un demi-tour sur elles-mêmes, les courroies s'usent plus régulièrement et plus lentement.

De l'autre côté du carton

24

MATÉRIEL
une grande fiche cartonnée ou un morceau de papier
une paire de ciseaux

Alice est passée au travers d'un miroir magique – ce qui semble impossible. On peut réussir un autre genre de magie – étirer une fiche et passer au travers !

Que faire ? Plier la fiche ou la feuille en deux. Pratiquer ensuite sept ou neuf incisions (n'importe quel chiffre impair conviendra) en partant alternativement du pli et du bord de la fiche. Déplier la fiche et l'étirer.

Que se passe-t-il ? On peut passer la main à travers le papier sans le déchirer.

Pourquoi ? Grâce à la façon dont est découpé le papier, on peut l'étirer d'un côté et puis de l'autre. Dans chacun des cas, le côté opposé tient bon.

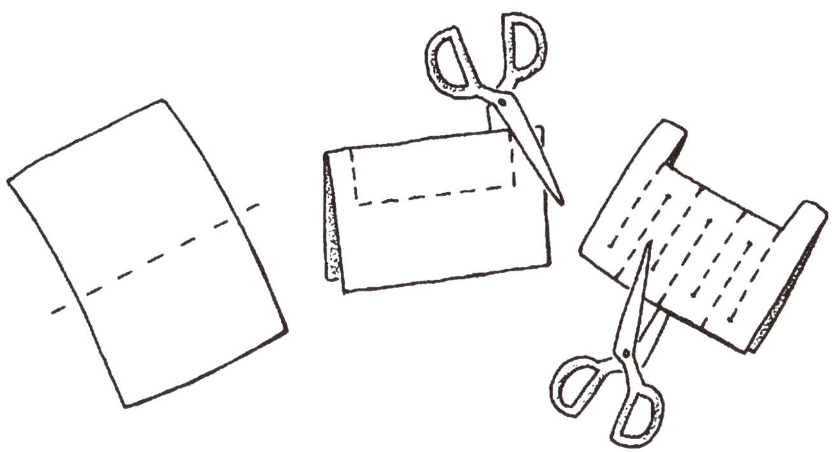

25 Belles couleurs

MATÉRIEL
une bande de papier toilette
un feutre de couleur verte ou une dose de colorant alimentaire vert
un bocal rempli de 2,5 cm d'eau

Le vert est-il vraiment vert ?

Que faire ? Faire un point de couleur à 5 cm environ de l'extrémité de la bande de papier. Plonger la bande dans le bocal de sorte que la tache se trouve hors de l'eau et l'extrémité de la bande dans l'eau. Attendre 15 à 20 minutes.

Que se passe-t-il ? La tache verte a disparu, mais au-dessus du point, le papier est devenu bleu, et au-dessous, il a pris une teinte jaune.

Pourquoi ? La plupart des colorants et des encres sont des mélanges de substances qui peuvent être dissociées à l'aide d'eau ou d'alcool. L'eau monte dans le papier, tout comme la sève grimpe dans les arbres. À mesure que l'eau monte, elle dissout la tache de couleur verte et fait du même coup bouger la couleur sur la bande de papier. Mais comme les deux teintes qui produisent la couleur verte – le bleu et le jaune – ne se déplacent pas à la même vitesse, elles finissent par se dissocier.

La couleur magique

26

MATÉRIEL
une petite assiette
du carton
un crayon
une paire de ciseaux
de l'aquarelle
une ficelle
un poinçon

Mêle les couleurs tout simplement !

Que faire ? En se servant de l'assiette comme modèle, tracer un cercle sur le carton. Découper la forme. Peindre une des faces en rouge et l'autre en bleu. Percer de petits trous sur le bord du cercle en face les uns des autres, comme sur l'illustration, et enfiler ensuite deux bouts de ficelle dans ces trous.

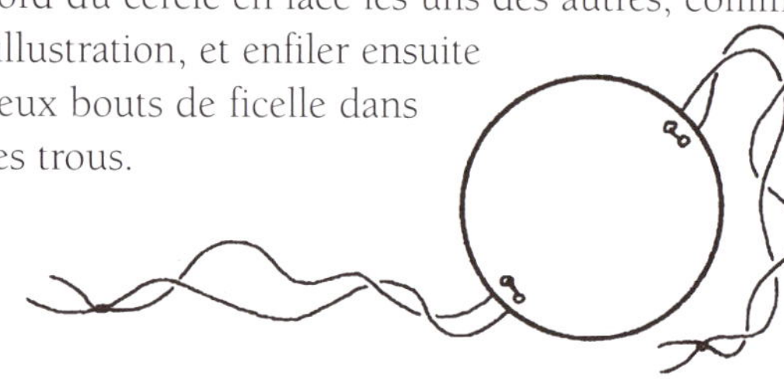

Soulever le carton par les ficelles et le faire tourner sur lui-même.

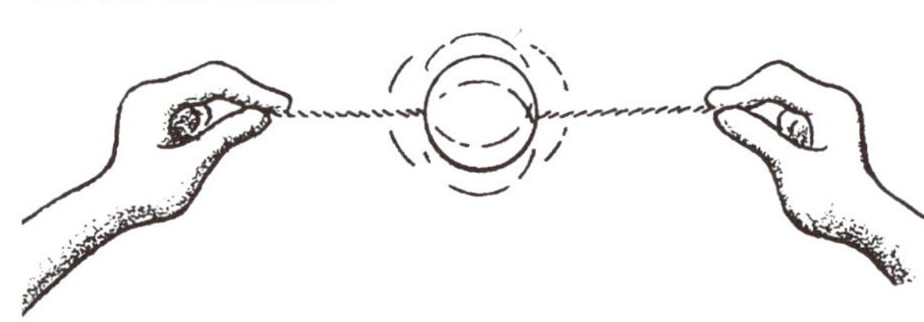

Que se passe-t-il ? La couleur du carton devient violette.

Pourquoi ? L'œil continue de voir chacune des couleurs un bref instant après sa disparition, si bien que tes yeux et ton cerveau mélangent les teintes qui colorent les deux faces du cercle.

Que se passerait-il si l'une des faces était rouge et l'autre jaune ?

27

Le disque de Benham

MATÉRIEL
du papier blanc
une paire de ciseaux
un feutre noir
du carton
une aiguille
un crayon à gomme

La main est plus rapide que l'œil. Mais est-ce vraiment exact ? S'agit-il de magie, d'illusion, ou de tromperie ?

Que faire ? Découper un cercle de 10 cm de diamètre dans le papier blanc. Colorer la moitié en noir. Diviser la moitié blanche en quatre parties égales. Dans chacune d'elles, dessiner trois arcs noirs d'environ 19 mm de large, comme sur l'illustration.

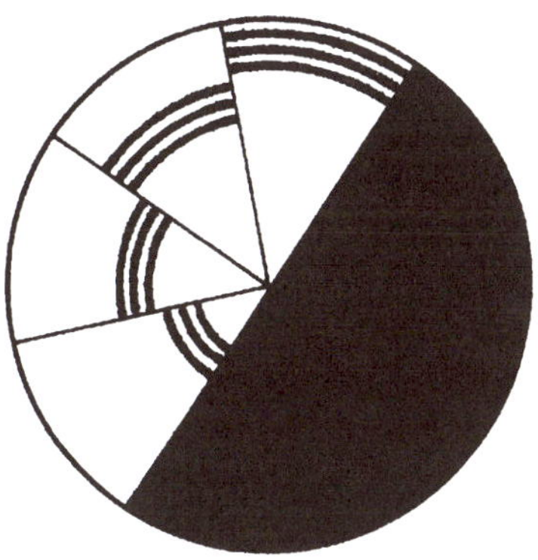

Découper un cercle de 10 cm de diamètre dans le carton. Placer le cercle de papier sur le cercle de carton.

Épingler les deux cartons avec l'aiguille plantée au centre et enfoncée dans la gomme du crayon.

Faire tourner le disque à différentes vitesses, dans le sens des aiguilles d'une montre puis dans le sens inverse.

Que se passe-t-il ? Les arcs semblent se rapprocher pour former six anneaux.

À faible vitesse, en tournant dans le sens des aiguilles d'une montre, les anneaux extérieurs apparaissent bleus, et les anneaux intérieurs rouges.
En tournant dans l'autre sens, les couleurs s'inversent.

Pourquoi ? Les arcs semblent former des anneaux car les yeux continuent de voir chacun des arcs un bref instant avant après sa disparition.

Pourquoi voit-on ce bleu et ce rouge alors que les seules couleurs sur le disque sont le blanc et le noir ? Le spectre complet des couleurs est présent dans la lumière blanche, mais nos yeux perçoivent les différentes couleurs de manière échelonnée dans le temps.

Lorsqu'on fait tourner le disque, la lumière des couleurs qui constituent le blanc atteint notre œil, mais n'est visible qu'un instant avant d'être suivie par la moitié du disque teinte en noir. Notre œil ne parvient à capter qu'une partie du spectre des couleurs – la couleur bleue, qui possède les rayons les plus courts, et la couleur rouge, aux rayons les plus longs.

Tu peux essayer de faire varier les formes sur la moitié blanche de ton disque de Benham, et voir quels résultats intéressants tu obtiens ainsi.

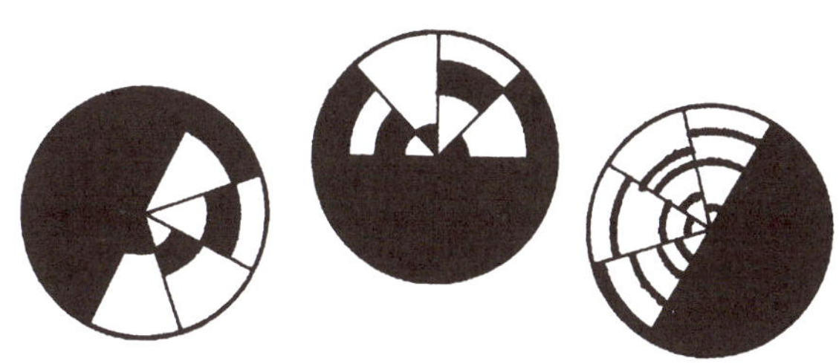

Plus que de la limonade

Avec un peu d'astuce, on peut changer un simple jus de citron en encre invisible, en produit nettoyant, en testeur de roches, en lançeur de fusée et en pile.

Quelques mots sur les citrons

L'origine des citrons se trouve probablement en Inde. Le premier citronnier chétif planté sur le territoire des États-Unis l'a été au cours de la ruée californienne vers l'or de 1849, pour combattre le scorbut qui faisait des ravages parmi les chercheurs d'or.

Le jus de citron peut servir à se débarrasser de la rouille, des taches d'encre et des traces de moisissure. L'huile extraite de l'écorce de citron est utilisée pour la fabrication d'essences alimentaires, les parfums, les cosmétiques et les produits d'entretien.

Le jus de citron est la principale source d'acide citrique, dont on se sert dans l'impression des textiles, pour protéger les tissus de la rouille des machines.

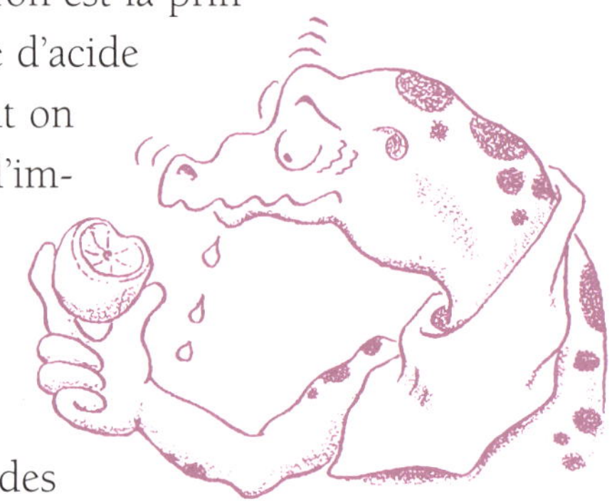

28 L'encre invisible

On peut se servir d'un citron pour écrire un message secret.

MATÉRIEL

½ citron
une soucoupe
de l'eau
une cuillère à café
un coton-tige
du papier
une lampe

Que faire ? Presser le citron au-dessus de la soucoupe. Ajouter quelques gouttes d'eau au jus et mélanger à l'aide de la cuillère. Plonger le coton-tige dans le liquide et s'en servir ensuite pour rédiger un message sur le papier. Une fois sec, le message sera devenu invisible. Pour relire le message, placer le papier au-dessus d'une ampoule allumée.

Que se passe-t-il ? Les mots apparaissent sur la feuille.

Pourquoi ? Le jus des citrons et de certains autres fruits contiennent du carbone. Ces composants carbonés sont presque incolores lorsqu'on les dissout dans l'eau. Mais lorsqu'ils sont chauffés, ils se brisent et libèrent du carbone, qui est de couleur noire.

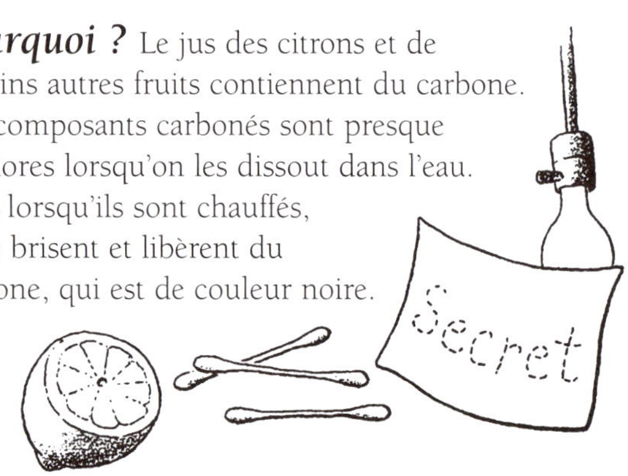

29 Un nettoyant au citron

N'en bois pas ! La teinture d'iode est un poison.

MATÉRIEL

une soucoupe
une cuillère à café
une cuillérée à soupe de farine
60 ml d'eau
des cotons-tiges
du papier de toilette
de la teinture d'iode
du jus de citron

On peut écrire un message invisible à l'aide de farine et d'eau, et le faire apparaître avec de la teinture d'iode. Ensuite, on se servira de jus de citron pour le faire disparaître à nouveau.

Que faire ? Dans la soucoupe, mélanger la farine et l'eau à l'aide de la cuillère. Lorsque le mélange est lisse, y plonger un coton-tige. S'en servir pour écrire un message sur le papier de toilette. Une fois sec, il sera devenu invisible.

Pour relire le message, il suffit d'appliquer un peu de teinture d'iode à l'aide d'un second bâtonnet. Les lettres apparaîtront en bleu noir.

Imbiber de quelques gouttes de jus de citron.

Que se passe-t-il ? Le message disparaît.

Pourquoi ? Au contact de la farine, la teinture d'iode forme un composé bleu noir appelé amidon.

L'acide ascorbique du citron (la vitamine C), au contact de l'iode forme un composé incolore. C'est pourquoi l'on se sert de jus de citron pour ôter les taches de teinture d'iode. Le jus de citron sert également à se débarrasser des taches d'encre et de rouille.

30 Comme un sou neuf

Le savon et l'eau ne sont pas très efficaces pour nettoyer le métal qui requiert un nettoyant spécial – ou tout simplement du jus de citron !

MATÉRIEL

un citron
un petit verre
une pièce de monnaie ou un jeton en cuivre

Que faire ? Presser le jus de citron dans le verre. Plonger la pièce de monnaie dans le jus pendant 5 minutes.

Que se passe-t-il ? On en retire une pièce toute brillante !

Pourquoi ? L'oxygène de l'air se combine au cuivre pour former un dépôt d'oxyde verdâtre, appelé vert-de-gris. L'acide du jus de citron agit chimiquement pour enlever cet oxyde. Avec quel résultat ? Une pièce flambant neuve. Le vinaigre agit de la même façon.

31 Comme un clou neuf

MATÉRIEL

2 citrons
un petit verre
10 ou 20 pièces de monnaie en cuivre
du sel
un grand clou neuf

Sers-toi enfin des pièces de monnaie en cuivre que tu entasses partout et fabrique-toi un clou plaqué cuivre.

Que faire ? Presser le citron au-dessus du verre. Mettre l'une après l'autre les pièces dans le verre pour que le jus les recouvre entièrement. Ajouter une pincée de sel. Laisser les pièces 3 minutes dans le jus.

Pendant ce temps, nettoyer le clou à l'aide de poudre récurante et d'eau, avant de le plonger dans le verre.

Attendre 15 minutes au moins, puis retirer le clou.

Que se passe-t-il ? Le clou est recouvert de cuivre.

Pourquoi ? Le cuivre des pièces agit avec l'acide du jus de citron pour former un nouveau composé (du citrate de cuivre). Lorsqu'on plonge le clou dans le mélange, ce citrate recouvre le clou d'une fine couche de cuivre qui ne peut plus être enlevée.

Après avoir fabriqué ce clou plaqué cuivre, tu voudras sans doute le porter comme bijou au bout d'une cordelette.

Conserver une pomme 32

MATÉRIEL

une pomme
un petit couteau
une assiette
un citron

Le citron peut également permettre aux pommes de garder leur fraîcheur.

Que faire ? Couper la pomme en quatre. Placer les quartiers sur l'assiette et arroser deux d'entre eux de jus de citron. Laisser les quartiers sur l'assiette trois heures environ.

Que se passe-t-il ? Les quartiers qui n'ont pas reçu de jus de citron ont bruni. Les deux autres ont été préservés par le jus de citron et sont restés intacts.

Pourquoi ? Lorsqu'ils sont exposés à l'air, certains composants chimiques de la pomme réagissent en détruisant des cellules, qui prennent une teinte brune. Mais la vitamine C (acide ascorbique) contenue dans le citron ralentit cette réaction. Ce qui préserve la couleur et le goût de la pomme.

MATÉRIEL
un bocal de chou rouge ou une tête de chou rouge frais
un bocal à large ouverture
des serviettes en papier

Du papier « tournesol » au chou rouge

33

Que faire ? Faire couler le jus du bocal de chou rouge dans le second bocal. (Ou l'extraire soi-même avec l'aide d'un adulte de la manière suivante ? râper la moitié du chou. Placer le chou râpé dans une casserole avec une tasse d'eau. Faire bouillir pendant 15 minutes. Laisser refroidir le jus de chou avant de le verser dans le bocal à large ouverture.)

Découper des bandes de 5 cm de large dans la serviette. Plonger les bandelettes dans le jus de chou pendant 1 minute, puis les laisser sécher. Le papier « tournesol » est maintenant prêt à l'usage. Il virera au rose rouge au contact d'un acide et au vert en présence d'un alcali. On peut également fabriquer des indicateurs à base de fruits, de fleurs de végétaux et même de thé. Mais les changements de couleur seront alors différents.

Le papier « tournesol » dont on se sert dans les écoles et les laboratoires de chimie est à base de lichen, une sorte de champignon.

34

Acide ou basique

MATÉRIEL
10 cuillérées à café de jus de chou rouge
10 petits verres ou gobelets en papier
différents jus de fruits, du vinaigre, du lait et des produits ménagers

On peut se servir de l'indicateur au chou rouge pour déterminer si un aliment est acide ou basique.

Que faire ? Verser 1 cuillérée à café de jus de chou dans chacun des verres. Ajouter du jus de citron dans le premier ; du jus de raisin dans le second ; du jus de tomate ou de pamplemousse dans le troisième ; du vinaigre dans le quatrième. Tester ensuite à l'aide de lait, de bicarbonate de soude, d'alcool dénaturé, d'huile, de savon, et d'autres produits ménagers.

Ceux qui font virer le jus au rose sont acides. Ceux qui le font virer au vert sont basiques.

35 Du citron qui sauve la vie

MATÉRIEL
du jus de citron
du papier « tournesol »
du chou rouge
de l'ammoniaque

Les centres anti-poison conseillent de faire usage de jus de citron ou de vinaigre comme antidote à certains poisons. Cette expérience va te montrer pourquoi. Pour la réaliser, il te faudra du papier « tournesol ». Mais tu peux te servir du jus de chou rouge pour en confectionner sans problème (voir expérience 33).

Que faire ? Faire couler quelques gouttes de jus de citron sur une bandelette de papier « tournesol ». Faire couler quelques gouttes d'ammoniaque sur une deuxième bandelette. Appliquer ensuite quelques gouttes de jus de citron sur la tache faite par l'ammoniaque.

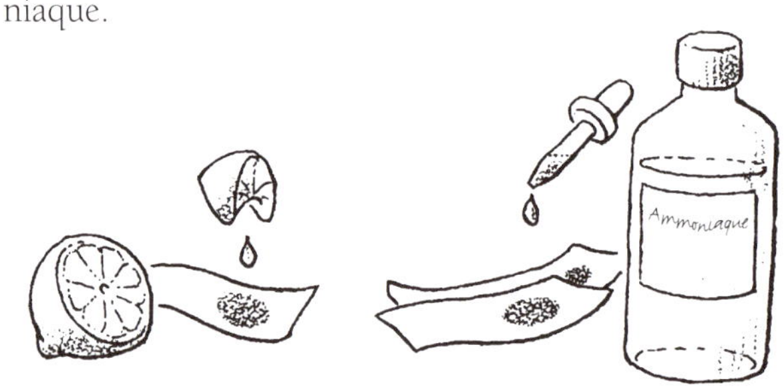

Que se passe-t-il ? La bandelette mouillée par le jus de citron devient rose. Celle mouillée par l'ammoniaque devient verte. Lorsqu'on ajoute du jus de citron à la tache verte de l'ammoniaque, elle reprend sa teinte d'origine, rouge pourpre.

Pourquoi ? La couleur rose indique la présence d'un acide, parce que le jus de citron est un acide doux, un métalloïde combiné à de l'hydrogène.

La couleur verte trahit la présence d'un alcali, car l'ammoniaque est basique, un métal combiné à un hydroxyde. Le papier « tournesol » reprend sa teinte d'origine lorsque l'ammoniaque est neutralisée par le jus de citron, son opposé chimique.

Qu'est-ce que tout cela a à voir avec le poison ? L'ammoniaque est toxique lorsqu'on l'ingère. Comme le citron neutralise l'ammoniaque, on le recommande parfois en tant que contrepoison, efficace jusqu'à ce que la personne puisse consulter un médecin. La méthode la plus courante pour traiter une personne ayant ingurgité un poison comme l'ammoniaque consiste à lui faire boire de grandes quantités d'eau ou de lait.

36 Gonfler un ballon

Laisse la chimie travailler pour toi ! Cette expérience fonctionnera également en prenant 60 ml de vinaigre à la place du jus de citron.

MATÉRIEL

un ballon gonflable
30 ml d'eau
une bouteille vide
1 cuillérée à café de bicarbonate de soude
le jus d'1 citron
une paille alimentaire

Que faire ? Étirer le ballon pour lui permettre de se gonfler plus facilement. Verser l'eau dans la bouteille vide et propre. Ajouter le bicarbonate de soude et mélanger avec la paille jusqu'à ce qu'il soit dissous. Ajouter le jus de citron, puis boucher rapidement la bouteille en fixant le ballon au goulot.

Que se passe-t-il ? Le ballon gonfle.

Pourquoi ? Quand on mélange une base (le bicarbonate de soude) avec un acide (le jus de citron), on crée du gaz carbonique qui monte dans le ballon et le gonfle du même coup.

37 Un testeur de roche

MATÉRIEL

de petits échantillons de pierre, y compris du marbre ou de la pierre à chaux (calcaire)
60 ml de jus de citron

Comment les géologues identifient-ils les échantillons de roche ? Voici une méthode. Il vaut mieux réaliser cette expérience dans un évier ou un lavabo. Le vinaigre peut remplacer le jus de citron.

Que faire ? Verser le jus de citron sur chacun des échantillons.

Que se passe-t-il ? Le liquide se met à pétiller sur certains d'entre eux, et pas sur d'autres.

Pourquoi ? Quand le jus de citron pétille, cela signifie que l'échantillon contient du marbre ou du calcaire. La pierre à chaux, roche sédimentaire formée sous l'eau par la vase et le limon, contient une forme carbonée de calcium, un métal naturel alcalin. Lorsqu'on y verse du jus de citron (acide), cela donne naissance à du gaz carbonique. C'est lui qui fait pétiller le liquide, tout comme il fait monter les gâteaux et les pâtisseries quand on ajoute du bicarbonate de soude à leur pâte. En réalité, le bicarbonate de soude peut se fabriquer à l'aide de pierre à chaux. Quant au marbre, il s'agit d'une pierre créée à haute température et à haute pression, à partir de pierre à chaux. Le marbre réagit à l'acide tout comme cette pierre.

38

Allume donc ce citron

On peut produire de l'électricité à partir d'un citron !

MATÉRIEL

2 fils de cuivre rigides
de grands trombones
un citron
une paire de ciseaux
un galvanomètre
(voir l'expérience 41)

Que faire ? Si les extrémités des fils sont pourvus d'isolant, commencer par l'enlever. Déplier un des trombones et y enrouler l'extrémité d'un des fils. Faire rouler le citron en pressant légèrement pour en détacher la pulpe. Pratiquer deux incisions dans l'écorce à environ 2,5 cm de distance. Insérer l'extrémité dénudée du fil et le trombone dans les deux incisions, jusque dans la pulpe. Les deux fils doivent être proches l'un de l'autre sans se toucher.

Brancher les bouts libres des deux fils aux bornes d'un galvanomètre (ou à l'appareil que l'on aura fabriqué soi-même).

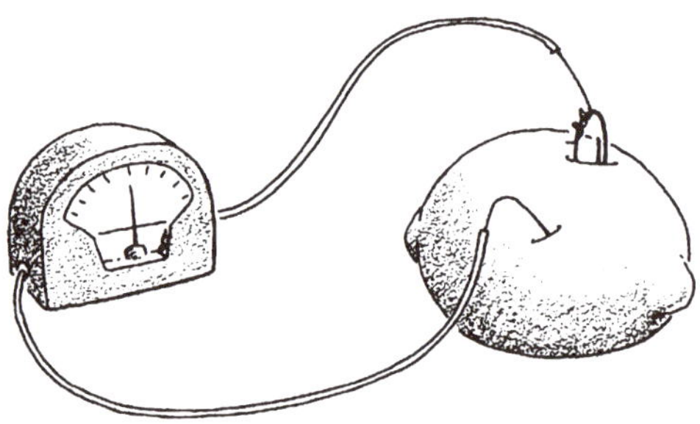

Que se passe-t-il ? L'aiguille réagit.

Pourquoi ? Les réactions chimiques subies par les deux métaux (le cuivre du fil et l'acier du trombone) en contact avec l'acide (du jus de citron) entraînent le passage d'électrons d'un fil vers l'autre. Ils sortent du citron par un fil, passent au travers du galvanomètre, et repartent vers le citron par le second fil.

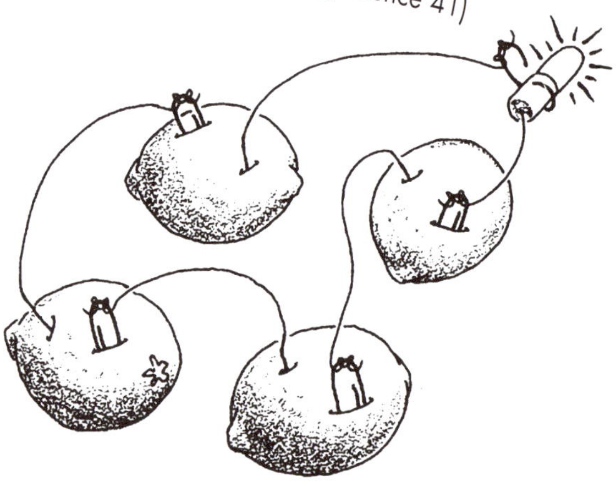

39

Allumer une ampoule

Si tu parviens à trouver dans un magasin de matériel électrique une ampoule de moins d'1,5 volt, essaie donc de la brancher sur une rangée de citrons reliés entre eux, comme sur l'illustration, à l'aide de fils dénudés et de trombones. Termine le système avec deux fils libres que tu connecteras alors à l'ampoule, l'un grâce à un trombone, l'autre laissé nu. Compte le nombre de citrons nécessaires pour que l'ampoule s'allume.

40 Le goût de l'électricité

Si l'on pose sur la langue les deux fils qui sortent du citron de l'expérience 38, on perçoit un goût métallique ainsi qu'un léger picotement. C'est le goût de l'électricité !

MATÉRIEL

une boussole (achetée dans une papeterie)
4,5 m de fil de sonnette (achetés dans une quincaillerie)
une petite boîte en carton rectangulaire

Fabriquer un galvanomètre 41

Un galvanomètre est un instrument servant à détecter les courants électriques. On peut en fabriquer un à l'aide de matériaux simples.

Que faire ? Placer la boussole au centre de la boîte. Dénuder environ 6 mm à chacune des extrémités du fil de sonnette. Partant d'une quinzaine de centimètres d'une des extrémités, enrouler fermement le fil autour de la boîte, en effectuant au moins 24 tours. Laisser libre une extrémité d'une quinzaine de centimètres.

Poser l'appareil à plat sur la table et le faire tourner jusqu'à ce que l'aiguille de la boussole soit parallèle au fil enroulé.

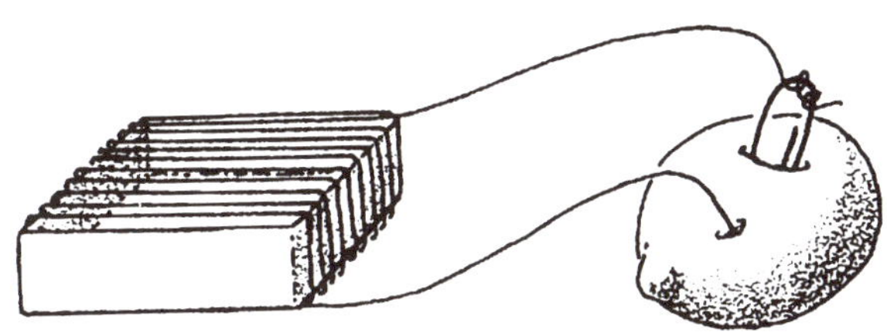

Brancher les extrémités du fil de sonnette aux fils qui sortent du citron.

42 Un choc amical

MATÉRIEL

un citron
une petite assiette
des bandes de serviettes en papier de 2,5 cm sur 5 cm
5 pièces de monnaie en cuivre
5 pièces de monnaie d'un autre métal que le cuivre

Tu veux administrer une secousse à tes amis ? Pour cela, il te suffira de répéter une expérience réalisée, il y a deux siècles, par le physicien italien Alessandro Volta.

Que faire ? Presser le citron au-dessus de l'assiette. Poser les bandes de papier dans le jus. Constituer une pile de pièces en alternant pièces de cuivre et pièces d'autre métal et en glissant, entre chacune d'elles, une bande de papier mouillée.

Mouiller le bout d'un doigt de chacune de tes mains et tenir la pile de pièces entre ces deux doigts.

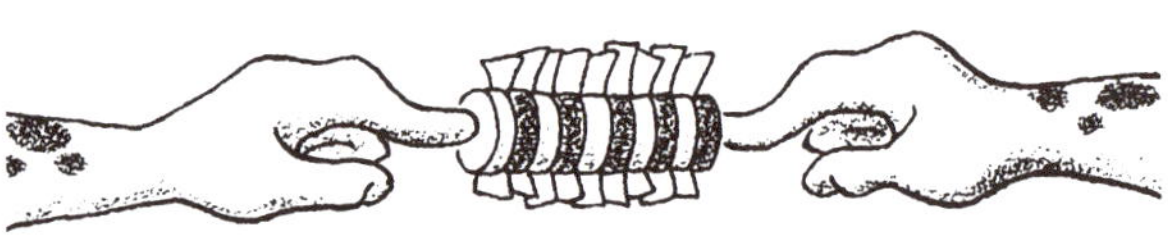

Que se passe-t-il ? Tu reçois une légère décharge électrique.

Pourquoi ? Tu viens de fabriquer une pile hydro-électrique, ancêtre des piles que l'on achète au supermarché. Le jus de citron, solution acide, conduit l'électricité produite par les métaux des deux types de pièces.

Ce que nous appelons une pile est constitué d'au moins deux piles sèches. Dans chacune d'elles, 32 métaux différents (dans un cylindre en zinc pourvu d'une baguette de carbone) sont séparés par du papier buvard trempé dans un acide puissant.

43 Fabriquer son propre soda au citron

MATÉRIEL

un citron
un verre gradué
un grand verre
de l'eau
1 cuillérée à café de bicarbonate de soude
du sucre, pour le goût

Tu peux produire du soda au citron pétillant, agréable à boire. Tu peux en fabriquer également à l'orange .

Que faire ? Presser le citron au-dessus du verre gradué. Ajouter une quantité équivalente d'eau et verser le tout dans un verre. Ajouter la cuillérée à café de bicarbonate de soude. Goûter et sucrer à volonté.

Que se passe-t-il ? Le liquide obtenu est pétillant et a le goût du soda au citron.

Pourquoi ? Les bulles sont formées par le gaz carbonique produit par le mélange d'une base (le bicarbonate) et d'un acide (le jus de citron).

Les bulles des vrais sodas sont également produites avec du gaz carbonique, ajouté à l'eau sous pression, comportant un édulcorant parfumé.

44 Citron lanceur de fusée

MATÉRIEL

une bouteille vide
un bouchon
une serviette en papier
2 bandes de papier de serviette de 2,5 cm sur 25 cm
du ruban adhésif
60 ml de jus de citron
de l'eau
1 cuillérée à café de bicarbonate de soude

Tu vas lancer une fusée dans l'air en suivant les instructions qui suivent, mais prends garde à ne pas rester sur sa trajectoire !

Que faire ? Glisser le bouchon dans le goulot de la bouteille de soda vide, en le rognant ou en le garnissant de papier, pour qu'il s'ajuste parfaitement. Le retirer du goulot, avant d'y fixer les deux bandelettes de papier en guise de serpentins. Laisser le bouchon de côté : ce sera la fusée.

Verser le jus de citron dans la bouteille. Ajouter de l'eau jusqu'à mi-hauteur. Emballer le bicarbonate de soude dans un petit carré de serviette.

Sortir dans un endroit où la fusée disposera d'un espace suffisant pour décoller. Jeter le bicarbonate et son emballage dans la bouteille et placer ensuite le bouchon dans le goulot. Poser la bouteille et se reculer.

Que se passe-t-il ? Le bouchon va s'envoler.

Pourquoi ? L'eau et le jus de citron imprègnent le papier entourant le bicarbonate de soude. Il réagit en produisant du gaz carbonique. La pression augmente progressivement et fait sauter le bouchon.

45 Bébés citrons

MATÉRIEL

des pépins de citrons
de l'eau
du buvard
un récipient évasé
des morceaux de serviettes en papier ou du coton absorbant

Ne jette plus les pépins de citron. On peut les planter et obtenir – avec un peu de chance – un citronnier, ou au moins, les faire germer.

Que faire ? Plonger les pépins toute une nuit dans l'eau pour ramollir leur peau.

Mouiller un morceau de buvard et en garnir l'intérieur du récipient. Remplir le centre du bocal à l'aide de bouts de serviette ou de coton absorbant. Glisser les pépins entre le verre et le buvard, au sommet du bocal. Verser de l'eau jusqu'à hauteur de 2,5 cm environ. Placer le bocal dans un endroit chaud et obscur, comme un placard ou une armoire. Vérifier chaque jour et ajouter de l'eau à mesure que le niveau diminue.

Que se passe-t-il ? En l'espace d'une semaine ou d'une dizaine de jours, les pépins ont commencé à germer.

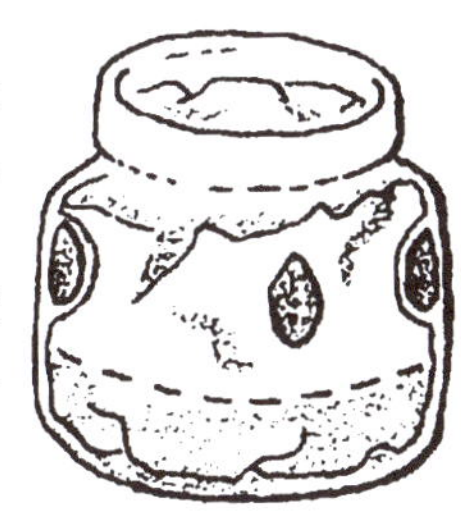

Pourquoi ? Les pépins sont des graines qui contiennent les embryons de plante. Ces embryons peuvent croître pour donner de nouvelles plantes, si on leur donne de l'humidité et de l'air chaud. Le buvard fournit l'humidité suffisante sans noyer les pousses.

46 La pénicilline au citron

MATÉRIEL

du citron
un bocal vide et propre
de l'eau
une feuille de plastique d'emballage ou d'aluminium
une loupe

Élève tes propres microbes, à l'aide de citron, d'eau, d'obscurité – et d'une dose de patience.

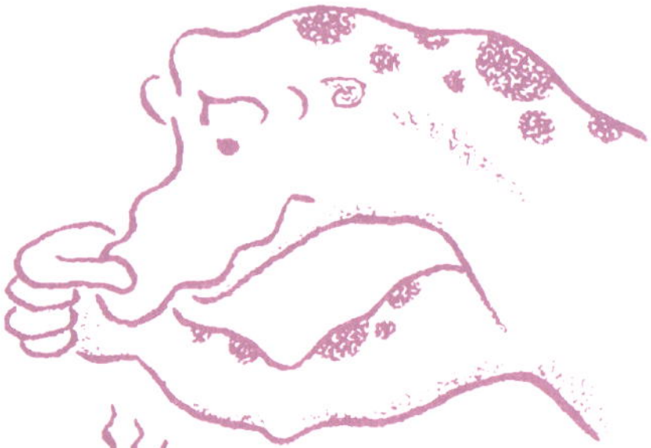

Que faire ? Placer le citron dans le bocal. Ajouter quelques gouttes d'eau et couvrir le bocal hermétiquement avec le plastique ou l'aluminium. Conserver le bocal une semaine ou deux dans un endroit sombre, comme un placard de cuisine.

Sortir le citron. L'examiner attentivement à la loupe.

Que se passe-t-il ? On distingue de petites taches verdâtres de moisissure sur la peau du citron. (Ne touche pas ces taches et ne respire pas trop près d'elles, car tu pourrais être allergique à ces organismes.)

Pourquoi ? Les petits points verts sur la peau du citron sont en fait une colonie de millions de plantes unicellulaires. Elles poussent sur les aliments gardés trop longtemps. Elles les font changer de couleur et leur donnent mauvaise odeur.

C'est à partir de cette moisissure particulière, identique à celle qu'on trouve dans les fromages bleus, que les scientifiques ont fabriqué la pénicilline, ce médicament qui combat les microbes responsables de maladies.

Lorsque tu auras terminé d'examiner le citron moisi (si tu ne t'en sers pas pour l'expérience suivante), remets-le dans son bocal et referme-le. Jette-le ensuite dans la poubelle la plus proche – et lave-toi les mains sans tarder.

47 Faire mûrir les fruits à toute vitesse

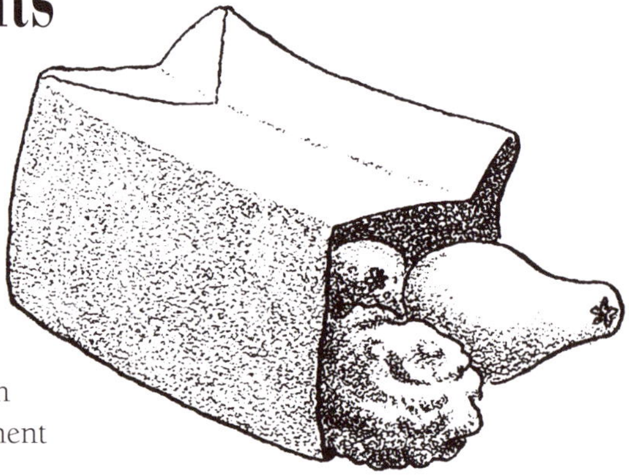

Essaie de placer le citron moisi, dans un sac en papier, avec d'autres fruits pas mûrs, comme des pêches ou des poires.

Observe le résultat le lendemain. La moisissure du citron a produit un gaz appelé éthylène. La moisissure d'un seul citron produit assez de gaz pour accélérer le mûrissement de centaines de fruits.

Lave soigneusement les fruits mûrs avant de les consommer, et débarrasse-toi du citron moisi.

Treize à la douzaine

Le réfrigérateur contient assez d'ingrédients pour effectuer une douzaine d'expériences fascinantes – et utiles. On peut fabriquer un jouet en plastique, tracer des graffiti sur une coquille d'œuf, et construire une cellule photo-électrique en « graisse ».

Le lait

Les mammifères, y compris les humains, nourrissent leurs petits à l'aide de lait produit par la mère. Une grande partie du lait que nous buvons provient des vaches, mais nous consommons également du lait de jument, de chèvre, de brebis, de bufflonne, de chamelle, d'ânesse, de zèbre, de renne, de lama et de yack.

Le beurre

Le beurre – sans doute fait à partir de lait de bufflonne – était déjà connu 2000 ans avant J.-C. D'abord utilisé comme pommade pour le soin des cheveux, il a également servi de médicament pour calmer les brûlures et, fondu, d'huile pour les lampes.

Le beurre est obtenu en battant et en agitant du lait ou de la crème, ce qui a pour résultat de séparer les ingrédients solides.

L'huile

Le terme « huile » vient du mot grec signifiant olive, même si nous nous servons de différentes sortes d'huiles, de provenance animale ou végétale, telles que l'huile de coton, de palmier, de maïs, d'arachides ou de soja.

La margarine est produite à partir d'huile de coton et d'autres huiles végétales.

Les œufs

Différents oiseaux sauvages ont été domestiqués en Inde pour servir à l'alimentation : pour leur viande et leurs œufs.

Lait caillé et petit-lait

48

En quoi consistent donc le lait caillé et le petit-lait ?

MATÉRIEL

1 tasse (250 ml) de lait
80 ml de vinaigre
un récipient à large ouverture

Que faire ? Mélanger le lait et le vinaigre dans le récipient.

Que se passe-t-il ? Le lait se modifie. Au fond, se créent de petits agrégats, le lait caillé. Au-dessus, flotte le petit-lait.

Pourquoi ? Le vinaigre fait tourner le lait et dissocie ses composants. Le lait caillé est formé de graisse et de minéraux, ainsi que d'une protéine appelée caséine. Les fromages sont élaborés à partir du lait caillé. La colle blanche est produite à partir de la caséine du lait caillé. Pour utiliser le lait caillé comme colle, il suffit de le débarrasser du liquide.

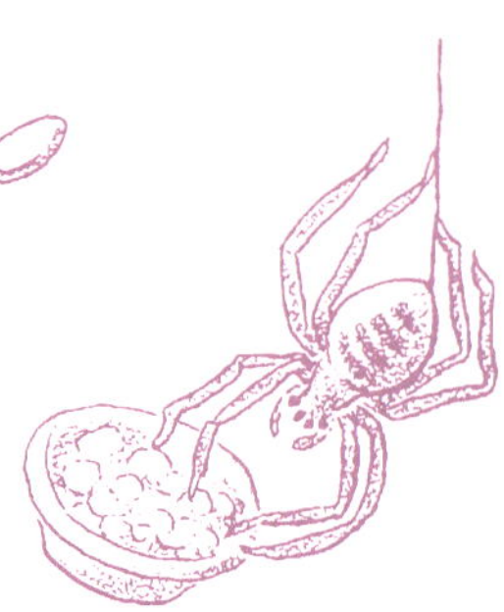

49

Un jouet en plastique

CHAUD !

MATÉRIEL

½ tasse (125 ml) de lait
un poêlon
un bocal propre
1 cuillérée à café de vinaigre

Fabrique ton plastique – et moule-le pour créer un petit jouet. Mais n'espère pas qu'il ressemble aux jouets qu'on trouve en magasin. Et demande à un adulte de t'assister pour cette expérience.

Que faire ? Faire chauffer le lait dans le poêlon, en mélangeant fréquemment, jusqu'à former des grumeaux. Demander à un adulte de verser lentement le liquide. Verser les grumeaux dans le bocal et ajouter le vinaigre. Laisser refroidir les grumeaux une heure environ.

Que se passe-t-il ? Un petit agrégat caoutchouteux s'est formé. Ôter une fois encore le liquide. Puis placer l'agrégat dans une forme creuse. Laisser durcir pendant quelques heures, sur une serviette. La matière peut également être teintée à l'aide de colorants acryliques.

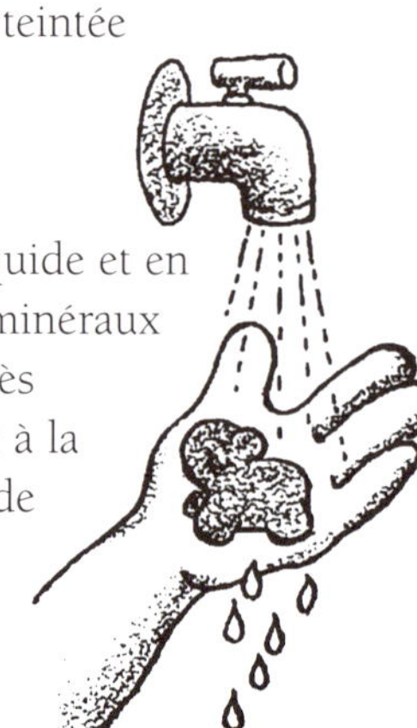

Pourquoi ? Au contact du vinaigre, le lait se scinde en liquide et en solide constitué de graisse, de minéraux et de caséine (qui est faite de très longues molécules qui se plient à la manière du caoutchouc, avant de durcir).

À l'origine, les plastiques étaient faits de lait et de végétaux. De nos jours, ils sont à base de produits pétroliers, ce qui pose un problème car ils ne peuvent être décomposés.

50

MATÉRIEL
2 œufs crus
1 œuf dur

Repérer l'œuf dur

Quel problème ! Tu as rangé un œuf dur dans le réfrigérateur et quelqu'un l'a placé par mégarde au milieu des œufs crus. Il te faut l'œuf cuit pour une salade. Mais comment le retrouver ?

Que faire ? Faire tourner chacun des œufs. Noter ce qui se passe. Toucher délicatement les œufs pendant qu'ils tournent.

Que se passe-t-il ? Deux des œufs oscillent sur eux-mêmes, tandis qu'un seul pivote régulièrement. Ce dernier est l'œuf dur. Lorsqu'on touche cet œuf délicatement, il cesse aussitôt de bouger. Les œufs crus bougent encore un peu quand on essaie de les immobiliser.

Pourquoi ? Le jaune et le blanc dans les œufs crus tournent sur eux-mêmes en raison de l'inertie, cette tendance qu'ont les objets à demeurer au repos ou en mouvement. C'est cela qui fait osciller les œufs crus et qui continue de les faire pivoter lorsqu'on tente de les arrêter. Le jaune et le blanc solides de l'œuf dur sont responsables de son immobilisation plus rapide.

Faire flotter un œuf

51

MATÉRIEL

un œuf
2 verres
de l'eau
du sel

Sais-tu pourquoi il est plus aisé de nager dans la mer plutôt que dans l'eau douce d'une piscine ou d'un lac?

Que faire ? Verser de l'eau dans le premier verre jusqu'à mi-hauteur. Placer l'œuf dans l'eau. Observer ce qui arrive. Ajouter ensuite trois cuillérées à soupe de sel, mélanger doucement, et observer ce qui se passe.

Verser de l'eau dans le second verre jusqu'à mi-hauteur. Ajouter dix cuillérées à soupe de sel. Ajouter lentement de l'eau jusqu'à remplir complètement le verre. Ne plus mélanger. Déposer délicatement l'œuf dans l'eau.

Que se passe-t-il ? Dans l'eau pure, l'œuf coule. À mesure qu'on ajoute du sel, l'œuf se met à flotter et monte peu à peu vers la surface.

Si l'on ajoute de l'eau pure à une eau très salée, l'œuf reste en suspension à mi-hauteur.

Pourquoi ? Plus un liquide est dense, et plus sa poussée est importante. Le sel accroît la densité de l'eau.

Si l'on ajoute de l'eau pure à de l'eau salée, elle reste en surface. L'œuf coule et traverse cette couche d'eau pure pour se mettre à flotter au niveau de l'eau salée.

52 Le tour de l'œuf dans la bouteille

Peut-on vraiment mettre un œuf en bouteille sans l'écraser si cette bouteille possède un goulot plus étroit que la taille de l'œuf ?

MATÉRIEL

de l'eau bouillante
une bouteille à col étroit (comme une bouteille de ketchup ou un biberon)
une manique
un œuf dur écalé

CHAUD !

Que faire ? Verser l'eau bouillante dans la bouteille. Tenir la bouteille à l'aide de la manique et faire tourner le liquide avant de vider rapidement la bouteille.
Placer aussitôt l'œuf sur le goulot.

Que se passe-t-il ? Alors que l'œuf est plus large que le col, il s'y glisse et tombe dans la bouteille.

Pourquoi ? L'eau chaude laisse de la vapeur chaude dans la bouteille qui force l'air qui s'y trouve à en sortir. À mesure que la chaleur diminue dans la bouteille, la vapeur se change en minuscules gouttelettes d'eau qui occupent moins d'espace. Cela entraîne une diminution de la pression de l'air au sein de la bouteille, si bien que la pression externe se retrouve plus forte que la pression interne. C'est cette pression externe qui pousse l'œuf dans la bouteille.

Pour faire sortir l'œuf, il faut retourner la bouteille, placer la bouche sur le goulot, et souffler dans la bouteille pendant une trentaine de secondes. La pression interne devient plus forte que la pression externe – ce qui oblige l'œuf à sortir.

La puissance de l'œuf

53

MATÉRIEL
4 moitiés de coquilles d'œufs
du papier adhésif
une paire de ciseaux
des boîtes de conserve

Les coquilles d'œufs sont fragiles, n'est-ce pas ? Mais le sont-elles vraiment ? Pour cette expérience, rassemble les coquilles d'œufs lorsque quelqu'un de ta famille prépare une omelette ou un gâteau.

Que faire ? Placer du papier adhésif au milieu des moitiés de coquilles. Puis, à l'aide de ciseaux, découper le bord des coquilles pour les égaliser parfaitement.

Disposer les quatre demi-coquilles retournées de manière à former un carré. Prendre une boîte de conserve et la poser sur les coquilles. Continuer d'empiler les boîtes, jusqu'à ce que les coquilles se brisent.

Que se passe-t-il ? Les coquilles d'œuf « fragiles » peuvent supporter un nombre étonnant de boîtes de conserve.

Pourquoi ? Le secret de leur résistance vient de leur forme. Aucun point précis du dôme de chacune des coquilles ne prend en charge le poids total des objets posés. Le poids est réparti tout au long des courbes, jusqu'à la base élargie.

54 Graffiti sur œuf

MATÉRIEL

un œuf dur
un crayon
un bocal
du vinaigre blanc

Comment graver ses initiales ou un dessin sur un œuf sans briser sa coquille ?

Que faire ? Dessiner ou écrire délicatement sur la coquille de l'œuf à l'aide du crayon. Placer l'œuf dans le bocal et le couvrir de vinaigre. L'y laisser deux heures. Vider le vinaigre. Le remplacer par du vinaigre frais et laisser l'œuf deux heures de plus. Laver l'œuf et ôter les traces de crayon.

Que se passe-t-il ? La coquille semble toujours aussi fragile, mais ton dessin s'y trouve gravé !

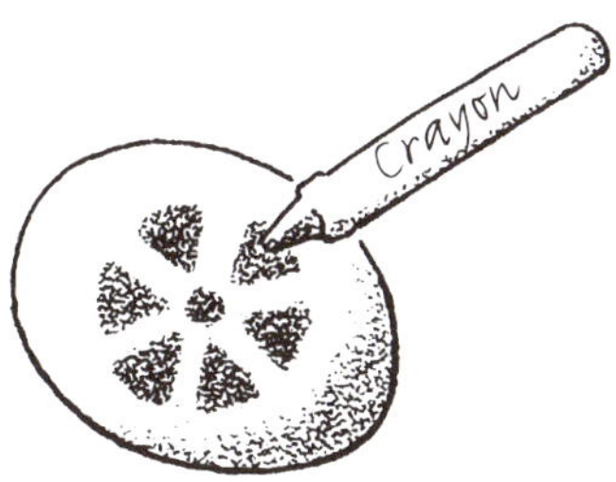

Pourquoi ? L'acide du vinaigre s'est combiné au carbonate de calcium de la coquille et en a dissous une partie, mais pas dans les zones où tu avais placé de la mine de crayon. La cire du crayon a protégé ces parties de coquille de l'attaque acide, si bien qu'elle n'a pas été dissoute par le vinaigre.

55 De l'huile et de l'eau

MATÉRIEL

1 cuillérée à soupe d'huile de cuisson
de l'eau colorée à l'aide de quelques gouttes de colorant alimentaire
un bocal étroit ou une bouteille à soda munie d'un bouchon

On prétend que l'huile et l'eau ne se mélangent pas. Mais quelle en est donc la raison ?

Que faire ? Mettre 2 cuillérées à soupe d'huile et 2 cuillérées à soupe d'eau colorée dans la bouteille ou le bocal. Refermer et secouer vigoureusement. Reposer la bouteille.

Que se passe-t-il ? Alors que l'huile et l'eau semblaient s'être mélangées lorsqu'on agitait la bouteille, elles se séparent dès qu'elles se retrouvent au repos. L'huile flotte au-dessus.

Pourquoi ? La plupart des liquides se dissolvent dans l'eau pour former une solution, mais l'eau et l'huile ne se mélangent pas. Les molécules d'huile possèdent une attraction plus grande entre elles qu'à l'égard des molécules d'eau. L'huile flotte sur l'eau parce qu'elle pèse moins lourd. C'est pourquoi il est si facile d'enlever la matière grasse d'un potage au poulet ou d'une sauce à la viande. Au bout d'un temps de repos et lorsqu'ils ont refroidi, ces liquides présentent une couche de graisse solidifiée en surface.

56 Un sandwich liquide

MATÉRIEL

2 cuillérées à soupe d'huile
2 cuillérées à soupe d'eau
2 cuillérées à soupe de miel liquide ou de mélasse
Un bocal étroit muni d'un couvercle

Comment fabriquer un sandwich avec trois liquides ?

Que faire ? Dans le bocal, verser l'huile, puis l'eau, et terminer par le miel ou la mélasse. Couvrir le bocal.

Que se passe-t-il ? Un sandwich liquide ! Le miel se trouve au fond ; l'huile flotte en surface ; et l'eau se trouve entre les deux.

Pourquoi ? Le miel coule en raison de sa densité plus élevée que celle de l'eau (il pèse plus lourd pour une quantité équivalente de matière). L'huile flotte en raison de sa densité plus faible que celle de l'eau.

57 Graisse ou pas graisse ?

MATÉRIEL

une feuille et un crayon
du beurre ou de la margarine
un carré de chocolat
de la crème ou du lait entier
un citron
du miel
des chips

Il est simple comme bonjour de déterminer si un aliment est gras ou pas.

Que faire ? Dessiner six petits cercles sur la feuille de papier. Attribuer à chacun des cercles le nom d'un des aliments à tester. Placer un échantillon de chacun d'eux au milieu du cercle. Attendre une dizaine de minutes et examiner le papier des deux côtés.

Que se passe-t-il ? Certains cercles sont restés secs. Les autres sont devenus graisseux et comportent des taches qui s'élargissent.

Pourquoi ? L'eau et la graisse provoquent des taches en se glissant dans les interstices entre les fibres du papier. Les taches faites par l'eau s'évaporent dans l'air et sèchent. Mais les gouttelettes de graisse restent en place et ne peuvent être dissoutes qu'à l'aide de savon ou de solvant comme l'éther.

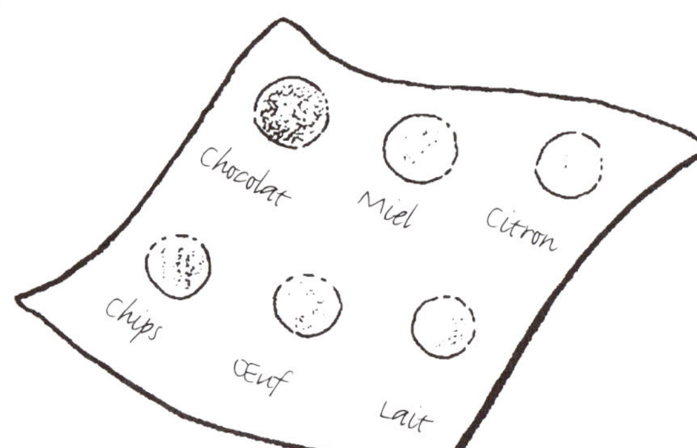

58 Une tache de graisse mesure l'intensité lumineuse

MATÉRIEL

de l'huile de cuisson
une feuille blanche
une serviette en papier
2 lampes munies d'ampoules de puissances différentes
une règle ou un mètre de couturier

Quelle ampoule est la plus brillante ? Et quel flash ?
On peut le déterminer scientifiquement !

Que faire ? Verser quelques gouttes d'huile sur le papier blanc. Laisser l'huile s'étendre et se servir de la serviette pour éponger l'excédent, pour ne laisser sur le papier qu'une tache graisseuse.

Dans une pièce obscure, placer les deux lampes de part et d'autre d'une table. Tenir le papier à proximité de l'ampoule de gauche, puis l'écarter pour l'approcher peu à peu de la lampe de droite, sans cesser d'observer la tache d'huile.

Que se passe-t-il ? La tache disparaît lorsque l'intensité lumineuse est équivalente des deux côtés du papier.

Pourquoi ? Comment ce procédé permet-il de déterminer l'ampoule la plus brillante ?

En mesurant la distance entre chacune des ampoules avec le point où la tache disparaît, on s'aperçoit que ces deux distances ne sont pas égales. L'une des ampoules donne donc plus de lumière que l'autre.

Par exemple, si l'ampoule A est à 60 cm du papier et l'ampoule B à 90 cm, c'est l'ampoule B qui est plus brillante. Pour connaître le rapport avec précision, il suffit de multiplier la distance A (60 cm) par elle-même (60 x 60) et de faire de même avec la distance B (90 x 90). Puis il faut diviser le plus grand nombre par le plus petit. L'ampoule B fournit plus de deux fois plus de lumière que l'ampoule A.

59 Une loupe liquide

Une loupe faite avec de l'eau ?
Impossible, penses-tu ?

MATÉRIEL
un trombone
du beurre ou de l'huile de cuisson
un annuaire téléphonique
un journal
un timbre

Que faire ? Déplier le trombone. Former une petite boucle à l'une des extrémités et l'enduire d'un peu de beurre ou d'huile. Plonger la boucle dans l'eau et l'en retirer. On obtient de la sorte une lentille – un cadre qui renferme une pellicule d'eau. Utiliser cette lentille pour lire les caractères de l'annuaire, les petites annonces du journal, et pour apprécier les détails d'un timbre.

Pourquoi ? La lentille liquide, tout comme les lentilles de verre ou de plastique, possède une forme précise. Celle-ci a la propriété de dévier les rayons lumineux qui la traversent. En premier lieu, quand les rayons pénètrent, et en second lieu, quand ils en sortent. L'angle selon lequel l'eau dévie les rayons dépend de la forme de la lentille.

La lumière réfléchie part de l'objet que tu observes, traverse la lentille et atteint ensuite ton œil après avoir été déviée. Ton œil voit la lumière comme si elle provenait en droite ligne de l'objet – cet objet apparaît donc plus grand qu'il ne l'est en réalité.

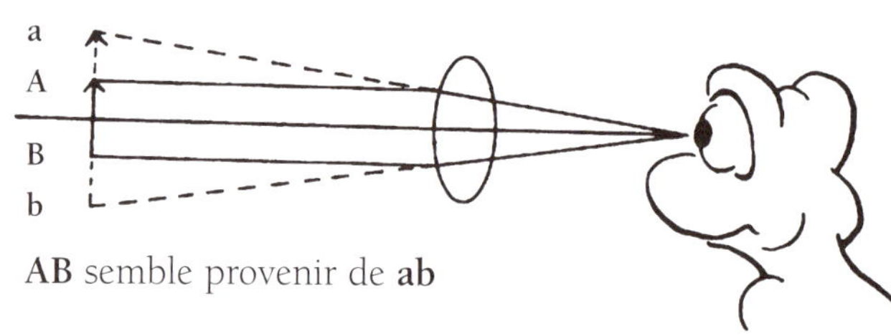

AB semble provenir de **ab**

60 Quel rapport de taille ?

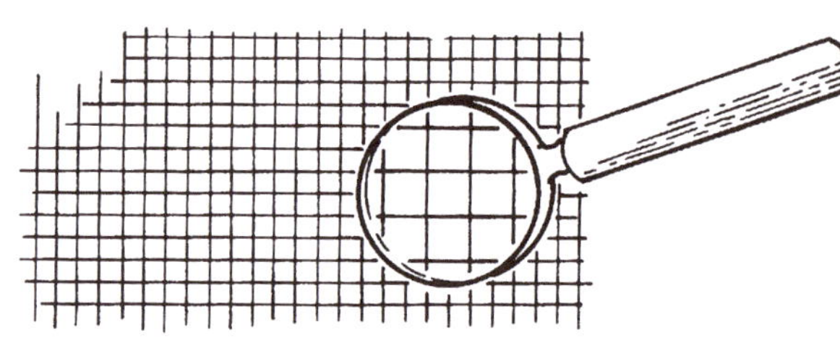

On peut déterminer à quel point une lentille grossit un objet en se servant d'une feuille de papier millimétré. Tu peux également utiliser une feuille normale sur laquelle tu auras tracé de fines lignes à intervalles réguliers.

Observe le papier à travers la lentille. Compte le nombre de lignes que tu peux voir grâce à cette loupe, et compare-le au nombre de lignes que tu vois à l'œil nu.

S'il y a 4 lignes autour de la loupe, et 1 seule ligne dans la lentille, cette loupe grossit donc 4 fois.

Les aventures d'un fil

Grâce à un morceau de fil, tu vas pouvoir accomplir de véritables merveilles scientifiques ! Tu obligeras de l'eau à ramper sur une corde, couperas une ficelle dans une bouteille, soulèveras un poids conséquent à l'aide d'un bouton, fabriqueras une horloge ancienne et prouveras même que tu es le plus fort de tous !

Quelques mots sur les fils

Depuis des siècles, fils et cordes, cordages et ficelles, sont fabriqués à partir des fibres de certains végétaux comme le chanvre, le lin, le jute et le sisal. Les brins de ces fibres sont tordus ou entrelacés. De nos jours, on se sert également de produits synthétiques comme le nylon ou le polyester.

61 Couper une ficelle sans la toucher

MATÉRIEL

un morceau de ficelle
un gros bocal muni de son couvercle
du ruban adhésif
une loupe

Comment couper une ficelle sans mettre le doigt dessus alors qu'elle se trouve à l'intérieur d'une bouteille fermée ? Vois comme c'est facile, mais seulement par temps ensoleillé !

Que faire ? Fixer un morceau de la ficelle sous le couvercle du bocal, à l'aide du ruban adhésif. Mettre le couvercle en place, de manière à ce que la ficelle pende à l'intérieur du bocal.

Avec la loupe, concentrer les rayons du Soleil sur la ficelle pendant quelques minutes.

Que se passe-t-il ? La ficelle se coupe en deux.

Pourquoi ? La loupe a concentré la chaleur du Soleil sur la ficelle, au point de la brûler et de la couper.

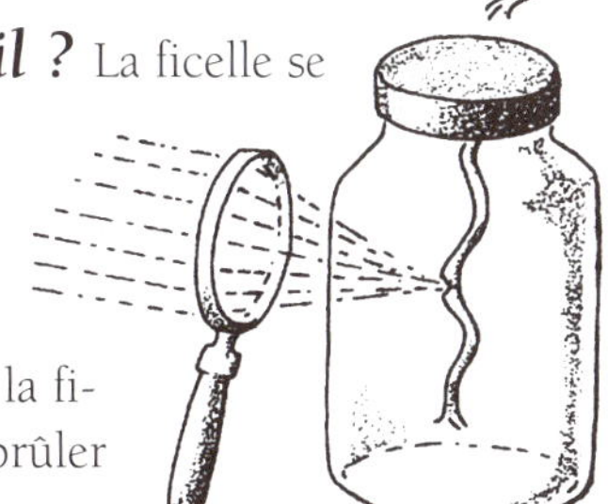

62

L'eau funambule

MATÉRIEL

un petit clou
un gobelet en plastique
une corde de 30 cm de long
de l'eau
un seau

L'eau peut-elle voyager le long d'une corde sans en tomber ? Essaie cette expérience et constate par toi-même.

Que faire ? À l'aide du clou, percer un petit trou au sommet du gobelet. Mouiller la corde avant de la glisser dans le trou et de faire un nœud pour la maintenir attachée. Remplir le verre d'eau jusqu'au bord.

Placer le seau sur le sol près du pied gauche. Attacher l'extrémité libre de la corde à l'index gauche et le placer au-dessus du seau.

Tenir le gobelet de la main droite. Tendre la corde et l'incliner vers le seau. Pencher le gobelet lentement et laisser l'eau s'en écouler.

Que se passe-t-il ? L'eau descend le long de la corde jusqu'à ton index gauche, avant de tomber dans le seau.

Pourquoi ? Les molécules se trouvant en surface s'assemblent pour former une pellicule élastique qui permet à l'eau de couler le long de la corde humide. Cette pellicule élastique porte le nom de tension de surface.

63

Un nœud en forme de 8

Tu peux effectuer n'importe quel nœud pour fixer la corde au gobelet. Mais si tu souhaites réaliser un nœud en 8, voici la marche à suivre.

64 Cristal de sel

MATÉRIEL

un bocal
de l'eau chaude
une cuillère à soupe
du sel
un clou
un morceau de ficelle
un crayon

Dans certaines régions des tropiques, on ne tire pas le sel des mines, mais on l'obtient à partir d'eau de mer formant des marais salants. On peut ainsi fabriquer sa propre eau salée, puis retrouver son sel sous forme de cristaux.

Que faire ? Remplir le bocal d'eau chaude et y verser 1 cuillérée à soupe de sel. Mettre d'autres cuillérées, une à une, jusqu'à ce que le sel ne se dissolve plus. On compte 1 cuillérée par 30 ml d'eau.

Attacher le clou à un bout de la ficelle. Enrouler l'autre bout autour du crayon. Poser le crayon sur le bocal de manière à ce que le clou soit plongé dans l'eau salée, mais sans toucher le fond du bocal.

Placer le tout dans un endroit chaud.

Que se passe-t-il ? Au bout de quelques jours, l'eau a disparu et des cristaux se sont formés sur la ficelle. Leur goût est salé.

Pourquoi ? Les molécules d'eau disparaissent lentement dans l'air sous forme de vapeur.
À mesure que l'eau s'évapore, les atomes de sel se rapprochent, en formant des cristaux de forme cubique. Lorsque toute l'eau s'en est allée, seuls restent les cristaux de sel.

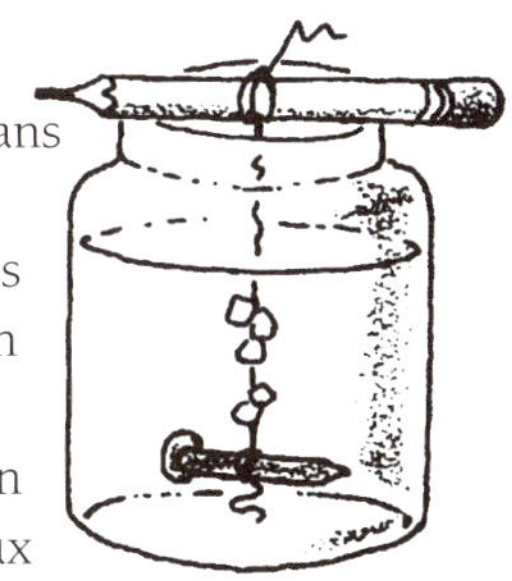

65 Du sucre candi

Comme pour les cristaux de sel, on peut fabriquer du sucre candi, qui est, lui, constitué de cristaux de sucre uniquement. Il te faudra un bocal un peu plus grand et une ficelle plus longue. Mélange 500 g de sucre à 125 ml d'eau chaude et laisse reposer le tout pendant quelques jours.

66 Le sauvetage d'un glaçon

MATÉRIEL

un glaçon
un verre d'eau froide
une ficelle de 15 cm
du sel

Voilà un truc qui va briser la glace dans n'importe quelle fête ! Parie avec tes amis que tu peux sauver un glaçon d'un verre d'eau sans te mouiller les doigts. Dis-leur qu'ils peuvent se servir de ce qui se trouve sur la table, à l'exception des assiettes et des couverts. Lorsqu'ils auront échoué, voici ce que tu vas faire.

Que faire ? Laisser flotter le glaçon à la surface de l'eau. Placer la ficelle sur le bord du verre, en posant un des bouts sur le glaçon. Saupoudrer un peu de sel sur le glaçon et attendre une dizaine de minutes.

Que se passe-t-il ? La ficelle a pénétré dans le glaçon. Il te suffit de la retirer du verre pour en sortir le glaçon du même coup.

Pourquoi ? Quand le sel touche la glace, il fait baisser de quelques degrés le point de congélation et provoque par la même occasion une légère fonte du glaçon en surface. Lorsque la glace se reforme, elle emprisonne la ficelle.

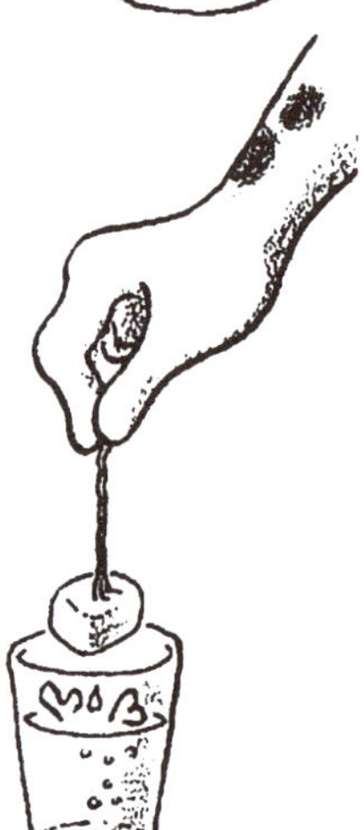

Un monstre marin

MATÉRIEL

un morceau de carton
des ciseaux
un crayon
une punaise
un fil attaché à un clou

67

Voici comment faire bouger un monstre marin !

Que faire ? Sur le carton, dessiner et découper la forme d'un monstre marin, comme sur l'illustration. Ajouter trois points, comme indiqué. Punaiser le monstre sur le point le plus haut et attacher le clou à la punaise à l'aide du fil. Tracer une ligne le long du fil. Répéter l'opération pour les deux autres points.

Punaiser le monstre à l'intersection des trois lignes.

Le faire tourner sur lui-même.

Que se passe-t-il ? Le monstre de carton tournoie sur lui-même sans jamais s'arrêter dans la même position.

Pourquoi ? Le point à l'intersection des trois lignes est le centre de gravité. Si tu tiens l'objet par n'importe quel autre point, il va se trouver en déséquilibre, tourner de manière inégale, et s'immobiliser toujours au même endroit, là où son centre de gravité est le plus bas.

68 La force des fils

MATÉRIEL

2 longs morceaux de fil
une fine baguette de bois
un cintre en bois
une règle métallique

Dans cette expérience, on s'attend à ce que se brisent les fils qui soutiennent la baguette. Et pourtant...

Que faire ? Nouer un fil à chaque extrémité de la baguette. Attacher ensuite les fils au cintre de manière à ce que la baguette reste suspendue dans l'air. Se servir éventuellement de nœuds appelés demi-clefs (voir expérience 69). Frapper la baguette à l'aide de la règle.

Que se passe-t-il ? Les fils ne cassent pas ! Si l'on frappe avec force, c'est la baguette de bois qui se rompt la première.

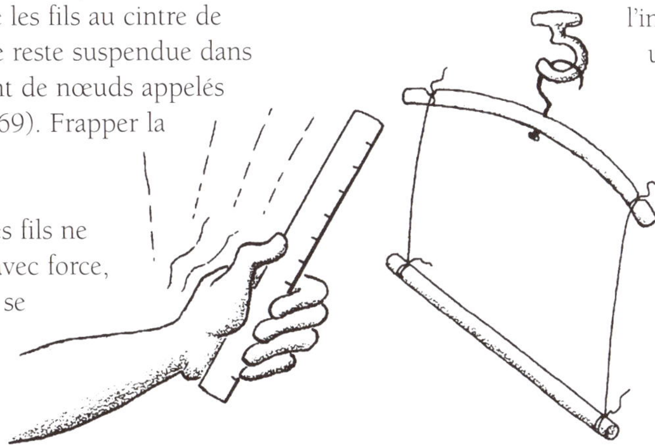

Pourquoi ? Tu appliques la force non pas sur les fils mais sur la baguette. Celle-ci résiste au mouvement – au point qu'elle se brisera avant de bouger. C'est un effet de la loi de l'inertie : les corps possèdent une tendance à demeurer au repos ou en mouvement.

69 Faire des demi-clefs

Les nœuds appelés demi-clefs te permettent de lier une corde à un autre objet, tels qu'un bâton ou un cintre.

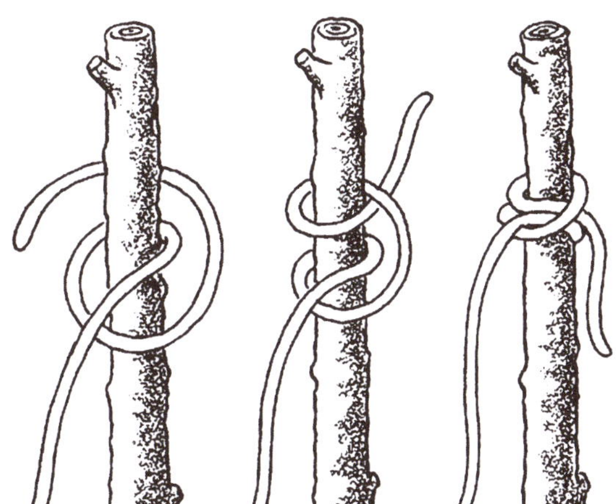

70 Impossible à redresser

MATÉRIEL

une corde de 60 à 90 cm de long
un livre épais

Parions que tu n'arriveras pas à redresser ce fil !

Que faire ? Placer la corde tendue sur la table. Poser le livre au milieu de la corde. Attacher la corde autour du livre sans faire de nœud. Soulever le livre en tenant les bouts de la corde. Prendre ensuite un bout dans chaque main et tirer de part et d'autre pour que la corde ne forme qu'une seule ligne droite.

Que se passe-t-il ? Tu n'arrives pas à tirer assez fort pour tendre la corde, quelle que soit ta force.

Pourquoi ? Tu vas te rendre compte que plus tu écartes les deux bouts de la corde, plus le livre semble êre lourd. Plus l'angle entre les deux bouts de corde est grand, plus tu dois appliquer une force importante pour tenir le livre.
Une ligne droite forme un angle de 180 degrés. Il te faudrait une formidable puissance pour soutenir le livre en tenant les bouts de la corde – tant de force que c'est la corde qui se briserait avant de former une ligne bien droite.

71 Looping

MATÉRIEL

une corde de 60 cm environ
un seau
une balle de caoutchouc ou de mousse

Lorsque tu effectues un looping, et que tu te retrouves la tête en bas, pourquoi ne tombes-tu pas ?

Que faire ? Attacher soigneusement la corde à la poignée du seau. Poser la balle au fond.

Se placer dans un endroit où il n'existe aucun risque de cogner quelque chose – à l'extérieur de préférence. Tenir le seau par la corde et le faire tourner dans les airs aussi vite que possible.

Que se passe-t-il ? La balle reste dans le seau, même lorsque celui-ci est à l'envers.

Pourquoi ? La force centrifuge créée par le mouvement circulaire équivaut à la force de gravité et empêche la balle de sortir du seau. Elle pousse les objets contre les parois du seau, au lieu de les en faire sortir.

Lorsque tu seras devenu assez habile pour réaliser ce tour, essaie donc avec de l'eau – à l'extérieur, bien sûr !

72

Le fil parlant

Crois-le ou pas, tu vas faire parler une ficelle !

MATÉRIEL

de la corde ou de la ficelle fine, de 45 à 60 cm de long

un gros bouton à deux trous

Que faire ? Passer la ficelle dans les trous du bouton et attacher les deux extrémités. Se servir si possible d'un nœud de chaise (voir expérience 73). Placer le bouton au centre de la ficelle.

Placer ses deux index de part et d'autre, dans une petite boucle. Faire tourner le bouton à plusieurs reprises, vers soi ou vers l'extérieur, mais toujours du même côté.

Lorsque la ficelle s'est enroulée sur elle-même, écarter les mains en l'obligeant à se dérouler. Puis rapprocher les mains, en relâchant la tension. Alterner tension et relâchement.

Que se passe-t-il ? Le bouton se met à tourner très vite avant de s'immobiliser et de repartir dans l'autre sens. Si l'on agit assez vite, on entend un sifflement.

Pourquoi ? C'est la loi de l'inertie qui s'exprime à nouveau. Un corps en mouvement tend à le rester. Le bruit provient des vibrations de l'air autour du fil.

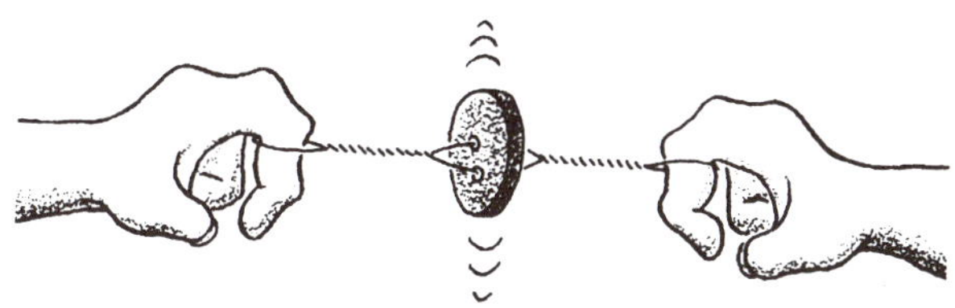

73

Un nœud de chaise

On peut attacher les deux extrémités d'une corde, en se servant d'un nœud de chaise, comme indiqué sur l'illustration.

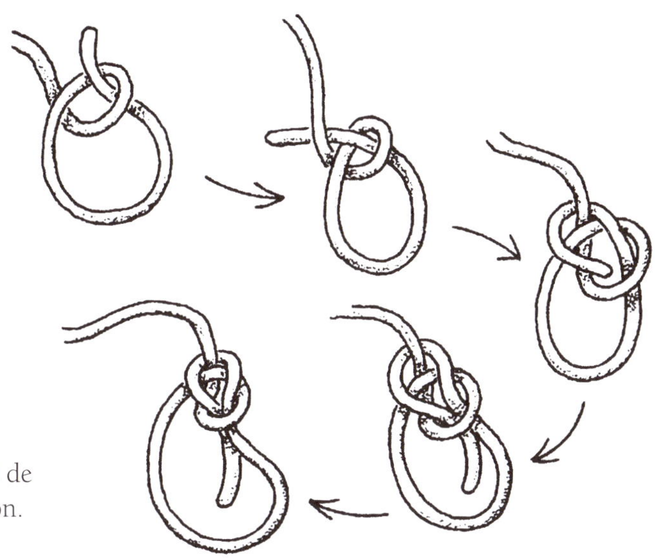

David et Goliath

MATÉRIEL

une corde de 60 à 75 cm de long
une bobine de fil, vide ou garnie
un bouton
une petite pierre

Un bouton peut-il soulever une pierre ?

74

Que faire ? Glisser la corde dans la bobine, de manière à ce que deux tiers de la corde se trouvent au-dessus. Attacher le bouton à une extrémité, et la pierre à l'autre. En plaçant le bouton en l'air et la pierre vers le bas, tenir l'ensemble au-dessus de soi. Pour ce faire, serrer la bobine d'une main, et tenir la corde de l'autre. Commencer à faire tourner la bobine de façon à ce que les deux objets se mettent à tourner de plus en plus vite.

Laisser la corde descendre progressivement sous la bobine.

Que se passe-t-il ? L'objet le plus lourd semble soulevé par le plus léger.

Pourquoi ? Bien évidemment, ce n'est pas le bouton qui soulève la pierre. Lorsque tu fais tourner ces objets assez vite, la force centrifuge – créée par le mouvement circulaire – devient plus puissante que la force de gravité, si bien que la pierre remonte, étant moins soumise à cette dernière force.

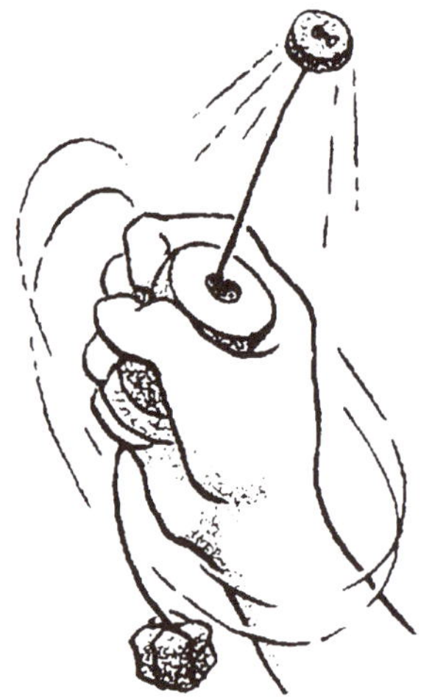

75 Un palan en manches à balai

MATÉRIEL
corde à sauter ou à linge
2 manches à balai ou bâtons

Tu es doté d'une force étonnante !
Pour le prouver, réalise cette expérience.

Que faire ? Donner un manche à balai à deux amis et leur demander de les placer à une dizaine de centimètres l'un de l'autre. Attacher la corde au bout d'un des manches et enrouler ensuite la corde autour des deux manches, comme sur l'illustration. Tenir l'extrémité libre de la corde. Demander aux deux amis d'écarter les deux manches, en tirant de toute leur force. Ils doivent tirer en même temps sur la corde.

Que se passe-t-il ? Quelle que soit la force avec laquelle tes amis essaient d'écarter les manches, c'est toi qui va réussir à les rapprocher.

Pourquoi ? À chaque fois que tu as enroulé la corde autour d'un manche, tu as augmenté la longueur de corde sur laquelle la force va s'exercer. Lorsque tu tires sur cette corde, tu exerces une petite force – mais sur une longue distance. La force résultante est alors bien plus grande que celle que tes deux amis peuvent exercer sur une longueur très faible.

Le palan en manche à balai est une forme de poulie double. On s'en sert pour amarrer les navires, pour soulever les pelles mécaniques, pour hisser les canots de sauvetage, les pianos, les coffres-forts et les grosses machines.

76

Agiter d'un souffle

MATÉRIEL
2 longues cordes ou ficelles
un livre
un cintre en bois

Comment faire voltiger un livre avec ton souffle ? Essaie donc !

Que faire ? Enrouler les ficelles autour du livre et les fixer. Attacher ensuite les bouts libres des ficelles aux extrémités du cintre, pour que le livre y reste suspendu, comme sur l'illustration.
Souffler sur le livre. Continuer de souffler à chaque fois que le livre revient vers soi.

Que se passe-t-il ? Même un léger souffle semble capable de faire balancer ce livre.

Pourquoi ? Il ne s'agit pas seulement d'une question de force, mais également d'un rythme à adopter. Même si tu ne parviens pas à souffler puissamment, c'est le moment où tu appliques ce souffle qui compte et qui te permet de faire aller et venir le livre.

Faire un nœud de jonction

77

Si ta corde ou ta ficelle n'est pas assez longue, tu peux attacher deux cordes grâce à ce nœud de jonction.

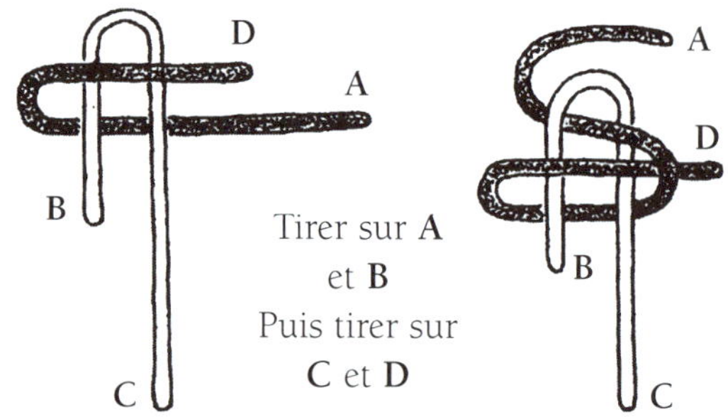

Tirer sur **A** et **B**
Puis tirer sur **C** et **D**

78

Dansons un peu

C'est Galilée qui, le premier, a réalisé cette expérience étonnante, en 1583 !

MATÉRIEL

4 ficelles de longueurs différentes
2 ficelles de même longueur
une cuillère à café
5 trombones
une corde à linge

Que faire ? Attacher la cuillère à l'une des deux ficelles de même longueur. Attacher les trombones aux cinq autres ficelles. Fixer toutes les ficelles à la corde à linge. Faire danser la cuillère.

Que se passe-t-il ? Toutes les ficelles où sont attachés les trombones se mettent à danser. Mais le trombone fixé à la ficelle de même longueur que celle qui supporte la cuillère danse avec plus d'énergie que les autres, tandis que la cuillère reste immobile. Puis la ficelle et la cuillère reprennent vie, et c'est le trombone attaché à la ficelle de même longueur qui ralentit sa danse.

Pourquoi ? Le balancement de la cuillère se transmet le long de la corde et donne à chacune des ficelles une poussée qui les fait danser. Mais chaque ficelle, selon sa longueur, va et vient selon un rythme différent. Seul un trombone – celui qui danse au même rythme que la cuillère – est poussé au bon moment, pour entrer dans la danse. Il bouge avec plus de vigueur que les autres, jusqu'à ce qu'il perde son énergie en la transmettant à la ficelle qui tient la cuillère – qui se remet à danser. La cuillère et le trombone attachés à une corde identique poursuivent leur danse, en accélérant et en ralentissant alternativement.

79 Une horloge à balancier

Cette expérience va t'apprendre comment mesurer le temps à l'aide d'une corde.

MATÉRIEL

- 4 cordes de longueurs différentes : 25 cm, 50 cm, 97,5 cm et 120 cm
- un objet léger, comme un écrou ou une pièce de monnaie
- une tringle à vêtements ou un anneau accroché au plafond
- une montre indiquant les secondes
- un crayon
- un papier

Que faire ? Attacher l'objet à la corde de 120 cm et la suspendre au crochet ou à la tringle. (Si tu ne disposes pas de corde assez longue, tu peux attacher plusieurs cordes avec des nœuds de jonction – voir expérience 77.)

Remonter légèrement la corde d'un côté et la laisser retomber. Compter le nombre de va-et-vient effectués par la corde en 60 secondes. Remonter la corde beaucoup plus haut et la laisser retomber. Compter le nombre de va-et-vient en 60 secondes. Noter les résultats.

Faire de même avec les autres cordes. Dans chaque cas, compter le nombre de va-et-vient et inscrire les résultats.

Que se passe-t-il ? Une corde de 97,5 cm de long accomplit 60 va-et-vient en 60 secondes, ou 1 minute.

Pourquoi ? Un pendule effectue tous ses mouvements dans le même laps de temps, quels que soient leur ampleur et le poids supporté. Mais plus le pendule est long, plus son va-et-vient est lent. Plus le pendule est court, plus son va-et-vient est rapide.

Puisqu'une corde de 97,5 cm met 60 secondes pour effectuer 60 va-et-vient, cela te permet de savoir qu'un de ses mouvements prend 1 seconde. Tu peux te servir de cette corde pour mesurer le temps avec une grande précision.

En 1673, Christopher Huygens s'est servi de ce principe lorsqu'il a imaginé son horloge à balancier.

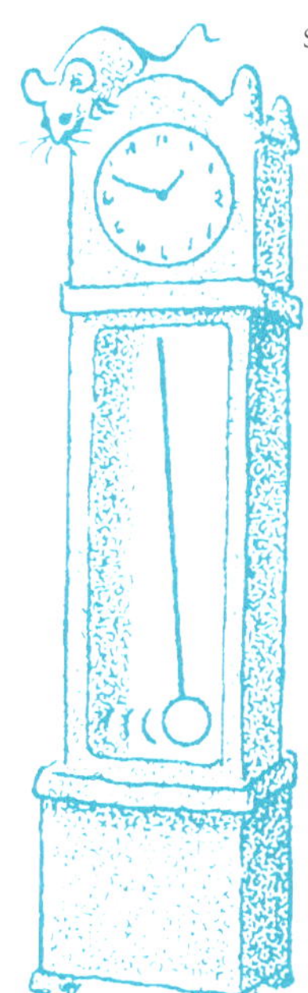

80 Une balance à fils

MATÉRIEL

du ruban adhésif
3 fils de longueurs différentes : 10 cm, 15 cm et 20 cm
une règle d'une trentaine de centimètres
un cintre métallique
12 trombones

Tu peux fabriquer une balance à l'aide de quelques fils et t'en servir pour peser de petits objets.

Que faire ? Attacher le fil de 15 cm au centre de la règle, à l'aide du ruban adhésif, en t'assurant qu'il ne tombera pas. Attacher le bout libre du fil au cintre, comme indiqué sur l'illustration.

Attacher les deux autres fils (de 10 et de 20 cm) aux extrémités de la règle, à la même distance de chaque extrémité.

Déplier un des trombones et le poser en équilibre sur la règle, en le repliant ensuite pour l'y fixer. Le faire coulisser le long de la règle jusqu'à ce qu'elle se trouve à l'horizontale.

Attacher deux trombones et les fixer au bout du fil de 20 cm. Attacher l'un après l'autre les trombones restants au fil de 10 cm jusqu'à ce que la règle reprenne sa position horizontale.

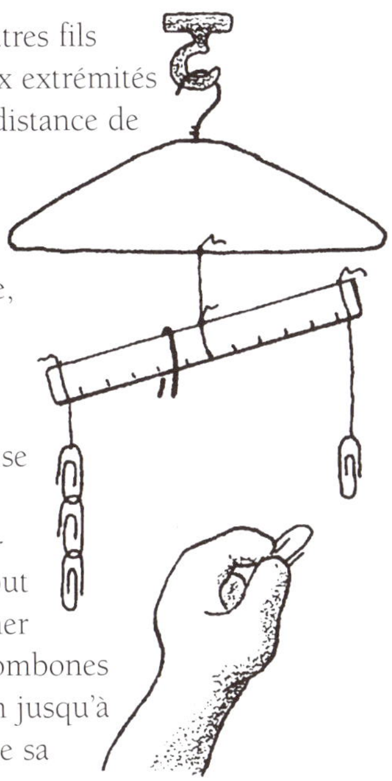

Que se passe-t-il ? Il te faudra placer 4 trombones au fil de 10 cm pour contrebalancer le poids des deux trombones attachés au fil de 20 cm.

Pourquoi ?
Dans une balance de ce genre, le poids (celui des 2 trombones) multiplié par la longueur (20 cm) d'un des côtés est équivalent au poids (4 trombones) multiplié par la longueur (10 cm) de l'autre côté.

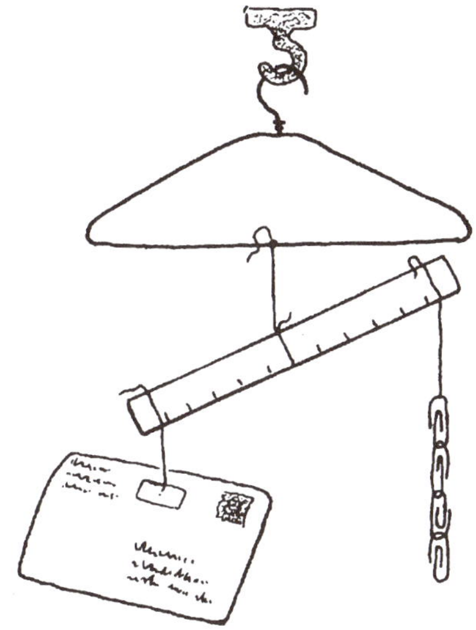

81 Se servir de la balance

Tu vas pouvoir utiliser ta balance à fils pour peser divers objets. Elle se révèlera un pèse-lettre parfait.

Combien de trombones devras-tu attacher au fil de 20 cm si tu as fixé une lettre au fil de 10 cm ?

Lorsque tu auras la réponse, tu pourras lire en un coup d'œil si tu as suffisamment affranchi ta lettre.

Bulles de savon

Fabriquer du « sang », couler un navire, faire voguer un bateau en papier, déplacer des cure-dents, mettre des bulles en action – rien qu'avec du savon.

Quelques mots sur le savon

Les peuples anciens se lavaient avec de l'eau et de la cendre de bois, puis calmaient leur peau propre mais irritée à l'aide de graisse ou d'huile végétale ou animale.

Il y a de cela environ deux mille ans, les Gaulois ont inventé le savon en mélangeant la cendre à la graisse animale. Ils s'en servaient pour faire briller leur chevelure.

Une fabrique de savon ainsi que des barres de savon parfumé ont été découvertes dans les ruines de Pompéi, ville détruite au Ier siècle après J.-C.

De nos jours, les usines de production de savon utilisent des graisses mélangées à un alcali tiré de cendres de bois et à du sel. Elles y ajoutent des parfums, colorants, adoucissants et conservateurs, avant de le mouler en savonnettes ou de lui faire prendre la forme de paillettes.

Même si le terme de « détergent » désigne toute substance qui peut servir à laver, l'usage le plus courant se réfère aujourd'hui à un produit nettoyant artificiel ou synthétique, fabriqué à partir d'un dérivé du pétrole. Le développement commercial de ce genre de détergents a pris naissance dans les années 1950.

82

Le savon préféré de Dracula

MATÉRIEL

1 cuillérée à soupe d'alcool à 90 °
2 comprimés de laxatif
1 savon
1 tasse

Terrifie tes amis avec ce savon étonnant !

Que faire ? Ne pas avaler les médicaments, évidemment ! Mettre l'alcool à 90 ° dans une tasse et y faire fondre les comprimés de laxatif. Étendre le mélange sur ses mains et laisser sécher. Se laver les mains avec le savon.

Que se passe-t-il ? L'eau savonneuse devient rouge sang.

Pourquoi ? Les laxatifs contiennent une substance appelée phénolphthaléine, qui rougit lorsqu'elle est mélangée à un alcali. Le savon est constitué de graisse bouillie combinée à un alcali puissant. Celui-ci se mélange à la phénolphthaléine étendue sur tes doigts – et leur donne une couleur rouge sang.

83

L'épave savonneuse

MATÉRIEL

une épingle
1 tasse d'eau
1 pince à épiler
1 cuillérée à café de savon liquide (liquide vaisselle ou détergent)
un compte-gouttes

Comment le savon agit-il sur l'eau pour rendre le lavage plus facile ? Observe donc ceci !

Que faire ? Faire flotter l'épingle à la surface de l'eau. Ce sera plus facile en te servant de la pince à épiler. Ajouter ensuite délicatement le savon liquide à l'aide du compte-gouttes.

Que se passe-t-il ? Lorsque tu ajoutes le savon, l'épingle se met à couler.

Pourquoi ? Il faut tout d'abord savoir qu'en réalité, l'épingle ne flotte pas vraiment. Elle est posée sur la pellicule de surface de l'eau, invisible et élastique.

Les molécules d'eau sont fermement attachées les unes aux autres et se tiennent serrées, en particulier à la surface. Cela entraîne une tension suffisante pour porter un objet qu'on s'imaginait voir couler. La tension de surface empêche également l'eau d'entourer les particules de saleté, de suie ou de cendre qui tachent la peau ou les vêtements.

Lorsqu'il se dissout dans l'eau, le savon sépare les molécules d'eau, ce qui réduit la tension de surface. C'est la raison pour laquelle l'épingle coule, et pour laquelle l'eau savonneuse lave efficacement.

84

La force du savon

MATÉRIEL

un morceau de carton
une règle
une paire de ciseaux
un récipient d'eau
un détergent

Pourrait-on se servir de savon pour propulser un navire ? Eh bien, oui, s'il s'agit d'un petit, très petit navire, voguant dans un lavabo ou une baignoire.

Que faire ? Découper dans le carton la forme d'un bateau, d'environ 5 cm sur 2,5 cm avec une petite découpe à l'arrière, pour y placer le « moteur », comme sur l'illustration.

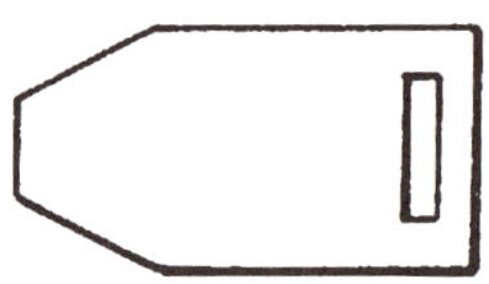

Déposer le bateau sur l'eau. Verser quelques gouttes de détergent dans le compartiment moteur.

Que se passe-t-il ? Le navire se déplace à la surface de l'eau.

Pourquoi ? Le savon brise la pellicule élastique de l'eau, formée par la tension de surface sous le navire. Celui-ci se met à avancer et ne s'arrêtera que lorsque le savon aura réduit la tension de surface sur toute l'étendue de ton « lac ».

85

Les cure-dents obéissants

MATÉRIEL

une assiette creuse remplie d'eau
6 cure-dents
un morceau de sucre
un morceau de savon

On peut faire obéir un cercle de cure-dents. Voici comment.

Que faire ? Disposer les cure-dents en étoile à la surface de l'eau. Placer le morceau de sucre au centre.

Changer l'eau et remettre les cure-dents en étoile. Placer à présent le morceau de savon au centre.

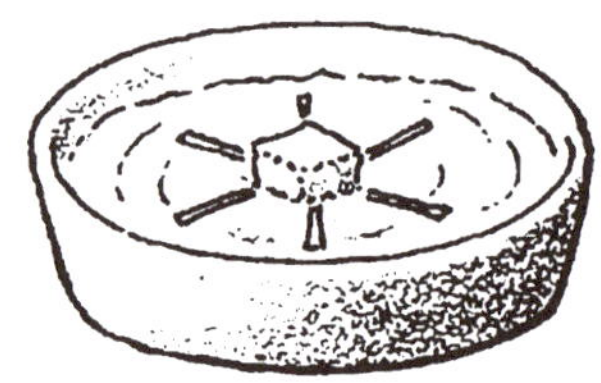

Que se passe-t-il ? Lorsque tu mets le sucre au centre du cercle, les cure-dents s'en rapprochent. Lorsque tu y places le savon, les cure-dents s'en écartent.

Pourquoi ? Le sucre aspire l'eau, créant un courant qui attire les cure-dents vers le centre. Le savon, au contraire, répand un film gras qui s'étend sur l'eau et diminue la tension de surface. C'est ainsi que les cure-dents s'éloignent du centre.

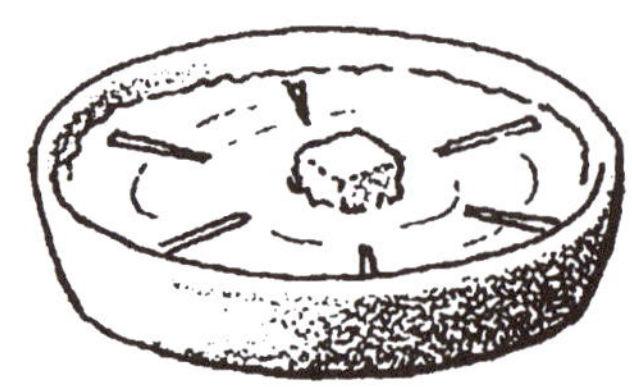

MATÉRIEL

un sachet en plastique
et son attache
du papier sulfurisé,
découpé en petits
morceaux
un crayon feutre
une casserole ou une
grande assiette
du détergent liquide

Polluer la mare aux canards

86

Est-il bien de laver ses vêtements au détergent dans un lac ou un étang ? Vois par toi-même !

Que faire ? Remplir le sachet avec les morceaux de papier sulfurisé. Fermer le sachet hermétiquement. Dessiner un canard sur le sachet à l'aide du feutre. Faire flotter le « canard » sur l'eau. Ajouter un peu de détergent.

Que se passe-t-il ? Le canard se met à couler.

Pourquoi ? Le papier sulfurisé et le plastique repoussent l'eau, à la manière des plumes d'un canard. Celles-ci sont enduites d'une huile qui repousse l'eau, permettant au canard de flotter. Le détergent faisant se coller l'eau aux matières grasses, est parfait pour laver la vaisselle et les vêtements, mais mortel pour les canards.

Des bulles faites main

87

MATÉRIEL

1 tasse d'eau chaude
un bol
2 cuillérées à soupe
de liquide vaisselle

Les bulles sont des globules d'air ou de gaz renfermé dans une boule liquide. Les bulles de savon sont des globules d'air prisonnier dans un film d'eau savonneuse. On peut former des bulles en soufflant dans une pipe ou un anneau trempé dans du savon. On y arrive également en se servant de ses mains uniquement.

Que faire ? Verser l'eau dans le bol. Ajouter le liquide vaisselle et mélanger doucement. Faire une forme ronde avec les doigts et plonger la main dans le mélange savonneux. Souffler dans le creux de la main.

Que se passe-t-il ? Des bulles se forment.

Pourquoi ? Lorsqu'on souffle sur le mélange d'eau et de savon se trouvant au creux de la main, on y ajoute de l'air qui forme l'intérieur des bulles.

88 Recettes pour mélanges à bulles

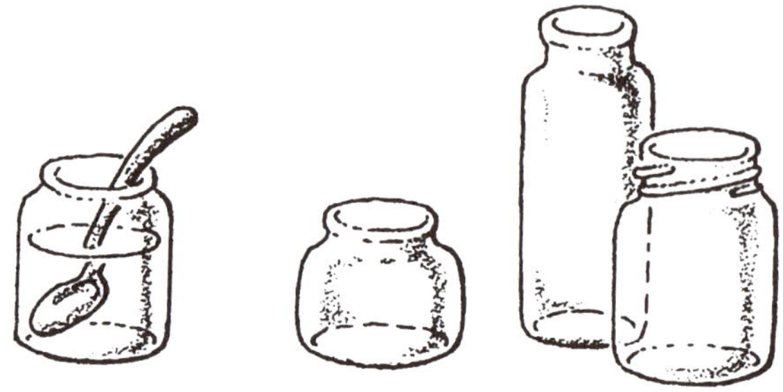

Il existe plusieurs recettes pour fabriquer des mélanges à bulles car les poudres et les détergents varient en efficacité.
Fais des expériences pour déterminer lesquels sont les plus efficaces. Les suggestions suivantes te serviront dans tes recherches :

○ Le détergent vaisselle fonctionne souvent très bien.

○ Mélanger 1 dose de détergent à 8 ou 10 doses d'eau chaude, pour un mélange normal. Par exemple, 1 cuillérée à soupe (15 ml) de détergent pour 125 ml d'eau.

○ Une plus grande dose de savon donnera des bulles plus grandes.

○ Une dose de détergent plus importante que la dose d'eau donnera des bulles géantes.

○ Ajouter du sucre, de la gélatine en poudre ou de la glycérine pour former des bulles qui tiendront plus longtemps. Les bulles éclatent lorsqu'elles sèchent. Les produits ci-dessus freinent l'évaporation de l'eau. Essayer avec 1 dose de sucre, de gélatine ou de glycérine, pour 1 dose de savon et 6 doses d'eau.

Petits trucs

○ Garder des bocaux propres de différentes tailles pour conserver ses mélanges à bulles.

○ Mélanger doucement pour ne pas faire mousser le savon (la mousse est constituée de bulles minuscules).

○ Si possible, laisser reposer le mélange un ou deux jours avant de s'en servir.

○ Placer le mélange quelques minutes au réfrigérateur avant de s'en servir. Les bulles dureront plus longtemps.

○ Pour de meilleurs résultats, souffler les bulles un jour de pluie. En raison de l'humidité de l'air, les bulles auront une durée de vie plus longue.

89 Un appareil à bulles

MATÉRIEL
un cintre métallique
un objet circulaire (comme une boîte de jus de fruits ou un gros crayon)
du mélange à bulles

On peut fabriquer un appareil à bulles parfait à partir d'un cintre métallique. Demande à un adulte de t'aider.

Que faire ? Avec l'aide d'un adulte, déplier le cintre et enrouler ensuite une partie du métal autour de la boîte ou du crayon. Enlever la boîte. Laisser une dizaine de centimètres de cintre libre pour former un manche. Replier l'autre bout du cintre d'arrière en avant, jusqu'à ce qu'il se brise. Ton appareil à bulles est prêt.

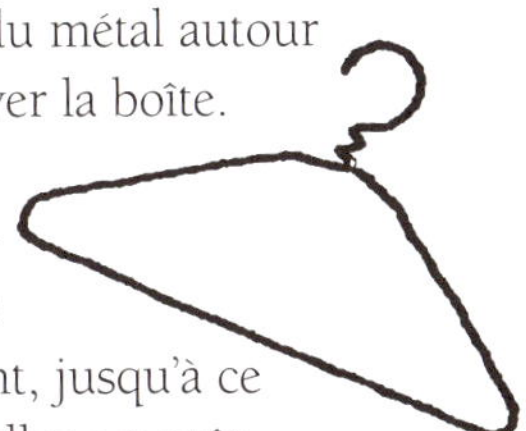

Plonger la boucle dans le savon à bulles, avant de l'agiter dans l'air.

Que se passe-t-il ? Tu obtiens un nuage de bulles.

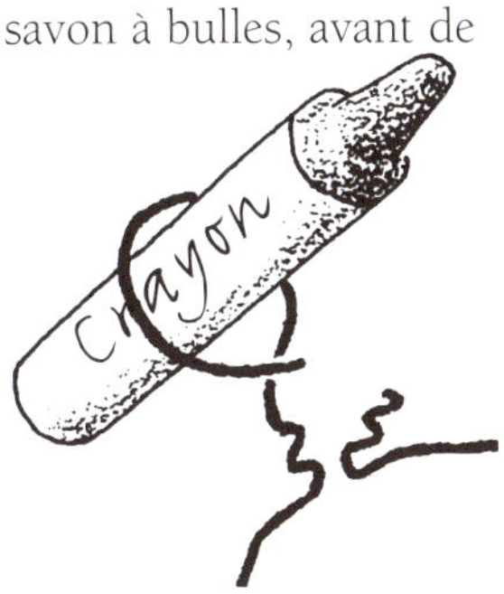

Pourquoi ? En agitant le savon dans l'air, tu formes l'intérieur de chaque bulle.

90 Autres appareils à bulles

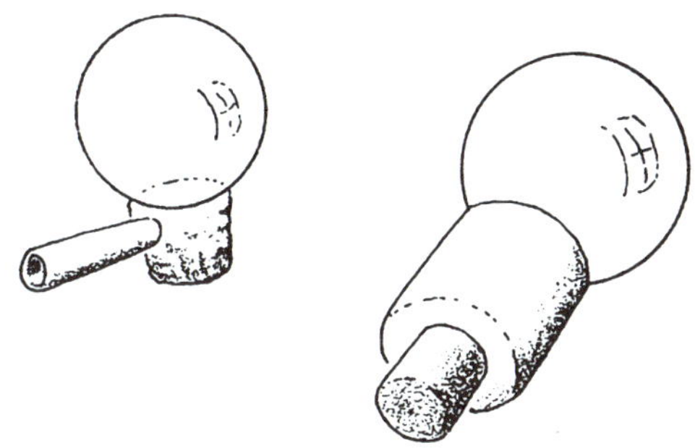

On peut fabriquer d'autres appareils à bulles à partir de beaucoup de choses : une paille alimentaire, une pipe, un entonnoir, un sifflet, un gobelet de papier débarrassé de son fond, une boîte de jus de fruits sans fond, ni couvercle, et même une bouteille en plastique découpée.

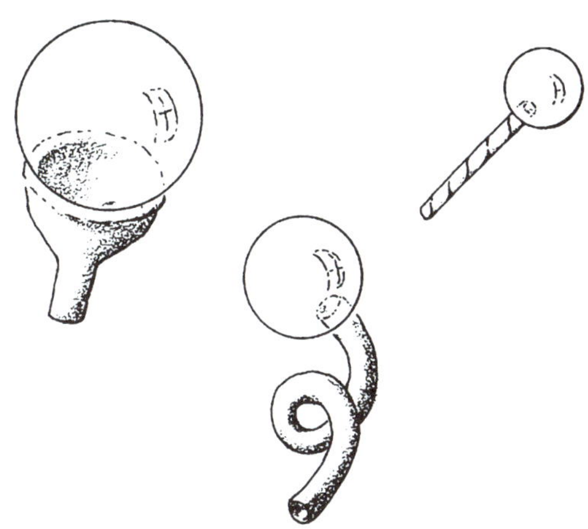

91 Une super bulle

MATÉRIEL

une ficelle de 90 cm de long
2 pailles alimentaires
du mélange à bulles avec plus de détergent que d'eau (voir expérience 88)
un grand plat à cuisson

Pour fabriquer une énorme bulle, il te faudra un grand appareil à bulles et un mélange puissant.

Que faire ? Glisser la ficelle dans les deux pailles et en attacher les extrémités l'une à l'autre. Verser le mélange à bulles dans le plat. Avec les doigts mouillés, tenir une paille dans chaque main et plonger ficelle et pailles dans le mélange pendant quelques secondes.

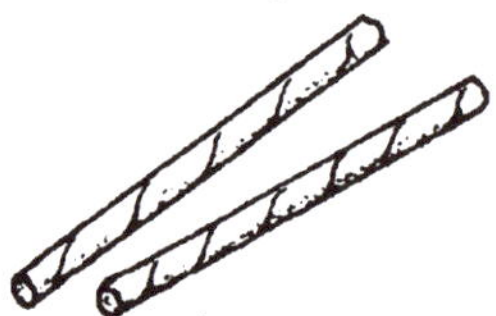

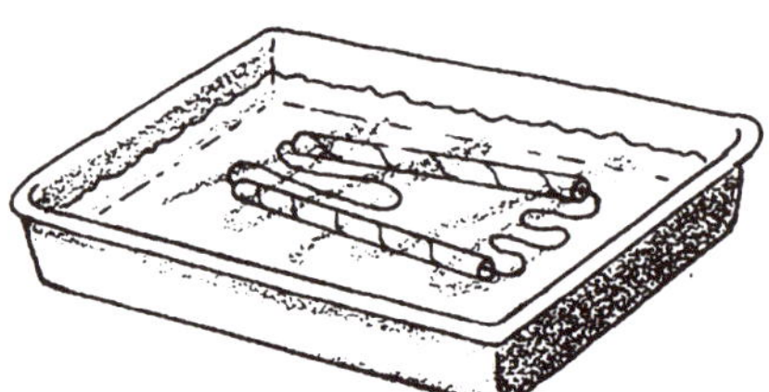

Sortir la ficelle du mélange et écarter les pailles pour tendre la ficelle. Tenir les pailles de manière à former un cadre. Agiter le tout dans l'air à plusieurs reprises. Rapprocher les pailles avant de les écarter à nouveau.

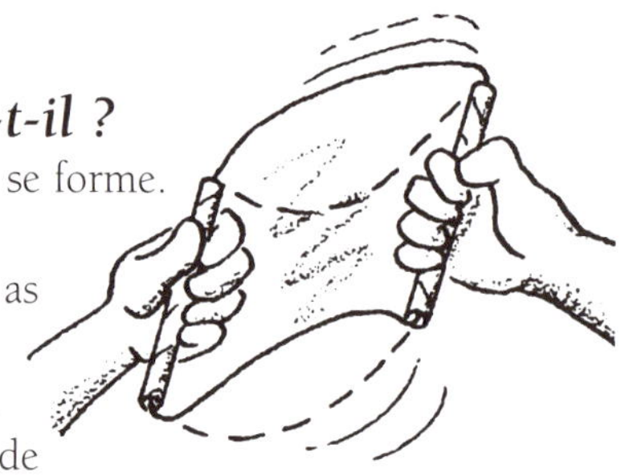

Que se passe-t-il ? Une énorme bulle se forme.

Pourquoi ? Tu as créé une grosse bulle parce que tu as ajouté une grande quantité d'air en agitant le cadre et en écartant les pailles. Comme cet air se répand dans toutes les directions, il fait s'écarter les molécules du film savonneux. Mais ces molécules sont attirées l'une par l'autre, et leur peau élastique se contracte pour adopter la forme la plus petite pour l'air qu'elle contient. La forme qui possède la plus petite surface est la sphère. Ce qui explique la forme ronde des bulles.

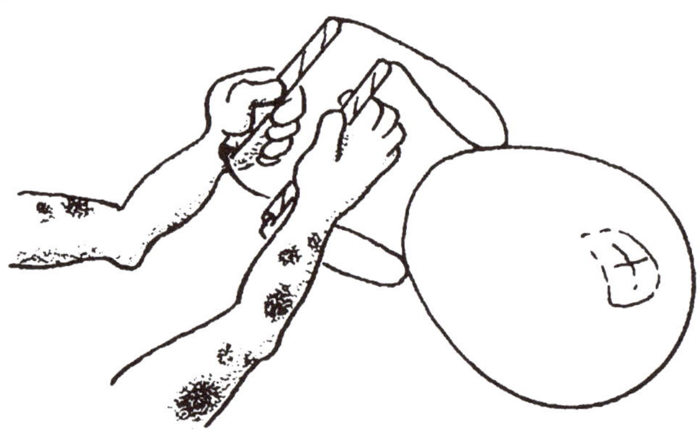

92

Duo de bulles

MATÉRIEL
une paille alimentaire
une paire de ciseaux
un bol de savon à bulles

Souffle deux bulles en même temps avec un seul appareil, et vois en quoi cela les affecte.

Que faire ? Découper quatre fentes d'environ 17 mm de long à un bout de la paille. Écarter les bandes ainsi formées vers l'extérieur, comme sur l'illustration. Pratiquer une incision au centre de la paille, et la plier à cet endroit. La pipe à bulles à deux bouts est prête.

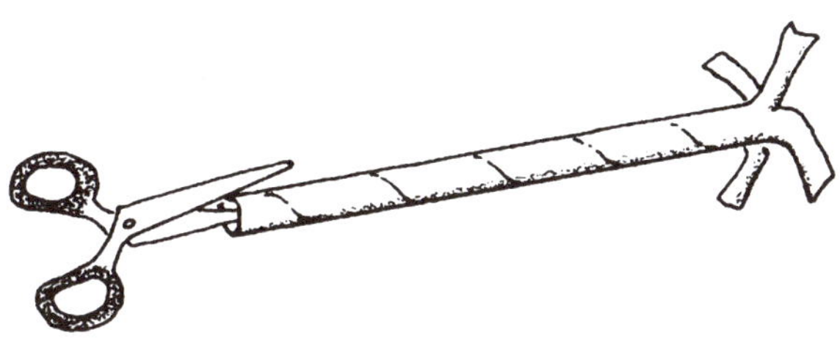

Plonger un bout de la pipe dans le savon à bulles. Souffler dans l'ouverture pour obtenir une première bulle. Former une seconde bulle en plongeant la pipe dans le mélange et en soufflant à nouveau dans l'ouverture. Boucher ensuite l'ouverture de la pipe en la couvrant avec les doigts.

Que se passe-t-il ?
Lorsqu'on produit la seconde bulle, la première grandit. Lorsque l'ouverture est bouchée, la seconde bulle rétrécit encore, alors que la première ne cesse de grossir.

Pourquoi ? Une petite bulle est plus courbe qu'une grosse, si bien que la pression de l'air sur la peau élastique d'une petite bulle est plus forte que sur celle d'une grosse bulle. De ce fait, la petite bulle rétrécit encore. L'air est chassé vers la grosse bulle, qui ne cesse de grandir.

93

Un support à bulles

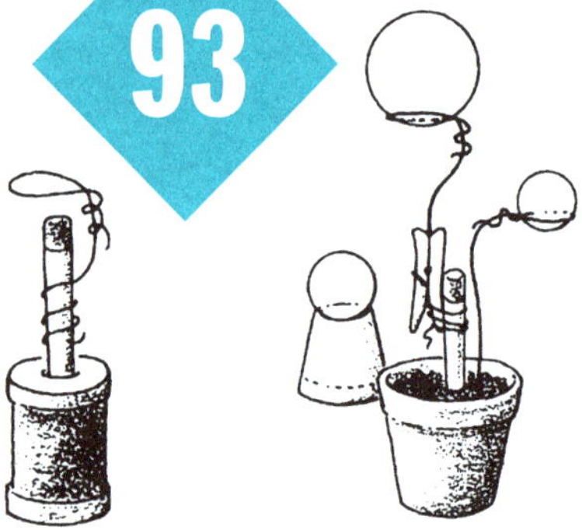

Pour fabriquer un support pour tes bulles, il te suffira de prendre un verre en plastique ou un autre récipient que tu retourneras.

Ou bien, place un crayon au centre d'une bobine de fil, et enroule un fil rigide autour de ce crayon, en formant une boucle, comme sur l'illustration. Tu feras passer les bulles de ton appareil vers le support en l'agitant doucement. Tu pourras alors observer cette bulle – et en fabriquer d'autres.

94

Un arc-en-ciel dans une bulle

MATÉRIEL
du mélange à bulles
1 cuillérée à soupe de sucre
un réfrigérateur
un appareil à bulles, en fil par exemple,
un support à bulles

Que faire ? Ajouter le sucre au mélange à bulles. Placer le tout au réfrigérateur pendant 5 mn. Cela augmentera la durée de vie de tes bulles.

Plonger l'appareil à bulles dans le mélange. Lorsqu'un film s'est formé dans la boucle, souffler doucement. Poser la bulle sur le support en agitant doucement l'appareil au-dessus du support.

Que se passe-t-il ? Au bout de quelques minutes, on peut voir différentes couleurs apparaître sur la bulle.

Pourquoi ? Lorsque la lumière frappe une bulle, la plus grande partie la traverse car la bulle est transparente. Mais à mesure que l'air s'évapore et que la bulle devient plus fine, certains rayons qui forment la lumière blanche ne la traversent plus. À la place, ils sont réfléchis, aussi bien de l'intérieur que de l'extérieur. C'est ce qui donne naissance aux différentes couleurs. Celles-ci changent et disparaissent, car l'épaisseur de la bulle n'est pas la même partout et se modifie constamment.

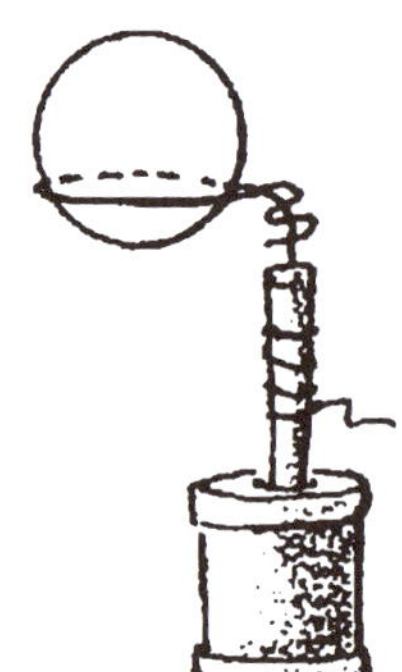

Bulles gigognes

95

MATÉRIEL

un gobelet de plastique comme support
du mélange à bulles
un appareil à bulles
une paille alimentaire

Utilise le support à bulles pour mettre une bulle dans une bulle déjà insérée dans une troisième.

Que faire ? Retourner le gobelet et mouiller le fond, qui est à présent au-dessus. À l'aide de l'appareil, souffler une grosse bulle et la poser sur ce support.

Tremper la paille dans le mélange et la glisser délicatement à l'intérieur de la première bulle. Souffler une bulle plus petite à l'intérieur de la grande. Glisser ensuite délicatement la paille dans la petite bulle et en souffler une plus petite encore.

Que se passe-t-il ? Tu obtiens une bulle dans une bulle elle-même dans une troisième.

Pourquoi ? Tout objet humide parvient à pénétrer dans une bulle sans la briser. La surface humide qui entre en contact avec le film de savon s'associe à celui-ci. Prends garde à ce que ta petite bulle n'entre pas en contact avec la paroi humide. Sinon, tu n'obtiendras pas de bulles séparées.

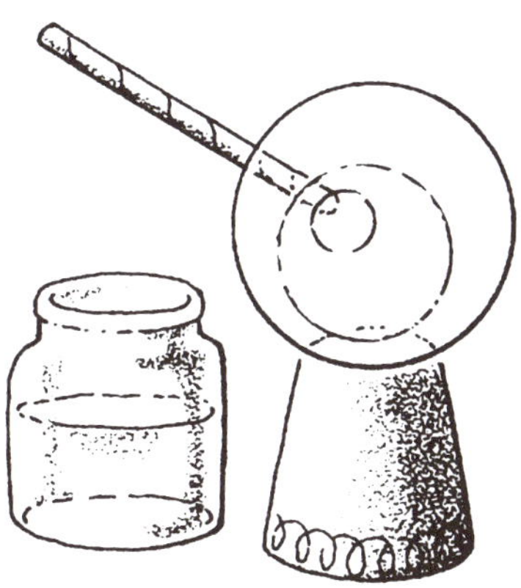

Mettre une bulle au travail

96

MATÉRIEL

une longue aiguille
un bouchon de liège de 12 mm
un carré de papier de 7,5 cm de côté
une bobine de fil vide
du mélange à bulles

On peut arriver à faire travailler une bulle de savon !

Que faire ? Enfoncer prudemment l'aiguille dans le bouchon en laissant dépasser la pointe. Placer le bouchon sur une table.

Plier le papier en diagonale, puis encore une fois en diagonale. Placer le centre du papier (là où se croisent les plis) sur la pointe de l'aiguille, comme sur l'illustration.

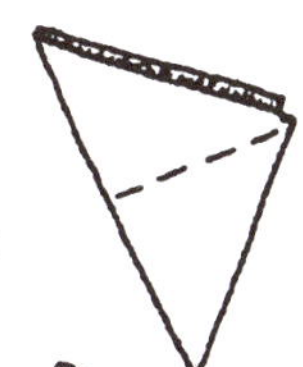

Plonger la bobine dans le mélange à bulles et souffler d'un côté. Placer l'autre côté à proximité du papier.

Que se passe-t-il ? Le papier se met à tourner.

Pourquoi ? L'air qui s'échappe de la bulle fait bouger le papier.

97 Faire danser une bulle

Si tu penses que ta bulle a assez travaillé et a mérité un peu de distraction, tu peux l'emmener danser.

MATÉRIEL
un peigne
un morceau de flanelle ou de laine
un appareil à bulles
du mélange à bulles

Que faire ? Frotter plusieurs fois le peigne sur le morceau de laine ou de flanelle. Faire un nuage de bulles à l'aide de l'appareil et les diriger en soufflant vers le tissu, pour qu'elles s'y posent. Approcher ensuite le peigne de chacune des bulles.

Que se passe-t-il ? Les bulles semblent entrer dans la danse en montant et en descendant.

Pourquoi ? C'est l'électricité statique – produite par le frottement – qui est responsable de l'agitation des bulles.

En frottant le peigne sur le tissu, tu l'as chargé d'électricité statique. Étant donné que les charges de signes différents s'attirent, le peigne chargé attire les bulles non chargées. Les bulles se chargent au contact du peigne – et en sont repoussées – car elles possèdent maintenant la même charge d'électricité statique que le peigne. Les charges d'électricité équivalentes se repoussent. Chaque fois que les bulles montent vers le peigne, elles se chargent et chaque fois qu'elles descendent, elles perdent cette charge et sont forcées de remonter à nouveau.

Début lent – fin rapide

Tu connais certainement cette sensation de torpeur, le matin au réveil, qui te retient au lit ? C'est l'inertie.

À vélo, au bas d'une côte, il te faut rassembler toutes tes forces pour mettre ta bicyclette en mouvement. Ici aussi, c'est l'inertie qui joue.

L'inertie est une notion scientifique selon laquelle les objets qui se trouvent au repos ont une propension à rester au repos.

Quand tu roules à vélo sur une chaussée plane, tu n'es pas obligé de pédaler avec force à chaque instant. Tu peux même cesser de pédaler et te laisser aller en roue libre. C'est l'inertie qui agit.

Car l'inertie veut également que les objets qui sont en mouvement ont tendance à poursuivre ce mouvement.
Ces notions ne sont pas difficiles à comprendre. Bien sûr, les objets demeurent au repos tant que quelqu'un ou quelque chose ne les met pas en mouvement. Dans quel monde vivrait-on si la pizza que tu viens de poser sur la table se mettait d'elle-même en mouvement et tombait pour finir par terre ?

Les ingénieurs ont découvert depuis longtemps qu'une voiture n'utilise qu'une faible part de sa puissance pour circuler sur une autoroute. Il faut mettre en œuvre une bien plus grande puissance pour faire démarrer cette même voiture et l'amener peu à peu à sa vitesse de croisière.

Les expériences que nous te proposons dans ce chapitre vont t'indiquer la manière de mettre l'inertie à profit. Certains des résultats risquent de vous amuser, toi et tes amis. Libre à toi de leur faire croire que tu te sers d'une certaine dose de magie pour réaliser ces tours.

98 Observer l'inertie au travail

Voici une expérience qui te montrera l'inertie à l'œuvre.

MATÉRIEL
une ficelle d'1 m de long
un livre
un élastique

Que faire ? Attacher la ficelle autour du livre. Attacher ensuite l'autre extrémité à l'élastique.

Poser le livre sur le sol. Un tapis épais fera l'affaire. Ne pas se servir de parquet ciré.

Tirer sur l'élastique, comme indiqué sur l'illustration.

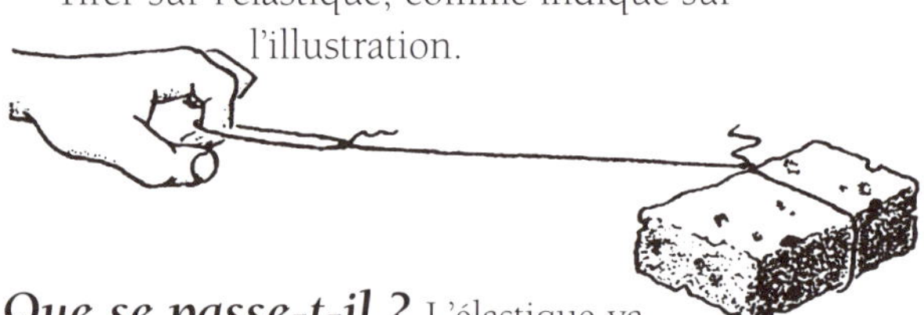

Que se passe-t-il ? L'élastique va se tendre jusqu'à ce que la charge se mette à bouger. Puis, à mesure que l'on continue à tirer le livre sur le sol, l'élastique va continuer à se tendre, mais moins fort qu'au début.

Pourquoi ? L'inertie tend à laisser au repos les objets qui le sont. Pour faire bouger les objets, il faut parvenir à surmonter l'inertie. L'allongement de l'élastique indique la force à appliquer pour faire bouger la charge, plus grande que celle à appliquer pour le garder en mouvement après cela.

99 L'étonnant jeton du bas de la pile

MATÉRIEL
une dizaine de jetons, ou de pièces de monnaie

Comment réussir à ôter le jeton du bas de la pile, sans toucher les autres jetons et sans faire s'écrouler la pile ?

Que faire ? Constituer une pile avec la dizaine de jetons, en en gardant un de libre. Si l'on utilise des pièces de monnaie, s'assurer qu'elles sont de la même taille. Des pièces de taille moyenne seront parfaites.

Placer le jeton restant à côté de la pile, en laissant un espace d'1 cm environ.

Faire avancer le jeton rapidement vers la pile en lui donnant une pichenette à l'aide d'un doigt, l'index ou le majeur.

Que se passe-t-il ? Le jeton placé au bas de la pile va en être éjecté. Si tout se passe bien, le reste de la pile ne va pas s'effondrer.

Pourquoi ? L'inertie force la pile de jetons à demeurer immobile, même lorsque le bas de cette pile en est brusquement éjecté. Puisque la pile ne se trouve pas en mouvement à cet instant précis, elle tend à rester au repos.

100 L'étonnant jeton du milieu

Pour varier cette expérience, il te faudra un crayon en plus des jetons. Sers-toi de ce crayon pour frapper l'un des jetons au centre de la pile. Frappe-le avec vigueur et assure-toi que tu n'en touches qu'un seul. Avec un peu de pratique, tu parviendras à frapper n'importe quel jeton de la pile et à l'en éjecter sans qu'elle s'effondre.

101 Attraper une pièce sur le coude

Voici un tour remarquable qui n'est autre qu'une véritable expérience scientifique.

MATÉRIEL
une pièce de monnaie

Que faire ? Placer la pièce sur son coude. Maintenir le bras parallèle au sol. Sinon, la pièce va tomber.

Essayer alors d'attraper la pièce posée sur le coude. L'affaire ne serait pas difficile si le tour ne consistait pas à attraper cette pièce avec la main du même bras.

Voici la marche à suivre. Dans un mouvement brusque et rapide, déplier le bras. Cela permettra à la main ouverte de s'emparer de l'objet. La flèche dans l'illustration ci-dessous indique la direction du geste à effectuer.

Dans le même temps, le coude s'abaisse et laisse choir la pièce de monnaie.

Que se passe-t-il ? Tandis que le coude s'abaisse et laisse tomber la pièce, la main arrive par le haut et peut s'en emparer.

Lorsque tu auras acquis un peu de pratique, tu parviendras à l'attraper à tous les coups.

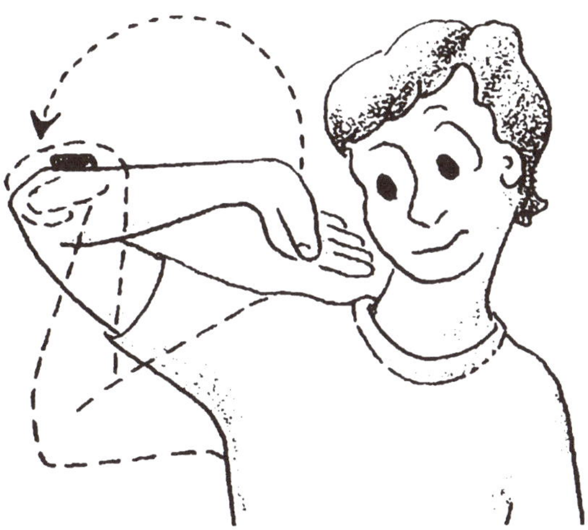

Pourquoi ? Tant que la pièce est au repos, elle tend à le rester. Toujours l'inertie ! Lorsque ton coude bouge à la vitesse nécessaire, il ne fait que disparaître sous la pièce de monnaie, qui demeure alors comme suspendue dans l'air. La gravité attire la pièce vers le sol, mais le début de ce mouvement est ralenti par l'inertie. Ta main se révèle plus rapide que la pièce car elle se trouve alors déjà en mouvement.

102 Attraper d'autres pièces

Il n'est pas difficile d'attraper une pile de pièces posée sur son coude, avec la main du même bras. Lorsque tu auras réussi le tour avec une pièce, ajoute une seconde pièce sur la première, puis une troisième et une quatrième, et entraîne-toi à les attraper toutes en même temps.

103 Une étrange façon de casser un fil

MATÉRIEL

un marteau ou un autre objet incassable, d'environ 1 kg
un bout de ficelle
un fil à coudre de coton d'1 m de long
une paire de ciseaux

On peut très bien casser un fil avec les mains. Voici une manière de casser un fil à laquelle tu n'as jamais songé ! Mais il vaut mieux l'expérimenter à l'extérieur.

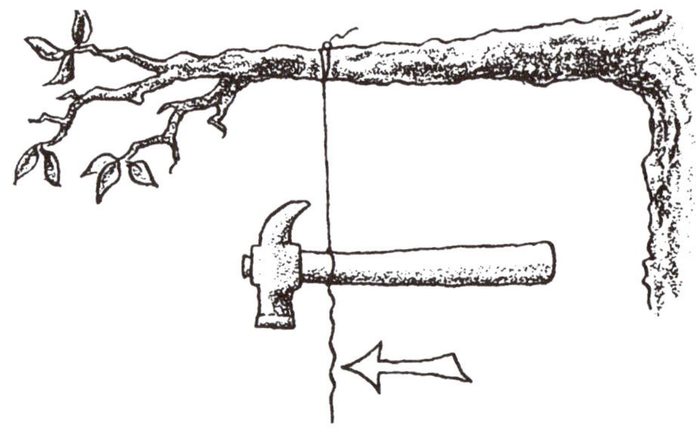

Que faire ? Prendre un marteau ou tout autre objet qui ne risquera rien en tombant. Un outil ou un morceau de bois feront l'affaire.

Attacher la ficelle au marteau de la façon suivante :

Ensuite, couper le fil à coudre en deux. S'assurer que le fil est en coton, car l'expérience ne marchera pas avec un fil en nylon.

Attacher le bout d'une des moitiés de fil à la partie supérieure de la boucle de ficelle. Attacher ensuite l'autre moitié à la partie inférieure de la boucle de ficelle, comme indiqué sur l'illustration.

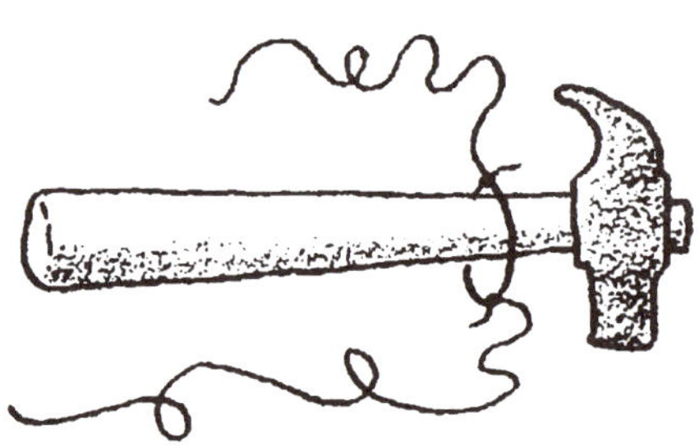

Fixer l'extrémité du fil du haut à un objet solide, de manière à ce que le marteau demeure suspendu. Une branche d'arbre sera parfaite, mais tout autre support robuste fera l'affaire.

S'assurer que le marteau n'endommagera rien en tombant.

Lorsque tout sera prêt, prendre le fil du bas en main, en le serrant fermement. La flèche indique l'endroit où tenir le fil. Tirer une bonne fois sur le fil.

Que se passe-t-il ? Tu t'attendais à recevoir le marteau sur la main, n'est-ce pas ? Mais ce qui se passe, c'est que le fil se brise quelque part entre ta main et le marteau. Celui-ci continue de pendre, accroché au fil du haut.

Pourquoi ? Même si le marteau n'est pas très lourd, il faut une bonne dose d'énergie pour le mettre en mouvement lorsqu'il se trouve au repos. La brusque traction appliquée au fil le fait se briser, car il n'est pas assez solide pour surmonter l'inertie du marteau.

104 Quel travail de mettre du savon dans un verre !

MATÉRIEL
un grand verre
une soucoupe en plastique, ou un carré de carton épais de 20 cm
une boîte d'allumettes vide
une savonnette

Cette expérience mettant l'inertie en évidence reste impressionnante, même si l'on sait qu'il n'y a aucune raison de mettre une savonnette dans un verre.

Que faire ? Placer le verre sur la table. Déposer la soucoupe sur le verre. (Si on ne dispose pas de soucoupe en plastique, se servir d'un morceau de carton épais.)

Poser ensuite l'extérieur d'une boîte d'allumettes sur la soucoupe. Si on ne possède pas de boîte d'allumettes, on peut en fabriquer une, selon les instructions de l'expérience 105.

Poser alors la savonnette sur la boîte, comme indiqué sur l'illustration. Tenir fermement le verre dans une main.

Frapper le bord de la soucoupe de l'autre main, d'un geste rapide et fort.

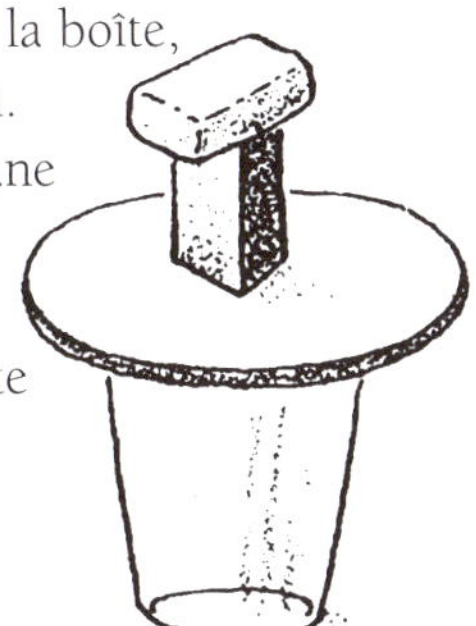

Que se passe-t-il ? La soucoupe file dans l'air (c'est pourquoi il vaut mieux s'assurer qu'il n'y a rien de fragile dans les environs). Le support de la savonnette s'effondre, et la savonnette atterrit dans le verre.

Pourquoi ? Encore un coup de l'inertie !

105 Fabriquer une boîte d'allumettes

MATÉRIEL
un carton, ou une boîte d'emballage de céréales
une paire de ciseaux
du ruban adhésif

Que faire ? Découper un morceau de carton de 6 cm sur 12 cm.

Plier le carton aux endroits indiqués sur l'illustration ci-dessous.

Fixer les deux extrémités à l'aide d'un morceau de ruban adhésif.

Une fois terminée, la boîte d'allumettes ressemble à ceci :

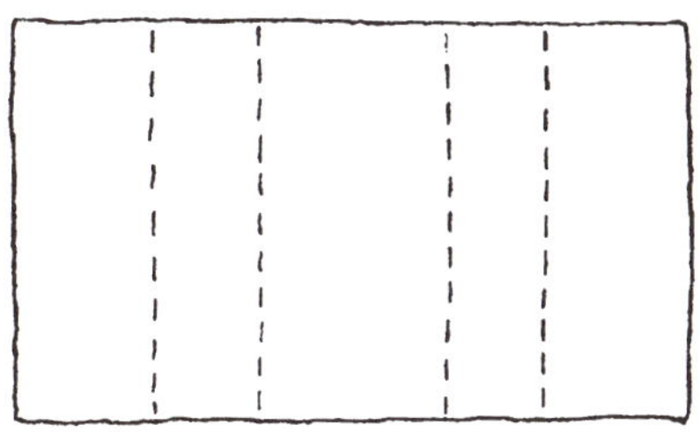

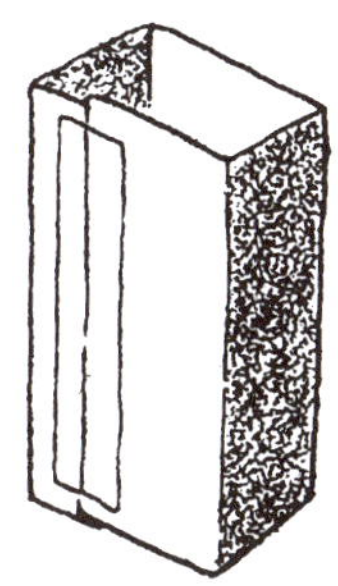

106 L'étrange affaire de la bille dans la bouteille

MATÉRIEL
une bouteille vide
un morceau de carton de céréales
une paire de ciseaux
une règle
une bille ou une pièce de monnaie

N'importe qui peut lancer une bille dans une bouteille. Mais qui peut y arriver sans toucher la bille ?

Que faire ? S'assurer que le goulot de la bouteille est plus large que la bille (ou la pièce de monnaie).

Découper dans l'emballage de céréales un carré de 10 cm sur 10 cm. Placer le carton au sommet de la bouteille. Poser la bille ou la pièce sur le carton de manière à ce qu'elle se trouve juste au-dessus du goulot. (Il serait peut-être préférable de laisser la bille de côté en attendant de réussir ce tour et de se servir d'une pièce de monnaie, plus facile à maintenir en place.)

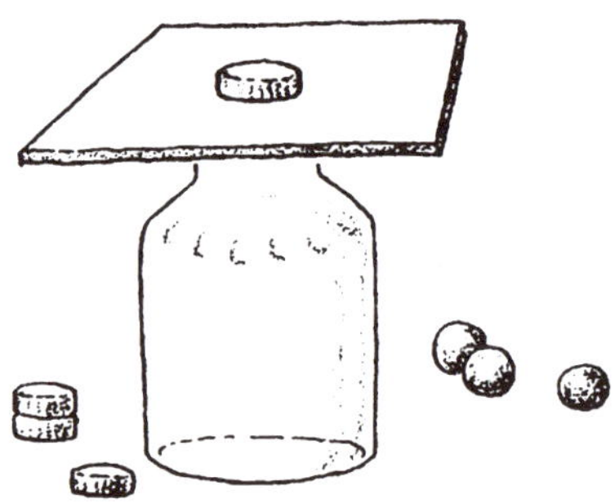

Pousser sur le carton d'un geste vif et précis. Si l'on réfléchit bien, on pourra se souvenir de la manière dont on a pu éjecter un jeton placé au bas d'une pile, en poussant un autre jeton.

Que se passe-t-il ? Le carton disparaît d'entre la bille et la bouteille. La bille tombe au fond de la bouteille sans qu'on l'ait touchée. Joli coup !

Pourquoi ? La bille était au repos. L'inertie la pousse à le rester. Le carton disparaît si brusquement que la bille n'a aucune chance de le suivre dans son mouvement. La gravité fait le reste en obligeant la bille à tomber dans la bouteille.

Si le carton disparaît trop lentement, la bille va être entraînée dans son déplacement, au lieu de tomber au fond de la bouteille.

Et après ? Si tu as l'esprit d'aventure, tente donc le coup avec deux billes.

107 Lent mais régulier

Voici une expérience que tu réussiras seulement si tu procèdes lentement, mais d'une main ferme.

MATÉRIEL

une paire de ciseaux
une feuille de papier
une règle
un crayon
une bouteille au goulot étroit

Que faire ? Découper une bande de papier de 7 cm sur 25 cm

Placer la bouteille retournée sur le papier à proximité du bord d'une table, comme indiqué sur l'illustration.

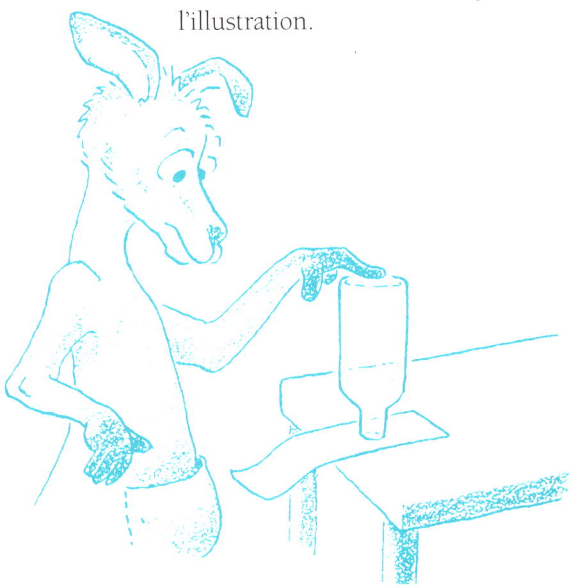

Ta mission sera d'enlever le papier de sous la bouteille, sans la faire tomber.

Pour ce faire, placer le crayon au bord libre du papier, et enrouler celui-ci autour du crayon. Continuer d'enrouler très lentement jusqu'à ce que le crayon se trouve tout près de la bouteille. Puis, avec des gestes mesurés, continuer d'enrouler le papier lentement.

Que se passe-t-il ? À mesure que tu enroules le papier, d'un mouvement lent et mesuré, le papier glisse peu à peu sous la bouteille, sans la faire tomber.

Pourquoi ? La bouteille tend à rester immobile. Elle reste en équilibre en raison de l'inertie. Le goulot de la bouteille ne bouge pas parce qu'il touche le papier enroulé. Elle ne bascule pas parce que l'inertie la force à demeurer exactement où elle se trouve, aussi longtemps que tu ne fais pas de geste brusque.

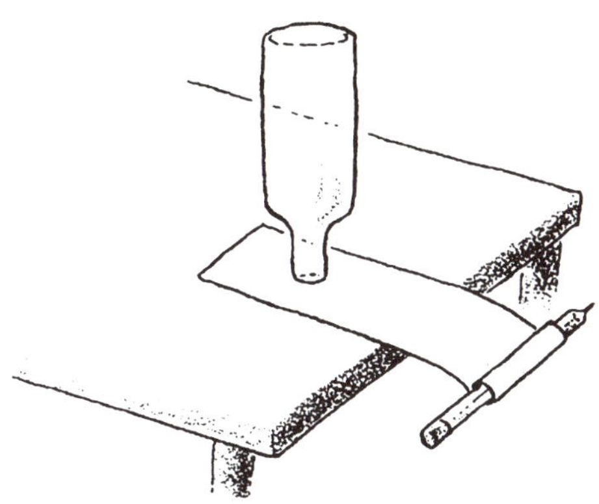

108

Le clou planté à la dure

MATÉRIEL

un gros dictionnaire et des livres épais
un journal épais
une planche de bois
un marteau
quelques clous

S'il est facile de planter un clou dans une planche, c'est une autre affaire avec la planche posée sur les genoux.

Que faire ? Placer le dictionnaire et un autre livre sur les genoux. Si on ne dispose pas de dictionnaire, mettre trois livres à la place. Placer le journal au-dessus des livres pour les protéger. Terminer en posant la planche sur le journal. N'importe quelle planche peut faire l'affaire, mais il serait préférable qu'elle mesure environ 5 cm sur 10 cm.

Le matériel est maintenant prêt pour planter un clou dans cette planche. Frapper le clou avec le marteau (sans crainte...)

Que se passe-t-il ? Tandis que tu enfonces le clou, tu sens les coups de marteau qui se propagent dans tes jambes, mais sans te faire mal. Assure-toi simplement de ne pas faire dépasser la pointe du clou de l'autre côté de la planche.

Pourquoi ? C'est l'inertie qui t'a sauvé.

109

Une façon encore plus impressionnante de planter un clou

Tu peux essayer d'enfoncer un autre clou en diminuant le nombre de livres. Mais si tu veux impressionner tes amis, laisse quelqu'un d'autre frapper avec le marteau. Prends garde de placer un journal entre la planche et les livres. Assure-toi également que la personne qui va frapper tient le marteau de façon à ce que la tête ne pointe pas vers toi. Celui qui frappera devra se tenir debout ou à genoux, à tes côtés, et diriger la tête du marteau en s'écartant de ton corps et de ton visage.

UNE QUESTION D'ÉQUILIBRE

Combien de fois as-tu marché en bordure d'un trottoir ou au sommet d'un muret en écartant les bras pour garder l'équilibre ? Même bambin, tu avais compris que, pour rester en équilibre, il fallait que le poids d'un côté de ton corps soit équivalent au poids de l'autre. Tu as appris cela de façon instinctive.

Tu as également découvert à quel point il est facile de perdre l'équilibre lorsqu'on marche sur l'arête d'un mur ou une ligne étroite. Au lieu de te laisser tomber ou de sauter du mur, tu t'es baissé ou incliné, et tu as écarté les bras. En faisant cela, tu as permis à ton corps de retrouver son équilibre, en plaçant ton centre de gravité à proximité de l'arête du muret – ou de la chose sur laquelle tu étais en train de marcher.

Tout le monde sait comment fonctionne la force de gravité. La gravité est la force invisible qui nous empêche de flotter dans l'air. C'est la force qui fait que ta tartine atterrit toujours du côté de la confiture lorsque, par mégarde, tu la laisses tomber.

Mais, qu'est-ce que le centre de gravité ? Et qu'a-t-il donc à voir avec le fait de garder l'équilibre ?

Le centre de gravité est le point d'un objet de part et d'autre duquel le poids est équivalent. Lorsque tu marches au sommet d'un mur, ton centre de gravité se trouve juste sur la ligne où se posent tes pieds. Si tu te tiens bien droit, avec les pieds écartés, ton centre de gravité se trouve entre tes pieds et sur une ligne qui descend à partir de ton nez.

Quand on a déterminé le centre de gravité d'un objet, on peut arriver à l'équilibrer. On tient un crayon en équilibre sur un doigt, quand les cours deviennent légèrement ennuyeux à l'école, n'est-ce pas ? Son centre de gravité se trouve vers le centre, entre la gomme et la pointe – à moins que le tien ne soit muni d'une de ces énormes gommes. Dans ce cas, le centre de gravité se trouve plus près de cette gomme.

Si tu veux impressionner les gens, tu peux évoquer le centre de gravité en parlant du « point d'équilibre ». Quel que soit le terme utilisé, il existe en sciences plusieurs notions importantes qui dépendent de la détermination du point où les choses trouvent leur équilibre.

110 L'incroyable marteau équilibriste

MATÉRIEL

un marteau
une règle
un fil solide de 50 cm de long

N'importe qui peut placer un marteau sur sa tête et l'y maintenir en équilibre. Mais arriveras-tu à faire tenir en équilibre un marteau attaché à une règle, avec une seule extrémité de cette règle au contact avec d'une table ?

Que faire ? Attacher un bout du fil à la règle. Attacher l'autre bout au manche du marteau. Serrer le fil assez fort pour qu'il ne glisse pas le long du manche.

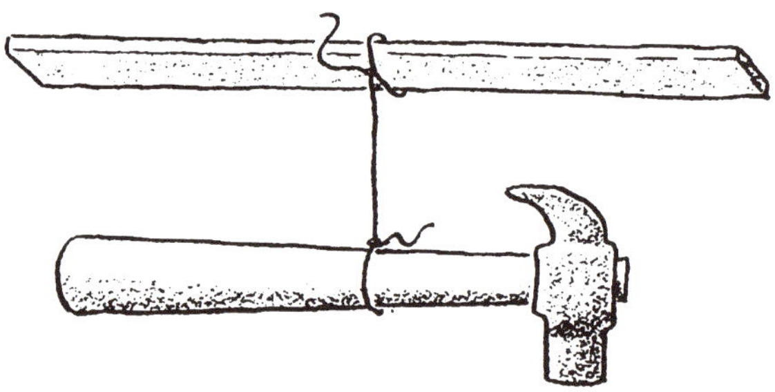

Faire en sorte que l'extrémité du marteau entre en contact avec l'extrémité de la règle. Placer la règle sur la table de manière à ce que 10 cm de sa longueur s'y trouvent. Faire un essai pour voir si règle et marteau restent en équilibre.

Il faudra ajuster la longueur du fil pour que le marteau pende à la règle de façon adéquate. Si tu rencontres des difficultés à placer les objets en équilibre, raccourcis le fil entre les deux objets. N'abandonne pas s'ils ne trouvent pas leur équilibre à ta première tentative. Ils s'y tiendront lorsque tu auras découvert la bonne longueur de fil.

Que se passe-t-il ? Les objets sont alors placés en équilibre.

Pourquoi ? Tu as placé règle et marteau de manière à ce que leur centre de gravité commun se trouve juste en bordure de table. Si tu observes ces objets d'un côté, tu verras que la tête du marteau se trouve d'un côté du centre de gravité, alors que le manche et la plus grande partie de la règle se trouvent de l'autre côté.

Un marteau muni d'un manche en bois possédera un centre de gravité différent de celui d'un marteau pourvu d'un manche en métal, en raison du poids plus élevé de ce dernier.

111 L'étonnante baguette équilibriste

MATÉRIEL
une baguette (d'environ 1 m)

Il n'est pas difficile de tenir une baguette en équilibre sur tes doigts, lorsque tes mains sont écartées. Le plus surprenant, c'est de constater à quel point il est difficile de faire perdre son équilibre à cette baguette.

Que faire ? Tenir la baguette sur deux doigts tendus, comme indiqué sur l'illustration.

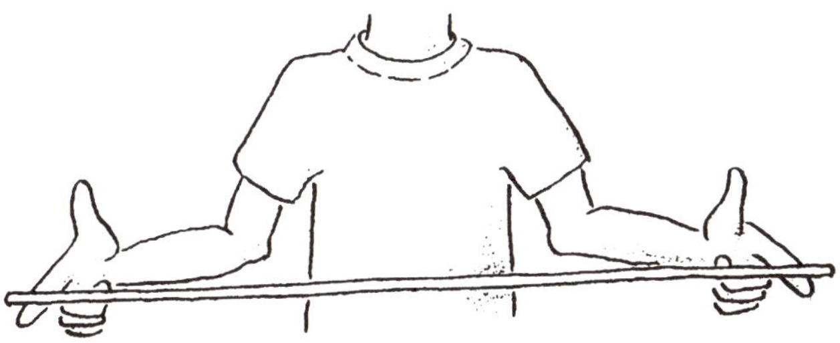

L'objet de cette expérience consiste à rapprocher un doigt vers le milieu de la baguette, jusqu'à ce qu'elle perde l'équilibre et qu'elle tombe. Effectuer ce mouvement de manière lente et régulière. Il ne sert à rien de faire brusquement bouger son doigt pour le placer au centre de la baguette.

Que se passe-t-il ? Une chose étrange survient tandis que tu approches ton doigt du milieu de la baguette. Tu ne bouges qu'un doigt, mais ton autre doigt se met à bouger lui aussi.

Il se pourrait que tu te retrouves avec les doigts l'un contre l'autre alors que la baguette est toujours en équilibre.

Essaie donc pour voir.

Pourquoi ? Le centre de gravité de la baguette se trouve juste au milieu. Lorsque tu avances un doigt vers le centre, la baguette commence à pencher vers ce doigt car il se trouve plus proche du centre de gravité. En s'inclinant, même légèrement, la baguette réduit le poids supporté par l'autre doigt resté immobile.

En raison du poids plus faible supporté par le doigt immobile, ce dernier commence à glisser le long de la baguette. C'est parce que les frictions sont alors plus faibles sur ce doigt. Le doigt que tu as commencé à faire bouger supporte lui davantage de poids. La friction ralentit son mouvement, tout comme une friction plus faible, accélère le mouvement.

La baguette retrouve d'elle-même son équilibre, à mesure que tes doigts se rapprochent l'un de l'autre.

112

La règle véloce et la baguette lambine

MATÉRIEL
une baguette d'environ 1 m de long
une règle de 30 cm

Chacun sait que les bébés font pas mal de chutes lorsqu'ils apprennent à marcher. C'est parce qu'il leur faut apprendre à contrôler leur corps. Sais-tu que la taille des gens a un effet sur la vitesse à laquelle ils tombent ?

Que faire ? Commencer par poser la règle et la baguette, dressées côte à côte, à quelques centimètres l'une de l'autre. Tenir chacune d'elles du bout d'un doigt, comme indiqué sur l'illustration.

Si l'on ne dispose pas de baguette ni de règle, deux bâtons ou morceaux de bois feront l'affaire.

Incliner légèrement la baguette et la règle pour s'assurer qu'elles vont tomber dans la même direction. Contrôler que les deux objets ont le champ libre devant eux. Les lâcher.

Que se passe-t-il ? La règle va gagner la course vers le sol, même si tu tentes le coup à plusieurs reprises.

Ce que tu viens de constater peut expliquer pourquoi, lorsqu'un bébé et un adulte tombent au même moment, c'est le bébé qui finira le premier sur le sol. Ceci explique également pourquoi les bébés semblent tomber si vite.

Pourquoi ? Le centre de gravité de la baguette se trouve plus haut que celui de la règle. Plus le centre de gravité d'un objet se trouve haut, plus cet objet met de temps à terminer sa chute et à atteindre le sol. Cela ne signifie pas qu'un centre de gravité haut placé rend son propriétaire plus stable qu'un autre doté d'un centre de gravité plus bas. C'est le contraire ! Les fabricants d'automobiles essaient de placer le centre de gravité des voitures aussi bas que possible pour diminuer leur tendance à se retourner. Et c'est la raison pour laquelle il est fréquent de trouver sur les autoroutes de gros camions renversés par la tempête. Non seulement, ils possèdent une plus grande surface exposée aux vents, mais leur centre de gravité est aussi plus haut. Ils sont, de ce fait, plus portés à se renverser que les voitures au centre de gravité plus bas.

113 La mystérieuse fourchette équilibriste

MATÉRIEL

un long crayon en bois
une petite pomme de terre ou une pomme
du papier journal
une fourchette

Comment équilibrer une fourchette, une pomme de terre et un crayon, de manière à ce que seul le crayon touche la table ?

Que faire ? Planter le crayon dans la pomme de terre ou la pomme. (Si quelqu'un voit un inconvénient à utiliser un légume ou un fruit, se servir d'une boule de pâte à modeler.) S'assurer d'une chose importante : que la pomme de terre soit placée sur du papier journal, et qu'on ne la tienne pas dans le creux de la main. Sinon, le crayon risquerait de se planter dans la paume, en sortant du légume.

Pousser lentement et fermement sur le crayon jusqu'à ce qu'il perce la pomme de terre. Lorsque la pointe en sort, tenir la pomme de terre par les côtés. Pousser encore pour faire sortir le crayon d'environ 4 cm.

Cela fait, planter les dents de la fourchette dans le flanc de la pomme de terre, selon un angle ressemblant à celui de l'illustration.

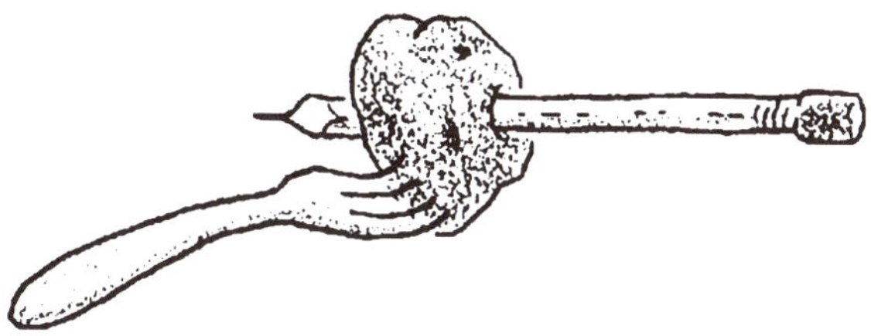

Poser la pointe du crayon sur le bord d'une table comme indiqué ci-dessous.

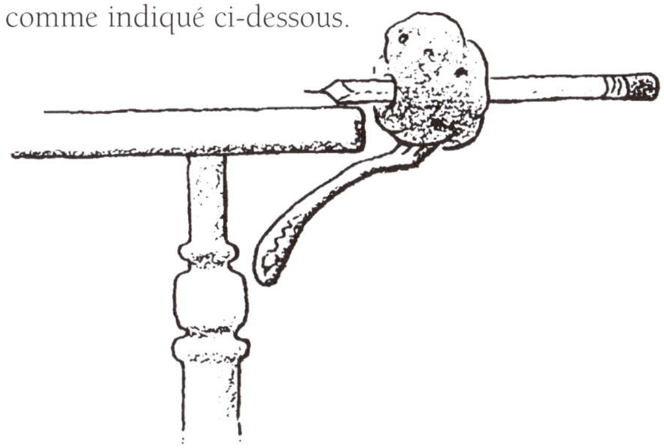

Que se passe-t-il ? Si tu es dans un jour de chance, l'ensemble va rester en équilibre. Sinon, essaie d'avancer légèrement la pointe du crayon sur la table, ou ramène-la vers le bord.

Tu peux également tenter de faire glisser la pomme de terre d'un côté ou de l'autre du crayon. Si cet étrange assemblage n'a pas encore trouvé l'équilibre, il ne te reste qu'à essayer de découvrir dans quelle direction il bascule, en te servant de tes mains pour le soutenir. N'abandonne pas si l'assemblage s'effondre. Poursuis les réglages. Si nécessaire, sors la fourchette et replante-la selon un angle différent.

Une fois le point d'équilibre atteint, ce sera comme si tu avais trouvé la manière de défier la loi de la gravité. Avec un peu de pratique, tu parviendras à créer un assemblage tel que le crayon restera complètement suspendu en l'air, sa pointe seule en contact avec la table.

Pourquoi ? C'est le même principe que celui de l'expérience 110. Il faut que le poids d'un côté du centre de gravité soit identique au poids de l'autre.

114 Un double balancier magique

MATÉRIEL
une pomme de terre (ou de la pâte à modeler)
un crayon
2 fourchettes
un verre élancé

Puisque tu as déjà utilisé une pomme de terre dans l'expérience précédente, pourquoi ne pas te servir d'une seconde fourchette pour lancer un nouveau défi aux lois de l'équilibre ?

Que faire ? Si l'on n'a pas encore ôté le crayon de la pomme de terre de l'expérience précédente, le laisser dans cette position.

Sinon, planter le crayon dans la pomme de terre avec précaution, comme indiqué dans l'expérience 113.

On peut également laisser la fourchette plantée dans la pomme de terre, selon l'angle donné. Ajouter ensuite une seconde fourchette du côté opposé à la première, en essayant de lui donner le même angle.

L'assemblage devrait alors se présenter comme ceci :

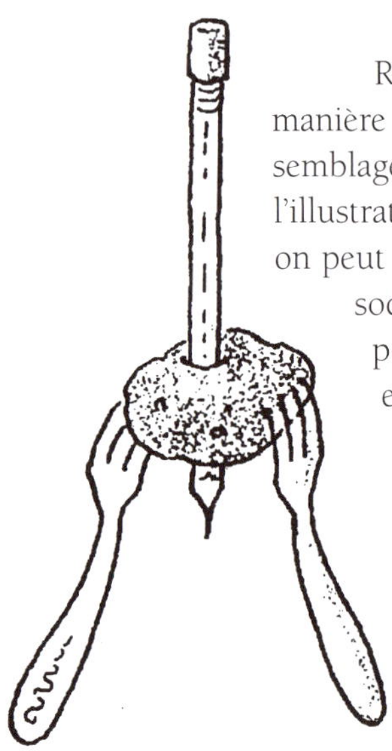

Retourner un verre de manière à pouvoir y placer l'assemblage comme indiqué sur l'illustration. (Au lieu d'un verre, on peut se servir d'une bouteille à soda ou d'une bouteille pourvue d'un goulot court et d'un large fond.)

Que se passe-t-il ? En calculant l'angle et la position où sont plantées les fourchettes, on peut arriver à ce que le crayon tienne bien droit, sans tomber d'un côté ni de l'autre. Bien évidemment, seule la pointe du crayon entre en contact avec le verre ou le haut de la bouteille.

Il est amusant de voir à quel point on peut faire pencher le crayon d'un certain côté, en plaçant les fourchettes de la manière adéquate.

Pourquoi ? Observe l'assemblage dessiné sur l'illustration et tu constateras qu'il y a exactement autant de poids d'un côté de la pointe du crayon que de l'autre côté. Le centre de gravité se trouve juste à la pointe du crayon.

À PROPOS DU MOUVEMENT

Nous en savons déjà pas mal au sujet du mouvement. Nous savons que les objets qui ne sont pas en mouvement tendent à rester immobiles à cause de l'inertie. Pour déplacer une chose qui est posée à un endroit, il faut exercer une force d'une certaine ampleur. Une force peut être simplement une poussée donnée à un jouet pour le faire bouger. Une force peut être le vent qui gonfle les voiles d'un navire.

Exercer une force sur un objet peut pourtant se révéler compliqué. Cela peut impliquer le démarrage d'un moteur dans le but de faire tourner une poulie. Cette poulie peut entraîner une courroie et l'amener elle-même à transmettre sa force à une autre poulie. Ce processus peut se répéter de nombreuses fois, de manière de plus en plus complexe, jusqu'à ce qu'en fin de compte, un instrument de découpe soit mis en marche pour exécuter une pièce précise d'une machine coûteuse.

Nous savons que lorsqu'une force est appliquée sur un objet, celui-ci tend à rester en mouvement. Lorsque la source de cette force s'épuise, un objet en mouvement commence à ralentir pour s'immobiliser finalement.

La gravité s'exerce sur les objets et aide à les ralentir et à affaiblir leur force. C'est ainsi qu'agit la résistance de l'air et du vent. S'il n'existait pas de résistance de l'air et du vent, on pourrait faire le tour d'un terrain de football sans effort et sans même y songer.

Nous savons que le mouvement peut changer selon le centre de gravité. En modifiant celui-ci, on peut faire bouger un objet ou le renverser. Dans le chapitre précédent, tu as appris à assembler des objets qui cessent de bouger lorsque leur centre de gravité a été localisé. Occupons-nous à présent des choses qui affectent le mouvement et de la manière dont les choses bougent.

115 Le lièvre et la tortue

Tu te souviens de la fable du lièvre et de la tortue ? Lorsque la tortue a franchi la ligne d'arrivée la première, elle a dit : « Rien ne sert de courir, il faut partir à point. »

MATÉRIEL

2 bouteilles en plastique identiques (de grandes bouteilles de soda conviendront)
de l'eau
2 planches (ou une surface plane inclinée)

Que faire ? Remplir une bouteille avec de l'eau, jusqu'à mi-hauteur. Fermer le bouchon en serrant bien fort. Conserver la seconde bouteille vide.

Placer les deux bouteilles au sommet de la rampe. Une surface de béton ou un trottoir légèrement en pente sur quelques mètres feront l'affaire. On peut également construire sa propre rampe avec deux planches de même longueur. Placer une extrémité de chaque planche sur une chaise et poser l'autre extrémité au sol, comme sur l'illustration.

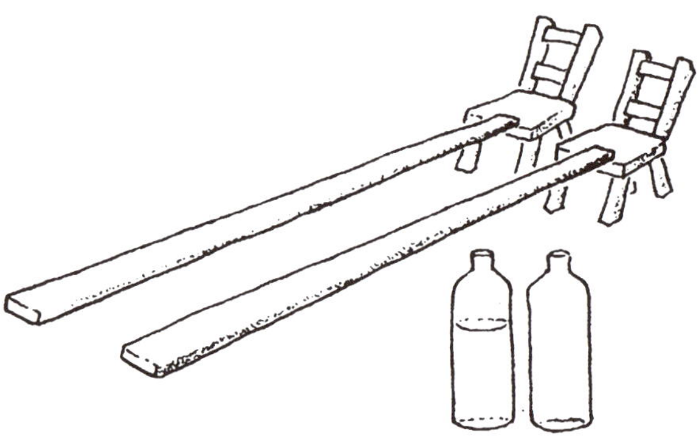

Tenir les bouteilles au sommet de la rampe, et les relâcher en même temps. Observer ce qui se passe alors qu'elles dévalent la pente.

Que se passe-t-il ? Les deux bouteilles partent au même moment. Mais attention ! L'une d'elles part plus rapidement. Elle joue le rôle du lièvre de la fable. Lorsque les deux bouteilles atteignent le sol, la bouteille partie le plus lentement (c'est la tortue) roule désormais plus loin que l'autre.

Pourquoi ? Frotte deux objets l'un contre l'autre et tu produiras de la friction. Pour le prouver, il suffit de se frotter les mains rapidement. Tu sentiras la chaleur produite par le frottement. Cette chaleur résulte de la friction.

L'eau contenue dans la bouteille à moitié pleine lui donne un poids supplémentaire. Cette surcharge lui permet de démarrer plus vite le long de la pente. Mais l'eau en heurtant les parois de la bouteille donne naissance à de la friction qui ralentit la bouteille.

La friction ne provoque pas seulement de la chaleur. Elle ralentit également les mouvements. Les fabricants d'automobiles se servent d'huile dans les moteurs pour diminuer la friction et la chaleur. Ils emploient de la graisse pour lubrifier les autres pièces en mouvement.

116 Cerceaux de course

MATÉRIEL

2 bandes de papier
une règle
une paire de ciseaux
du ruban adhésif
4 trombones
une rampe ou une pente

Tu as déjà vu des courses de chevaux et de voitures. Peut-être as-tu déjà assisté à des courses de patins à roulettes. Eh bien, voici un genre de course inédit.

Que faire ? Pour cette expérience, il faut deux boucles de papier de taille exactement identique. (Il ne serait pas juste de faire concourir des cerceaux de tailles différentes.)

Découper deux bandes de papier de 6 cm de large dans la longueur d'une feuille. Avec chaque bande, former un cerceau en collant les deux extrémités avec du ruban adhésif. Coller ensuite un trombone à l'intérieur d'un des deux cerceaux, toujours avec du ruban adhésif.

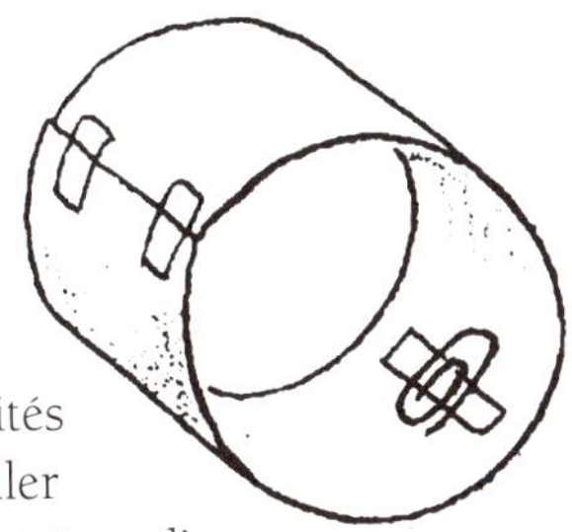

S'assurer que le trombone se trouve bien au centre du cerceau.

Placer les deux cerceaux côte à côte, à quelques centimètres de distance, au sommet de la rampe ou de la pente. (La rampe qui a servi pour la course du lièvre et de la tortue sera parfaite. S'il y a du vent, il te faudra réaliser cette expérience à l'intérieur.)

Laisser rouler les cerceaux sur la rampe.

Que se passe-t-il ? On s'aperçoit que le cerceau muni d'un trombone ne dévale pas la pente à un rythme uniforme. Il semble prendre de la vitesse au moment où le trombone entre en contact avec la rampe. Puis, il ralentit lorsque le trombone se trouve en l'air. Il se pourrait que ce cerceau avec trombone perde la course.

Pourquoi ? Ce n'est pas la friction qui ralentit la course du cerceau au trombone, mais sa perte d'équilibre. C'est la raison pour laquelle les roues des voitures et des camions doivent être équilibrées.

117 Équilibrage d'un cerceau

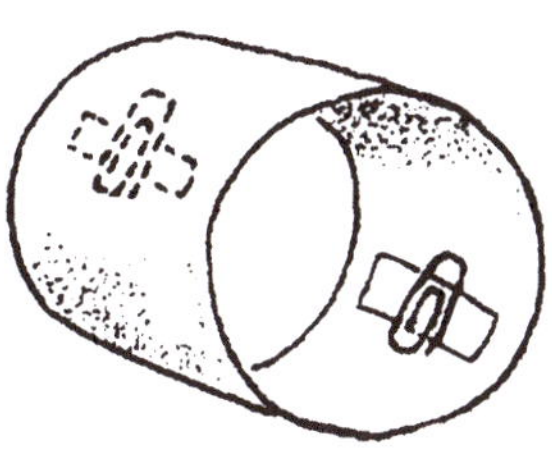

Voyons un peu si nous pouvons réussir à faire évoluer le cerceau muni d'un trombone à une vitesse uniforme. Attache un second trombone à l'intérieur du cerceau, juste en face du premier et recommence la course depuis le départ.

Ajoute ensuite deux nouveaux trombones, entre les deux premiers, à des distances égales. Le cerceau semble rouler beaucoup mieux à présent.

Pourquoi ? Les objets qui tournent, comme les pneus ou les moteurs, doivent être équilibrés de la façon la plus parfaite. Sinon, ils ont besoin de plus d'énergie pour tourner et ne fonctionnent pas très bien. Cela entraîne une usure supplémentaire et peut causer leur destruction.

118 L'étonnante pièce en équilibre

As-tu jamais vu quelqu'un mettre une pièce de monnaie en équilibre sur un cintre virevoltant en l'air ? Mais, dis donc, as-tu même entendu parler de quelqu'un ayant tenté pareil prodige ?

MATÉRIEL

un cintre en plastique
une pièce de monnaie

Que faire ? Si on ne parvient pas à mettre la main sur un cintre en plastique épais, on peut tenter cette expérience avec un cintre en fil de fer, mais il faudra alors faire preuve d'un grand sens de l'équilibre.

Sortir à l'extérieur, muni de son cintre. Ne pas tenter de réaliser cette expérience à l'intérieur d'une pièce remplie de bibelots. Si jamais le cintre échappe de tes doigts, il vaut mieux se trouver dehors !

Tenir le cintre par le crochet, à l'aide d'un doigt tendu. De l'autre main, poser la pièce de monnaie en équilibre sur la barre du cintre de la manière indiquée sur l'illustration.

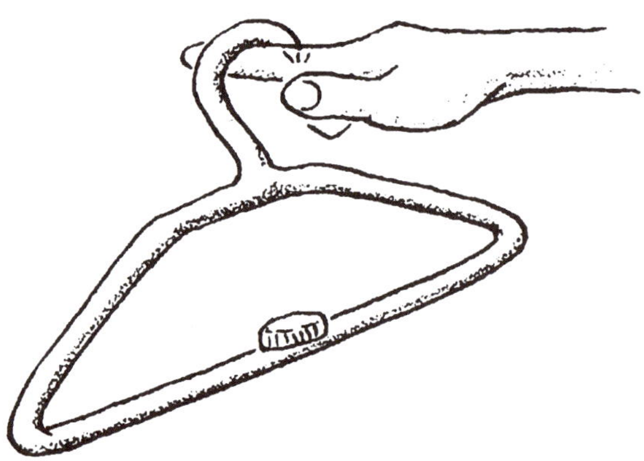

On comprend à présent la raison pour laquelle il est préférable d'utiliser un cintre en plastique épais. Il est plus facile de poser une pièce en équilibre sur ce genre d'objet que sur un cintre en fil de fer très fin.

S'assurer de placer la pièce juste sous le doigt qui tient le crochet du cintre.

Lorsque la pièce se trouve en équilibre, commencer à faire se balancer le cintre d'avant en arrière sur son doigt. Accélérer progressivement.
Lorsque le cintre se balance en rythme, donner un sursaut d'énergie et l'obliger à effectuer un cercle autour du doigt.

Que se passe-t-il ? La pièce de monnaie restera en place aussi longtemps que tu feras tourner le cintre sans à-coups.

Pourquoi ? La force centrifuge entre en jeu lorsque des objets tournent à grande vitesse. Elle force les objets à s'écarter du centre autour duquel ils sont en train de tourner. La pièce de monnaie est plaquée contre la barre du cintre par la force centrifuge. Elle n'en tombera pas avant que tu ne ralentisses le mouvement ou que tu ne mettes brusquement fin au tournoiement.

119 La coupe tournoyante

Les scientifiques démontrent l'existence de la force centrifuge dans d'énormes laboratoires. Mais tu pourras faire de même dans l'évier de la cuisine.

MATÉRIEL

une grande casserole
de l'eau
une coupe à dessert
une cuillère en bois

Que faire ? Remplir la grande casserole de 10 cm d'eau. Si l'on dispose d'une casserole d'un diamètre de 30 cm, elle sera parfaite pour cette expérience.

Faire flotter la coupe à dessert au centre de la casserole.

Verser un fond d'1 cm d'eau dans l'assiette.

Faire tourner la coupe en se servant de la cuillère en bois, aussi vite que possible. Plonger la cuillère dans l'eau et commencer à tourner. Si on ne dispose pas de cuillère en bois, on peut se servir de son index plongé dans l'eau.

La coupe étant en train de flotter, il n'entre en jeu que peu de friction pour ralentir son mouvement et elle tourne donc très facilement. D'un coup de poignet, on parvient à faire tourner la coupe très rapidement.

Essayer de maintenir la coupe au centre de la casserole. Si la coupe touche la casserole, son tournoiement en sera ralenti.

Que se passe-t-il ? Observe l'eau dans la coupe tandis que tu la fais tourner de plus en plus vite. Cette eau grimpe le long des bords jusqu'à disparaître complètement du centre, qui devient presque sec.

Ralentis le rythme et l'eau redescendra des bords pour venir à nouveau couvrir le fond de la coupe.

Pourquoi ? La force centrifuge agit sur les liquides comme sur les solides. Plus tu fais tourner la coupe vite, plus l'eau essaie de s'échapper par-dessus les bords.

120

Des doigts puissants

MATÉRIEL

une chaise

Tes doigts sont bien plus forts que tu ne le crois. Cette expérience va te le prouver. Il ne te restera qu'à la tenter au cours d'une prochaine fête. Pour cela, il faudra être au moins six.

Que faire ? Une des personnes s'assied sur la chaise, les mains serrées, la tête légèrement penchée en avant, la nuque ferme. Tout le corps de la personne doit rester aussi droit que possible.

Chacune des 5 autres personnes tend l'un de ses index, puis pose l'autre main sous la première, de la façon indiquée ci-dessous :

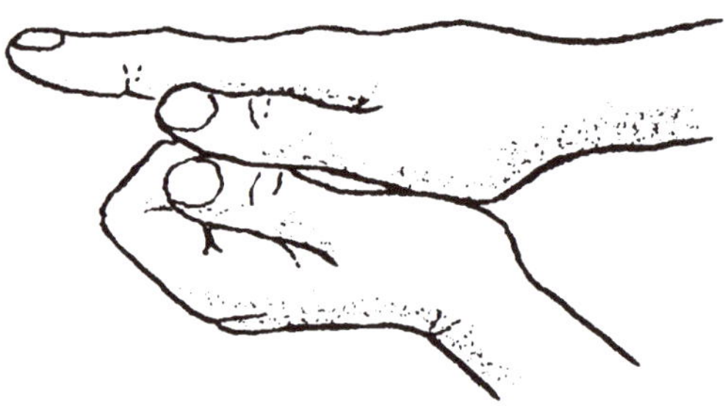

Demander à 2 personnes de se tenir à proximité des genoux de la personne assise et de glisser leur index dans le creux de ses genoux.

Deux autres personnes vont se placer derrière la chaise et glissent leur index sous les bras de la personne assise.

La cinquième personne se place devant ou à côté de la chaise et place son index sous le menton de la personne assise.

Tout le monde respire à fond. Quelqu'un compte : À la une, à la deux, à la trois. Au mot « trois », les cinq personnes soulèvent les mains. S'assurer que chacune des personnes soulève bien droit, sans basculer.

Que se passe-t-il ? À la surprise générale, la personne assise s'élève au-dessus de sa chaise. Assure-toi qu'aucune des personnes qui lèvent ne laisse brutalement retomber la personne assise sur le sol ou sur la chaise.

Pourquoi ? Puisque la première personne reste parfaitement immobile, son poids est uniformément distribué entre les cinq autres. En commandant à celles-ci d'agir en même temps, le poids reste partagé entre elles, si bien que chacune supporte la même charge. Si la personne assise pèse 40 kg, cela signifie que chaque porteur supporte seulement 8 kg.

121 La puissance de la poulie

MATÉRIEL

2 cintres en fil de fer
2 bobines de fil vides
2 chaises
un bâton
une paire de ciseaux
un fil solide de 3 m de long
un livre

Si tu souhaites tirer sur une corde plutôt que soulever un poids, une poulie est l'engin qu'il te faut. Il te faudras également l'aide d'un adulte pour réaliser cette expérience.

Que faire ? Pour réaliser cette expérience concernant mouvement et déplacement, il va falloir fabriquer quelques poulies. Une façon simple d'y parvenir consiste à détacher le crochet d'un cintre en fer, et de glisser ensuite une des extrémités dans le trou d'une bobine de fil vide. (Demander l'aide d'un adulte pour y arriver sans mal. Si l'on est obligé de déplier légèrement le cintre pour faire passer la bobine, ce n'est pas très grave.)

Faire reprendre ensuite au cintre sa forme initiale. Lorsque le crochet aura été reformé, la poulie aura à peu près la forme ci-dessous :

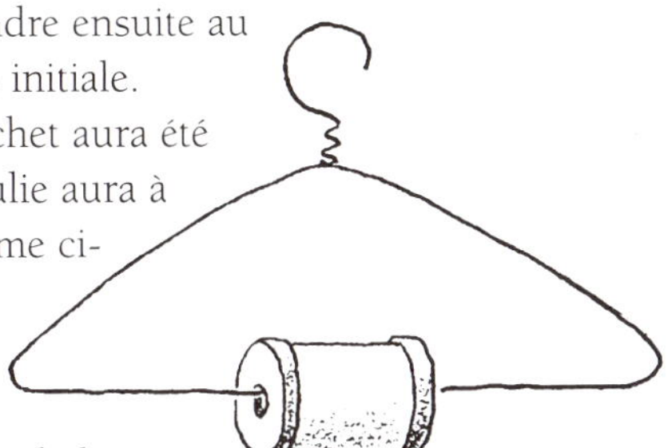

Fabriquer ensuite une seconde poulie, de la même manière. Celle-ci servira à l'expérience suivante. Placer les deux chaises dos à dos et placer le bâton entre elles. Glisser un anneau en fil autour du bâton pour pouvoir y accrocher le cintre. Découper un morceau de fil suffisamment long pour attacher le livre, qui fera office de charge à soulever.

Découper un autre morceau de fil de 1,2 m de long. Attacher ce fil à celui qui entoure le livre et faire ensuite passer l'autre extrémité par-dessus la bobine.

Tirer sur le fil.

Que se passe-t-il ? Le livre se soulève.

Pourquoi ? Bien sûr qu'il monte en l'air ! Quoi d'étonnant à cela ? La grande affaire, c'est que tu viens de changer la direction du mouvement. Tu tires vers le bas et le livre monte. Cette disposition à modifier la direction d'un mouvement a permis d'édifier des usines et d'effectuer les travaux nécessaires à la construction de bâtiments et de ponts.

Dans cette expérience, tu tires avec exactement autant de force qu'il t'en aurait fallu pour soulever le livre. Tu n'obtiendras aucun autre gain mécanique en ne te servant que d'une seule poulie. L'expérience suivante t'indiquera la manière d'augmenter ta puissance.

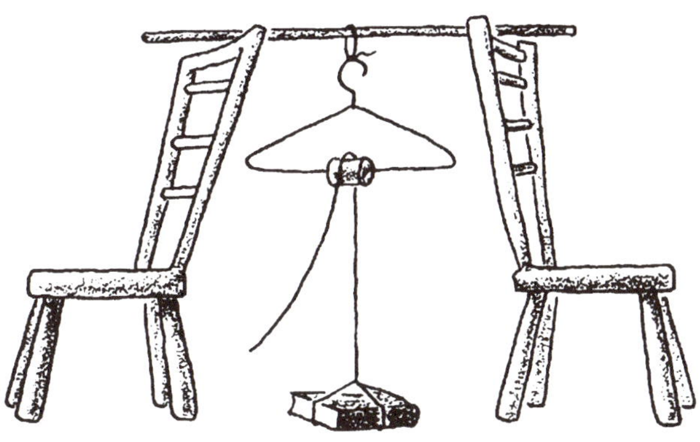

122 Une puissance doublée

MATÉRIEL

2 cintres en fil de fer
2 bobines de fil vides
2 chaises
un bâton
une paire de ciseaux
un fil solide de 3 m de long
un livre

Voici l'occasion d'être deux fois plus fort qu'avant.

Que faire ? Laisser en l'état l'assemblage effectué pour l'expérience précédente. Attacher la seconde poulie au fil qui tient le livre que l'on se propose de soulever. L'ensemble doit avoir la disposition suivante :

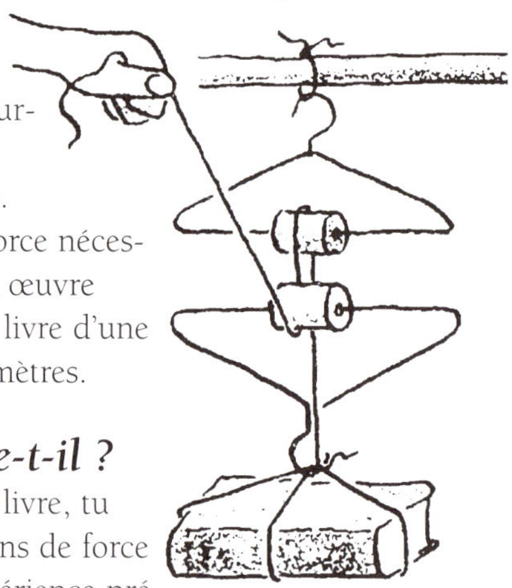

Tirer vers le haut le fil qui tourne autour de la deuxième poulie.

Observer la force nécessaire à mettre en œuvre pour soulever le livre d'une dizaine de centimètres.

Que se passe-t-il ? Pour soulever le livre, tu dois exercer moins de force que lors de l'expérience précédente. Cependant, tu restes obligé de tirer 20 cm de fil pour soulever le livre de 10 cm.

Pourquoi ? Se servir de deux poulies confère ce qu'on appelle un avantage mécanique. Cela signifie simplement que tu soulèves plus facilement le livre qu'auparavant. Mais obtenir cet avantage requiert de tirer deux fois plus de fil dans les poulies.

123 La descente mystérieuse du verre

MATÉRIEL

2 verres
de l'eau
un crayon
une règle de 30 cm de long

Pourrais-tu faire bouger un verre d'eau sans le toucher ?

Que faire ? Remplir presque complètement les deux verres avec de l'eau. Sur une surface plane, comme une table, poser la règle sur le crayon (voir l'illustration). Placer les verres aux deux extrémités de la règle. Tenir chaque verre de façon qu'il soit bien stable.

Faire glisser le crayon sous la règle jusqu'à ce que le côté soulevé soit près de retomber.

Plonger deux doigts dans l'eau, sans toucher le verre. Enfoncer les doigts plus profondément.

Que se passe-t-il ? Quand tes doigts s'enfoncent dans l'eau, le verre qui la contient descend, comme l'indique la flèche sur l'illustration. Le niveau de l'eau monte, à mesure que tes doigts y progressent.

Pourquoi ? Quand tes doigts s'enfoncent dans l'eau, ils déplacent cette eau, ce qui fait monter le niveau. Le poids du verre s'accroît d'un poids égal à celui de la masse d'eau déplacée.

Le bruit et la science

Les sons nous entourent. Nous avons l'habitude d'entendre d'autres voix, un chien qui aboie, le klaxon d'une voiture, le claquement d'une porte. Les sons font à ce point partie de notre existence qu'un silence brusque et total peut se révéler angoissant. Le silence complet est si différent de ce que nous avons l'habitude de vivre que certaines personnes prétendent que le silence lui-même serait sonore.

Tout le monde sait comment produire un son. Frappe des mains et tu en produiras un.

Mais qu'est-ce qui cause effectivement le bruit de deux mains qu'on claque ? Lorsque deux objets entrent en contact avec force et rapidité, c'est l'air autour d'eux qui se met en mouvement. L'air vibre – en réaction au contact des deux objets. Cette vibration de l'air produit de petites ondes sonores qui partent dans toutes les directions.

Certaines de ces vibrations, atteignent notre oreille. Elles font alors légèrement s'agiter notre tympan, en lui administrant un mouvement de va-et-vient. Ce déplacement se transmet aux osselets présents dans notre oreille, qui le communiquent eux-mêmes à un petit tube rempli de liquide relié aux nerfs auditifs. Ces nerfs transmettent le message à notre cerveau, et c'est ainsi que nous entendons.

En parlant, nos cordes vocales vibrent dans notre gorge. C'est la force de l'air expulsé de nos poumons à travers les cordes vocales, qui provoque ces vibrations. Les cordes vocales, en vibrant, mettent l'air en mouvement, et le son produit sort par notre bouche.

Si tu veux tester la manière dont cela fonctionne, essaie d'émettre un son tout en aspirant de l'air dans tes poumons. Tu parviendras à produire un bruit, mais tu ne pourras pas parler en aspirant de l'air.

Ce chapitre propose des expériences sonores qui te réservent quelques surprises. Elles t'aideront à comprendre le mécanisme de l'audition.

Papier bruyant 124

MATÉRIEL

2 feuilles de papier

Deux feuilles de papier peuvent produire pas mal de bruit.

Que faire ? Tenir les deux feuilles de papier devant soi. Celle du dessus devra dépasser celle du dessous de 12,5 mm, comme illustré ci-dessous.

Souffler à présent entre les deux feuilles, à l'endroit indiqué par la flèche sur l'illustration.

Que se passe-t-il ? Les deux feuilles émettent un bruit étrange.

Si tu n'obtiens aucun son, rapproche tes lèvres du papier et souffle à nouveau. Lorsque tu souffles entre les deux feuilles, elles doivent se mettre à vibrer à grande vitesse.

Si tu n'arrives toujours pas à produire de son, ajuste les deux feuilles. Rapproche tes doigts de ta bouche, ou bien écarte-les. Souffle plus ou moins fort. Tu finiras par trouver la bonne combinaison.

Ne souffle pas jusqu'à avoir la tête qui tourne. Souffle, puis attends quelques secondes.

Pourquoi ? Lorsque les feuilles se mettent à vibrer, leurs vibrations produisent le son que tu perçois. Elles émettent des ondes sonores qui parviennent jusqu'à tes oreilles.

125 Le hurleur

MATÉRIEL

un carré de cellophane de 5 cm

Voilà l'occasion de faire tout le bruit que tu voudras, et de le faire au nom de la science.

Que faire ? Tenir le papier cellophane bien tendu, entre le pouce et l'index de chaque main.

Placer les mains devant le visage, de manière à ce que la cellophane soit placée juste devant la bouche. Placer les lèvres comme indiqué sur l'illustration.

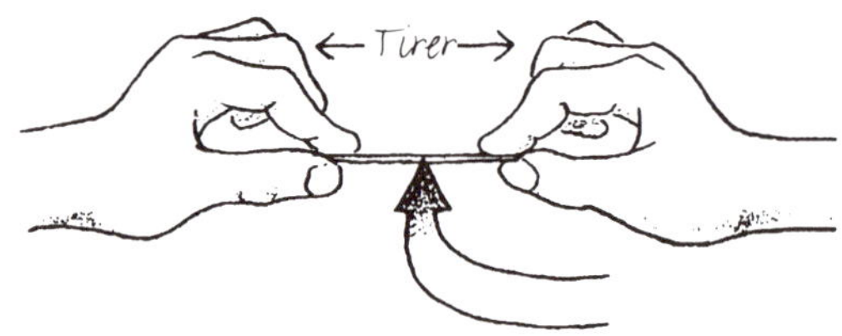

Souffler vite et avec force au bord du morceau de cellophane bien tendu. Garder les lèvres serrées de manière à émettre un petit souffle d'air juste en bordure de la cellophane.

Que se passe-t-il ? Lorsque le souffle d'air touche le bord du papier cellophane, tu perçois le bruit le plus fort et le plus terrible que tu aies jamais entendu !

Si le bruit émis n'est pas terrible, ajuste l'écart entre le papier cellophane et tes lèvres, jusqu'à ce que l'air l'atteigne de la façon la plus adéquate.

Pourquoi ? L'air, en sortant rapidement de tes lèvres, vient faire vibrer le bord du papier cellophane. En raison de sa minceur extrême, celui-ci vibre de manière très rapide. Plus les vibrations d'un objet sont rapides, plus le son qu'il émet est aigu.

126 Le ballon amplificateur

MATÉRIEL
un ballon de baudruche

D'ordinaire, les amplificateurs sont de gros engins qui font paraître les sons plus forts. Ces amplificateurs sont parfois appelés haut-parleurs. Mais sais-tu qu'un ballon peut, lui aussi, augmenter le volume d'un son ?

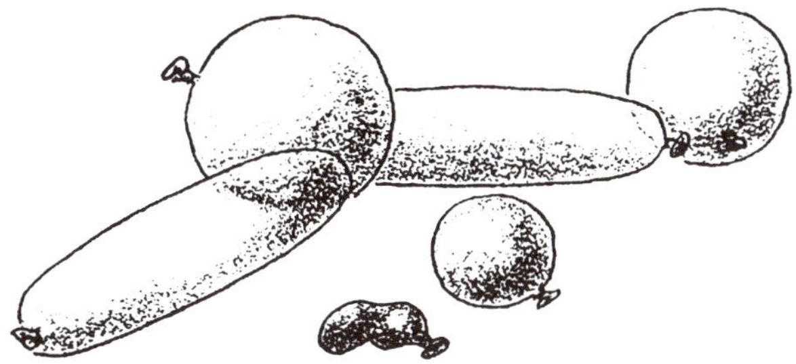

Que faire ? Gonfler le ballon. Tenir le ballon gonflé contre une oreille. Taper légèrement sur le ballon, du côté opposé à l'oreille.

Ne rien faire qui puisse provoquer l'éclatement du ballon lorsqu'il se trouve contre le visage. Le bruit du ballon qui éclate ne ferait aucun bien à l'oreille.

Que se passe-t-il ? Le bruit que tu entends est plus fort que les légers tapotements que tu as donnés au ballon du bout de tes doigts.

Pourquoi ? L'air à l'intérieur du ballon est fortement comprimé. Lorsqu'on gonfle un ballon, on se sert en fait de ses poumons comme d'un compresseur, en obligeant l'air à gonfler le ballon de caoutchouc. Les molécules d'air se retrouvent plus proches les unes des autres à l'intérieur du ballon que celles de l'air dans le reste de la pièce. En forçant les molécules d'air à se rapprocher, on obtient un meilleur conducteur des ondes sonores que l'air ordinaire.

127 La cuillère qui se prend pour une cloche

MATÉRIEL

une paire de ciseaux
une ficelle de 1,2 m de long
une cuillère à café

Comment faire d'une cuillère une cloche ? Vois donc par toi-même.

Que faire ? Former une simple boucle au centre de la ficelle, en faisant passer l'un des bouts par-dessus l'autre et en les nouant.

Ne pas serrer la boucle pour former un nœud. La laisser ouverte d'environ 13 mm, comme indiqué sur l'illustration.

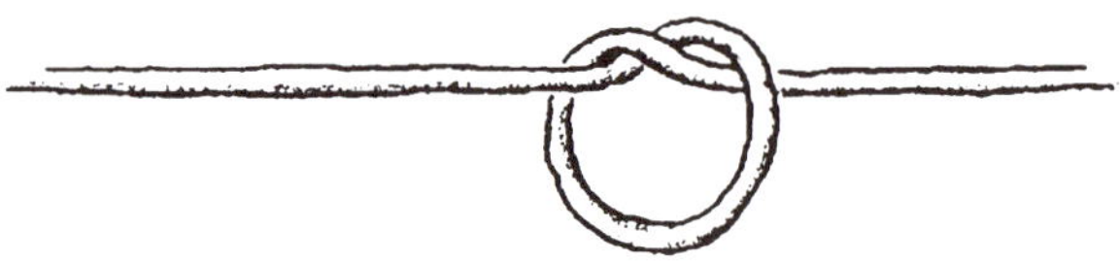

Glisser le manche de la cuillère dans la boucle, et serrer ensuite la boucle de manière à ce que la cuillère ne s'en échappe pas. Faire glisser le manche de la cuillère de façon à ce que la partie creuse de la cuillère se trouve plus bas que le manche.

Placer l'une des extrémités de la ficelle à l'entrée de l'oreille droite, et l'autre à l'entrée de l'oreille gauche. Ne pas faire pénétrer le fil dans l'oreille.

Faire lentement basculer la cuillère de manière à ce que la partie creuse aille cogner le bord d'une table.

Que se passe-t-il ? En faisant danser lentement la cuillère, tu entends un bruit qui n'a rien à voir avec celui d'une cuillère cognant une table. Cela ressemble plus à celui d'une cloche.

Pourquoi ? La ficelle transmet les vibrations de la cuillère. La ficelle transporte les ondes sonores mieux que l'air ne le fait et elle les amène directement à tes oreilles. Cela produit le tintement de cloche que tu as entendu.

128 Les grandes cloches

Refais l'expérience précédente en te servant d'une cuillère à soupe, et écoute le son plus profond que celle-ci émet.

Puis, accorde un léger répit à tes oreilles, et recommence l'expérience, avec une grande cuillère de service, cette fois. En raison de la taille plus grande de cette dernière, le son émis est bien plus grave.

129 Le tapotement des doigts

MATÉRIEL
une table en bois ou un bureau
une chaise

Connais-tu la manière de faire entendre très clairement le plus léger tapotement émis par tes doigts ?

Que faire ? S'asseoir face à la table ou au bureau. Placer l'oreille sur la table, de la façon suivante :

Donner des petits coups sur la table avec les doigts, à une trentaine de centimètres de l'oreille. Taper avec force. Puis, plus doucement.

Que se passe-t-il ? Le bruit de tes doigts frappant la table est plus fort lorsque ton visage est contre la table que lorsque tu écoutes en position normale. Vérifie-le tout de suite.

Pourquoi ? Les ondes sonores ne voyagent pas uniquement dans l'air. Elles traversent également les solides, comme une table ou un bureau. Plusieurs solides – en particulier le bois – propagent les ondes sonores de manière plus efficace que l'air, parce que leurs molécules sont plus serrées que celles de l'air. C'est la raison pour laquelle le bruit t'apparaît plus fort lorsque tu l'écoutes à travers le bois plutôt que dans l'air.

130 Le bâton a des oreilles

MATÉRIEL
un bâton d'1 m de long
une horloge

As-tu jamais essayé d'écouter à l'aide d'un bâton ? C'est le moment !

Que faire ? Un réveil à remonter à la main est idéal pour cette expérience. Si l'on n'en possède pas, écouter le bruit émis par un réveil électrique. Produit-il un bourdonnement ? La plupart d'entre eux le font lorsqu'on écoute attentivement. Dans le cas contraire, trouver un autre objet dans la maison qui produit un bourdonnement ou tout autre cliquetis métallique de faible intensité.

Si l'on ne dispose pas de bâton, une règle peut faire l'affaire ou un morceau de bois.

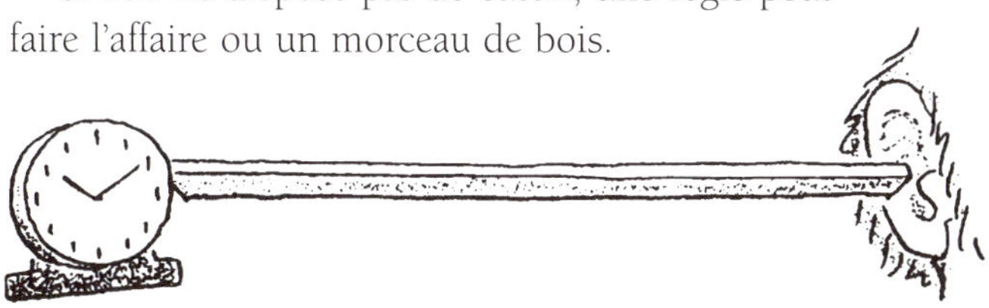

Tenir le bâton de sorte qu'une de ses extrémités touche le réveil. Maintenir l'autre extrémité contre l'oreille, de la manière indiquée sur l'illustration.

Que se passe-t-il ? Le bruit du réveil est plus fort à présent que lorsque tu l'écoutes sans bâton. Tu peux le vérifier en te servant de ce bâton pour écouter d'autres objets usuels.

Pourquoi ? Le bâton de bois propage mieux les ondes sonores que l'air. Et tu perçois donc mieux le tic-tac du réveil par l'intermédiaire du bâton.

131 L'étrange bol vibrant

Penses-tu pouvoir entendre le bruit d'un bol qui vibre ? Essaie donc. Il est conseillé de réaliser cette expérience en compagnie d'un ami.

MATÉRIEL

une grande bouteille
un bol
une fourchette
un crayon muni d'une gomme
un fil d'1 m de long

Que faire ? Placer la bouteille sur une table. N'importe quelle bouteille grande et vide fera l'affaire.

Poser le bol retourné au sommet de la bouteille, de la façon suivante :

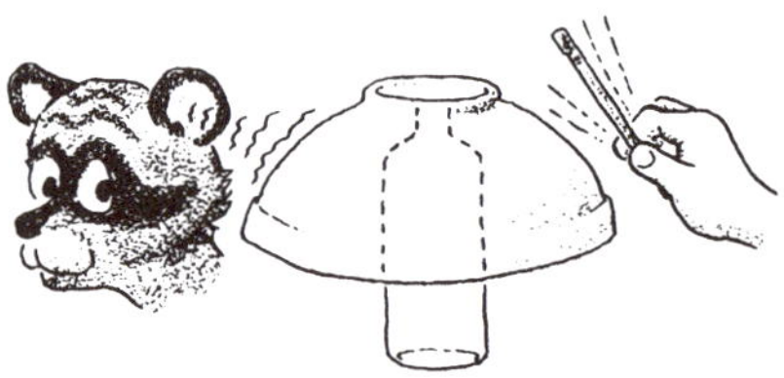

Placer l'oreille à proximité du bol et, à l'aide de la gomme du crayon, donner des petits coups. Il est conseillé de demander à un ami de frapper le bol avec le crayon.

Recommencer l'expérience, mais cette fois, l'ami tient du bout d'un doigt le bol, tout en tapant avec la gomme.

Que se passe-t-il ? Tu entendras d'abord un son agréable. Ensuite, lorsque ton ami tiendra le bol du bout du doigt, tu n'entendras plus rien.

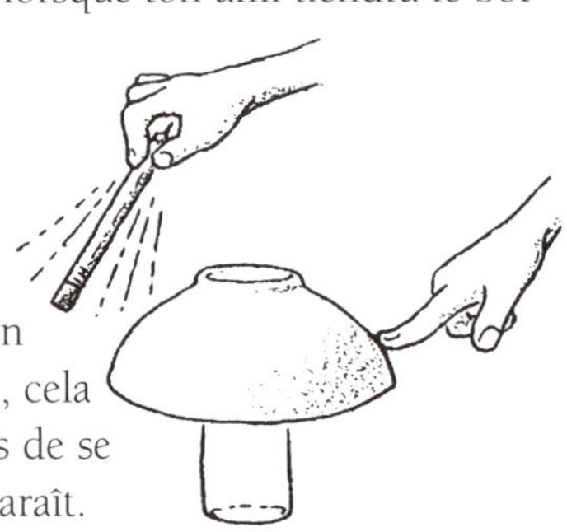

Pourquoi ? Le bruit est causé par les vibrations du bol. Si on touche le bol du doigt, cela empêche les vibrations de se former et le bruit disparaît.

132 Accorder une fourchette

MATÉRIEL

un fil d'1 m de long
une fourchette
une assiette creuse
un crayon muni d'une gomme

Il est évident qu'on peut accorder un piano. Mais nul n'a jamais pu accorder une fourchette. Et pourtant, même désaccordée, une fourchette peut émettre un joli son.

Que faire ? Attacher un bout du fil à la fourchette, comme sur l'illustration. Laisser pendre la fourchette au bout du fil de sorte que les dents se trouvent en bas.

Frapper l'assiette à l'aide de la gomme du crayon et soulever en même temps la fourchette de manière à ce que les dents viennent délicatement toucher le côté opposé de l'assiette.

Que se passe-t-il ? Quand la fourchette entre en contact avec l'assiette, ses dents vibrent. Si tu approches ton oreille, tu arriveras sans doute à percevoir le bruit qu'elles émettent.

Si tu es avec un ami, demande-lui de frapper le bol. À présent, amène le fil qui tient la fourchette à proximité de ton oreille, comme tu l'as fait pour l'expérience 127. Tu peux alors bien entendre le bruit émis par la fourchette.

Pourquoi ? Les dents captent les vibrations du bol. Cela s'appelle vibrer « en sympathie ». Le fil aide à propager le son, comme dans l'expérience 127.

133 Accorder un verre

MATÉRIEL
8 verres
de l'eau
un crayon

On a dit qu'on ne pouvait pas accorder une fourchette, mais qui a jamais prétendu qu'on ne pouvait pas accorder un verre ?

Que faire ? Aligner les verres sur une table (des gobelets ou bouteilles en plastique ne peuvent pas servir à cette expérience). Il n'est pas important que les verres soient tous de la même taille. S'ils le sont pourtant, les accorder se révèlera plus facile.

Remplir les verres avec de l'eau, d'une manière proche de celle illustrée ci-dessous.

Comme on peut le voir, chaque verre comporte un peu moins d'eau que celui placé directement à sa gauche.

En se servant du crayon, donner des petits coups sur chaque verre.

Que se passe-t-il ? On perçoit des sons différents émis par chacun des verres. Plus un verre contient d'eau et plus le son qu'il émet est grave. Nomme le premier verre, à gauche le « do », première note de ta gamme musicale. Frappe le second verre. S'il sonne un peu différemment, le départ de ta gamme est correct. Dans le cas contraire, ajoute ou retire un peu d'eau.

Poursuis de cette façon avec les autres verres, jusqu'à ce que les huit verres soient « accordés ».

Pourquoi ? Nous savons que ce sont les vibrations qui produisent les sons. Frapper le bord d'un verre provoque ce genre de vibrations. La vitesse de celles-ci dépend de la quantité d'eau que contient le verre. Plus il y a d'eau et plus le son est grave.

134 Accorder d'autres verres

Choisis à présent huit verres de tailles différentes. Plus ils seront différents, et mieux ce sera.

Garde en tête que c'est la quantité d'eau qui détermine le son émis par le verre.

Accorde ces huit verres pour établir une gamme musicale, en ajoutant ou retirant de l'eau, jusqu'à ce que chaque note se trouve un peu au-dessus de celle émise par le verre placé à sa gauche.

135 Voir les ondes sonores

Tu vas avoir la chance de visualiser les ondes sonores, mais il te faudra pour cela réaliser cette expérience par une journée ensoleillée.

MATÉRIEL

une boîte de conserve vide
un ballon gonflable
une paire de ciseaux
un élastique
un petit miroir
un journal
un marteau
de la colle

Que faire ? Ôter les deux côtés d'une petite boîte de conserve. Laver la boîte soigneusement, à l'eau chaude et au savon. Faire attention aux bords, qui peuvent être coupants.

Placer une partie du ballon sur une extrémité de la boîte. Il est conseillé de gonfler ce ballon et de jouer quelque temps avec lui, avant de l'étendre sur la boîte. Cela rendra le caoutchouc plus facile à tendre. Laisser sortir l'air et découper l'ouverture du ballon avec les ciseaux. Étirer un morceau de la partie principale du ballon que l'on placera sur la boîte et la maintenir en place à l'aide de l'élastique. Il faudra sans doute faire plusieurs tours autour du ballon et de la boîte pour fixer soigneusement le tout.

Prendre le petit miroir. (Si on ne dispose pas d'un vieux miroir, on peut se servir d'un morceau de papier aluminium.) Envelopper le miroir de plusieurs pages de journal. Frapper le miroir avec le marteau. Déballer le miroir et prendre avec précaution un fragment de miroir d'environ 12,5 mm. Remballer les autres morceaux de miroir dans le journal et se débarrasser du tout.

Mettre une goutte de colle au centre du ballon pour y fixer le bout de miroir, comme illustré ci-dessous.

Se placer à proximité d'une fenêtre laissant passer les rayons du soleil. Bouger la boîte de manière à ce que le Soleil se reflète dans le morceau de miroir et s'en aille frapper un mur, de la façon suivante :

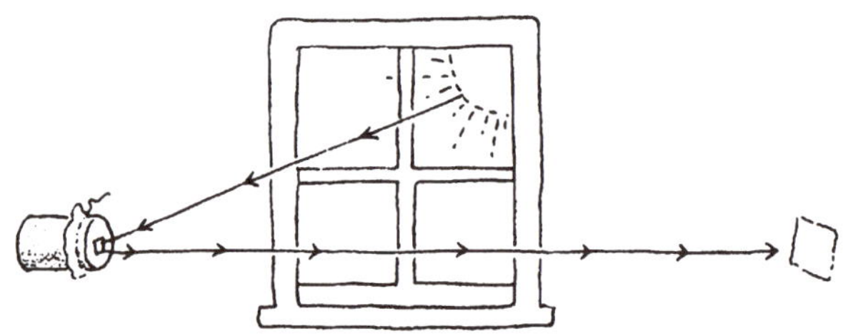

Parler dans la boîte, par l'ouverture libre. Crier. Produire différents sons. Observer le reflet sur le mur.

Que se passe-t-il ? Les bruits que tu as émis produisent des mouvements dans le reflet.

Pourquoi ? Le caoutchouc sur la boîte capte les vibrations des ondes sonores émises par ta voix. En vibrant, il fait bouger le miroir. Ce qui, du même coup, fait trembler le reflet sur le mur.

Si tu te sens stressé, essaie la tension de surface

L'eau est un élément extrêmement important dans notre vie. Les êtres humains n'existeraient pas sans elle.

Non seulement, nous buvons de l'eau, mais la majeure partie de notre organisme est composée d'eau.

Nous nous baignons dans l'eau, nous y naviguons, nous l'utilisons comme base de nombreuses boissons, allant du soda aux jus de fruit, en passant par le thé ou le café.

Sans eau, il n'y aurait ni arbres, ni fleurs, ni herbe – aucune vie telle que nous la connaissons. L'eau est essentielle à la vie.

Dans le chapitre qui suit, tu vas découvrir plusieurs faits intéressants au sujet de l'eau. Tu constateras qu'elle peut accomplir des choses étonnantes, et qu'il s'agit d'un formidable sujet d'expériences. Tu vas également découvrir quelques facettes inconnues de l'eau. Tu as déjà certainement entendu parler de la tension et du stress. L'eau possède une tension, elle aussi, mais d'un genre différent de celle liée au stress.

L'eau possède une tension de surface. La tension de surface est un terme scientifique qui signifie que la surface d'un bol d'eau est dotée d'une capacité à rester unie. Cela est dû au fait que les molécules qui constituent un conteneur d'eau ont tendance à s'accrocher les unes aux autres.

D'ordinaire, nous ne pensons pas qu'un lac ou un océan renferment des molécules d'eau qui s'accrochent les unes aux autres pour former une pellicule à leur surface. Mais c'est exactement ce qu'est la tension de surface. Tu ne peux pas la sentir en plongeant un doigt dans une tasse d'eau ou en sautant tête la première dans l'eau d'une piscine. Mais elle n'en existe pas moins, même si tu n'en es pas conscient.

Nous allons commencer ce chapitre avec quelques expériences qui mettront en évidence les choses surprenantes que l'eau accomplit en raison de sa tension de surface.

Puis nous nous intéresserons à ce qui se passe sous la surface.

Plus qu'à ras-bord

136

MATÉRIEL

un verre
de l'eau
un tas d'épingles

Chacun de nous a déjà rempli un verre ou une tasse au point de faire déborder le liquide. Voici la manière d'emplir un verre plus qu'à rasbord, mais sans qu'une seule goutte n'en déborde.

Que faire ? Mettre le verre sur le comptoir de la cuisine ou dans un évier. Ajouter de l'eau jusqu'à rasbord.

Répondre à la question suivante : combien d'épingles pourra-t-on ajouter à cette eau sans la faire déborder ? Dix ? Vingt ? Cinquante ?

Tenir délicatement une épingle au-dessus du verre de manière à ce que sa pointe entre en contact avec la surface de l'eau.

Lâcher l'épingle pour qu'elle tombe au fond du verre. Prendre une autre épingle et recommencer la manœuvre, puis une troisième, et ainsi de suite, jusqu'à que l'eau finisse par déborder.

Que se passe-t-il ? Tu as ajouté bien plus d'épingles que tu ne l'avais imaginé. En observant le verre par le côté, tu constateras que la surface de l'eau dépasse du bord du verre.

Pourquoi ? La tension de surface empêche l'eau de déborder bien au-delà de ce qui semblait possible, et le verre peut ainsi contenir un nombre incroyable d'épingles.

137

L'étrange extension de la boucle de fil

MATÉRIEL

une grande assiette creuse
de l'eau
un fil de 30 cm de long
une savonnette

Lorsqu'on agit de sorte à modifier la tension de surface, des événements étranges surviennent alors, ainsi que tu vas le voir.

Que faire ? Remplir l'assiette avec de l'eau, presque jusqu'à ras-bord.

Former une boucle avec le fil en posant un bout par-dessus l'autre, mais ne pas nouer les deux extrémités.

Placer délicatement la boucle à la surface de l'eau, en formant une sorte d'ovale, de la manière indiquée sur l'illustration.

Plonger un coin de la savonnette dans l'eau se trouvant au centre de la boucle.

Que se passe-t-il ? La boucle forme un cercle autour du savon.

Pourquoi ? Le savon détruit la tension de surface de l'eau à l'intérieur de la boucle. Le fil empêche le savon de se répandre au-delà de la boucle. Puisque l'eau de l'autre côté du fil possède toujours sa tension de surface, elle agit sur le fil en le repoussant. C'est ce mouvement qui entraîne la formation d'un cercle autour du savon.

138 Le bouchon têtu

MATÉRIEL
un bouchon de liège
un verre
de l'eau
une cuillère à café

Un bouchon peut-il se montrer entêté ? Voici la façon de traiter le premier qui refusera d'obéir à tes ordres.

Que faire ? Remplir le verre avec de l'eau presque à ras-bord. Faire flotter le bouchon à la surface. Au bout d'un petit moment, le bouchon va finir par se rapprocher d'un bord du verre.

La mission consiste à le convaincre de revenir au centre du verre, sans le toucher ni le sortir de l'eau. Il est permis de souffler dessus, mais lorsqu'il aura rejoint sa position centrale, il faudra qu'il y reste même après qu'on a arrêté de souffler.

Voici la meilleure manière de faire obéir ce bouchon. Lentement, une cuillérée après l'autre, ajouter de l'eau dans le verre. En fin de compte, l'eau va dépasser le bord du verre, tandis que la tension de surface la maintient en place.

Que se passe-t-il ? Le bouchon dérive vers le centre du verre et y reste tant que le niveau de l'eau se trouve assez haut.

Pourquoi ? La tension de surface permet à l'eau de dépasser le bord du verre. Elle entraîne également la formation d'un petit dôme incurvé, dont le point culminant se trouve au centre. Le bouchon rejoint de lui-même ce point le plus élevé de l'eau.

139 Une passoire pleine d'eau

MATÉRIEL
une petite passoire
de l'huile de cuisson
un bol vide
un verre d'eau

Une passoire ne peut retenir de l'eau, n'est-ce pas ? C'est ce que nous allons voir.

Que faire ? Se servir d'une passoire de petite taille, car il serait nécessaire d'utiliser beaucoup d'huile si elle était grande.

Couvrir la passoire avec l'huile. Pour ce faire, verser l'huile dans le bol et y placer ensuite la passoire en la remuant doucement pour la couvrir d'huile.

Secouer délicatement la passoire pour faire en sorte que toutes ses mailles soient couvertes. (Ne pas jeter l'huile dont on ne se sert pas. Elle pourra resservir lors d'une autre expérience, par exemple la 148.)

Tenir la passoire au-dessus d'un évier. Commencer à y verser de l'eau très, très lentement.

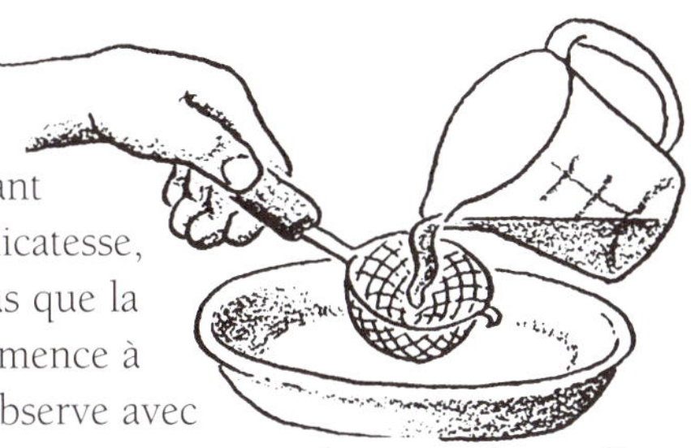

Que se passe-t-il ? En versant l'eau avec délicatesse, tu t'apercevras que la passoire commence à se remplir. Observe avec attention et tu constateras que des gouttelettes d'eau occupent les trous de la passoire, mais que peu d'entre elles s'en écoulent.

Pourquoi ? C'est la tension de surface des gouttelettes d'eau qui permet de réussir cette expérience. L'huile forme sur les mailles de la passoire un revêtement lisse. Elle permet également de diminuer légèrement la taille des trous, parce que, même si tu as agité la passoire pour en faire tomber l'huile, une certaine quantité est restée accrochée aux mailles.

140 L'incroyable bouteille retournée

MATÉRIEL

une bouteille avec un goulot étroit
de l'eau
un morceau de treillis ou une petite passoire
15 cm de fil de fer ou un élastique

Tout le monde peut retourner une bouteille. Mais combien de personnes pourraient y arriver sans faire couler l'eau qu'elle contient ? Cette expérience requiert l'usage simultané de trois mains. À moins que tu ne sois doté d'une main supplémentaire, assure-toi de la présence d'un ami qui t'aidera au moment propice.

Que faire ? Remplir la bouteille avec de l'eau, jusqu'à ras-bord.

Couvrir le goulot de la bouteille avec le treillis, si l'on en dispose.

Attacher le treillis au sommet de la bouteille à l'aide du fil de fer ou de l'élastique.

Si l'on n'a pas pu trouver de treillis, on peut se servir d'une petite passoire, tenue fermement contre le goulot de la bouteille.
C'est à ce moment qu'il faudra faire appel à la main supplémentaire.

Avec le treillis bien en place, ou la passoire appliquée fermement au goulot, retourner rapidement la bouteille.

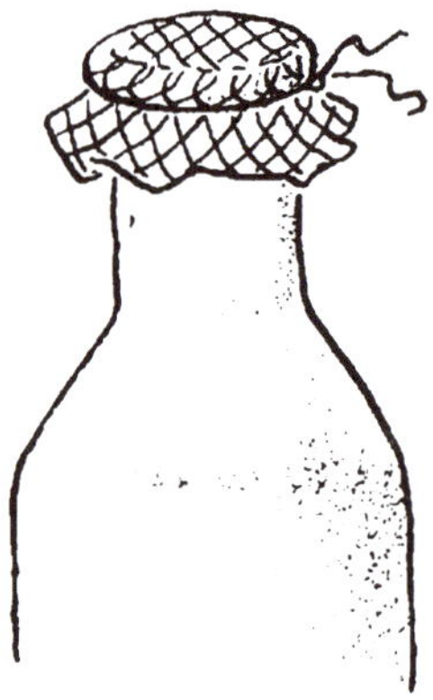

Que se passe-t-il ? L'eau ne s'écoule pas de la bouteille.

Pourquoi ? C'est la tension de surface qui agit. Le fait que la bouteille soit pleine entre également en ligne de compte, puisqu'aucun air prisonnier de la bouteille ne vient obliger l'eau à s'en échapper. La pression de l'air s'exerce seulement sous la forme d'une poussée sur l'eau qui voudrait passer au travers des mailles du treillis ou de la passoire.

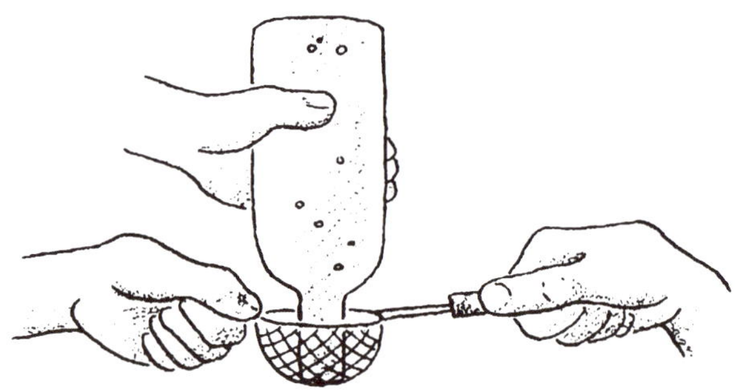

141 Le faucon et les moineaux

MATÉRIEL
une assiette creuse
de l'eau
du talc
une savonnette

Les faucons ont l'habitude de fondre sur une nuée de moineaux pour les disperser. Tu comprendras pourquoi nous avons donné ce nom à cette expérience, lorsque tu l'auras réalisée.

Que faire ? Placer l'assiette sur une table et la remplir d'eau presque jusqu'à ras-bord. Lorsque l'eau a cessé de remuer, saupoudrer un peu de talc à la surface du liquide – juste une pincée prise entre le pouce et l'index.

Le talc va se mettre à flotter à la surface de l'eau.

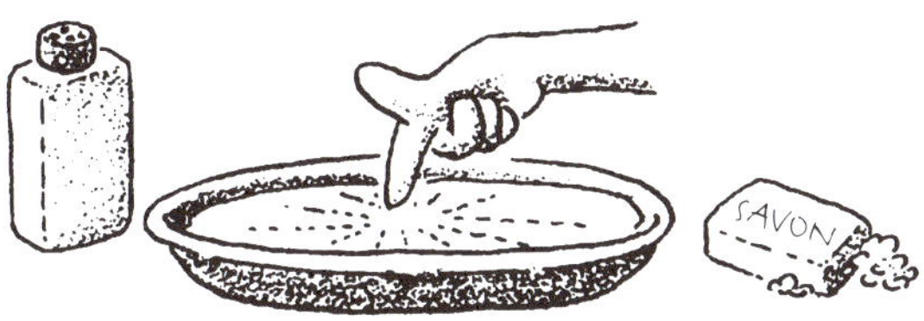

Les particules de talc vont jouer le rôle des moineaux.

Frotter le bout d'un doigt sur le savon. Toucher la surface de l'eau avec ce doigt, qui jouera ainsi le rôle du faucon.

Que se passe-t-il ? À l'instant où ton doigt enduit de savon touche l'eau, la poudre de talc semble s'enfuir.

Pourquoi ? Le savon brise la tension de surface de l'eau. L'eau s'écarte en emportant avec elle les particules de talc.

Une balance à laquelle tu n'as jamais songé

142

MATÉRIEL
un grand bol
un plat à four
de l'eau
une pomme ou une orange
un pichet gradué

Pourrais-tu utiliser un bol d'eau comme balance ?
Découvre la manière d'y arriver avec cette expérience.

Que faire ? Placer le bol dans le plat à four. Remplir le bol d'eau jusqu'à ras-bord. Placer la pomme ou l'orange dans le bol rempli d'eau.

Que se passe-t-il ? L'eau déborde dans le plat. Ôte alors doucement le bol du plat. Verse l'eau contenue dans le plat dans le pichet gradué. Observe la hauteur à laquelle arrive l'eau pour déterminer quelle masse d'eau a coulé du bol. Cela te donne du même coup le poids du fruit.

Pourquoi ? L'eau qui a débordé du bol a été déplacée par le fruit. La quantité d'eau que déplace un objet flottant est égale au poids de cet objet.

143 La grande évasion liquide

MATÉRIEL
un verre
de l'eau
un bol
2 serviettes en papier

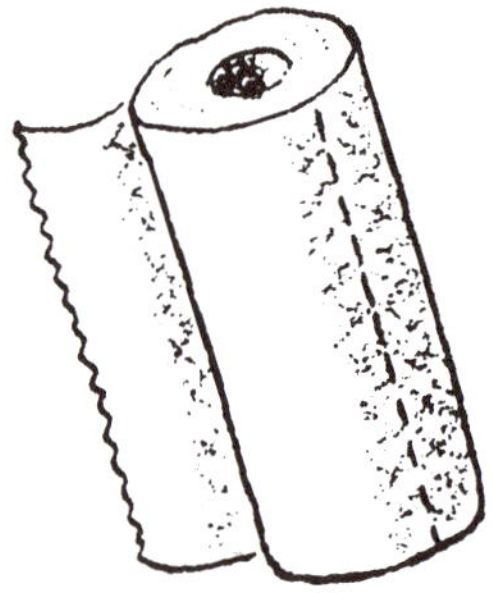

On t'a toujours dit que l'eau ne pouvait pas s'échapper par le haut. Voici une expérience qui t'apprendra la manière de l'obliger à le faire. Dans le cas où surviendrait une fuite, il vaut mieux réaliser cette expérience dans un évier.

Que faire ? Remplir le verre avec de l'eau, presque à ras-bord. Placer le verre à côté du bol.

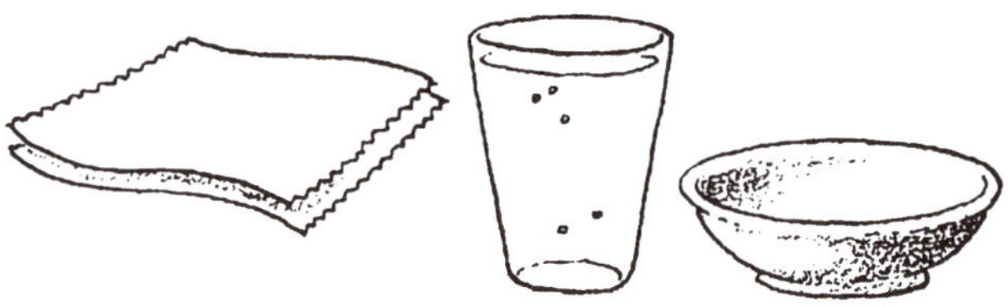

Le but est de faire passer l'eau par-dessus le bord du verre et, descendre ensuite dans le bol. Pour cela, tu as besoin d'une mèche par laquelle l'eau pourra passer. Une mèche est une torsade de papier ou de tissu qui absorbe l'eau. Comme la mèche d'une bougie amène la cire fondue vers la flamme, la mèche à eau transportera le liquide d'un bout à l'autre de son voyage.

Torsader les serviettes, en serrant fortement, pour former la mèche. Plier la mèche en son centre. Placer l'une des extrémités dans le verre. S'assurer que l'autre extrémité se trouve bien au-dessus du bol, comme ceci :

Que se passe-t-il ? En l'espace d'une minute, tu vas voir que la mèche devient humide, à mesure que l'eau commence à s'y déplacer. Après quelques minutes, un peu d'eau sera déjà tombée au fond du bol.

L'eau ne coulera pas du verre jusque dans le bol. Au lieu d'un écoulement, on peut parler d'un suintement. Cette expérience demande du temps. À toi de venir de temps à autre vérifier où elle en est.

Lorsque le niveau de l'eau dans le bol aura atteint le niveau de l'eau dans le verre, le liquide va cesser de transiter. Si l'on place alors le verre sur un support plus élevé que le bol, l'eau va reprendre son déplacement.

Pourquoi ? Il existe des milliers et sans doute des millions de minuscules espaces entre les fibres du papier de la serviette. L'eau se déplace dans ces espaces et s'avance le long de cette matière. Ce mouvement est appelé la capillarité. L'humidité passe ainsi des racines d'un végétal au reste de cette plante de la même manière.

144 Lentement mais sûrement

Est-il possible à une boîte remplie de cartons de soulever une planche ?

MATÉRIEL

une boîte de conserve vide
2 ou 3 boîtes d'emballage de céréales
une paire de ciseaux
de l'eau
du détergent vaisselle
un morceau de bois de 60 cm de long ou une pile de vieux magazines

Que faire ? Laver la boîte vide au savon et à l'eau. Prendre garde aux bords coupants de la boîte.

Découper dans les emballages de céréales suffisamment de carrés de carton pour former une pile qui remplira la boîte. Ne pas s'inquiéter si les carrés de carton ne sont pas de dimensions parfaitement équivalentes à la boîte. Il est préférable de les découper un peu plus petits, comme ceci.

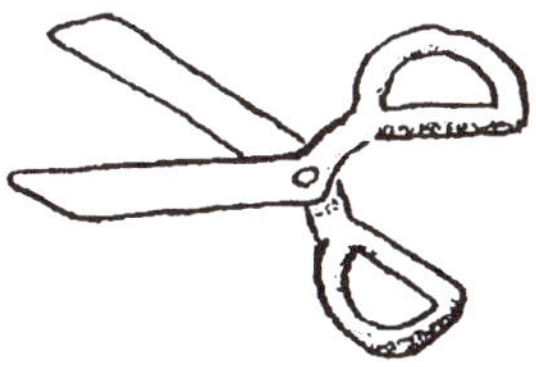

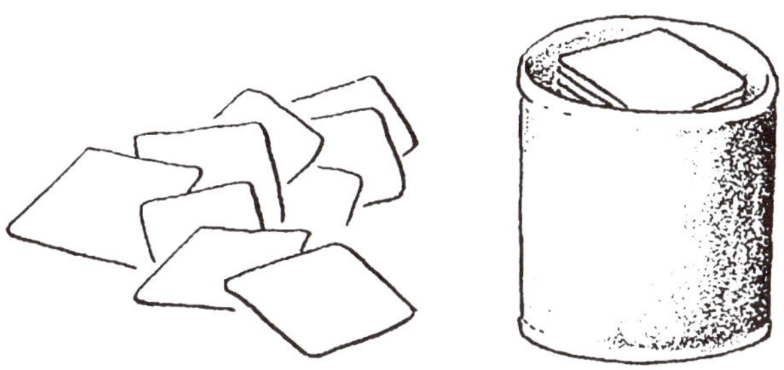

Lorsque la pile de carrés de carton atteint toute la hauteur de la boîte, verser de l'eau dans la boîte pour terminer de la remplir. Ajouter quelques gouttes de détergent vaisselle ou un peu de poudre détergente. En moins d'une minute, on constate que le niveau de l'eau a baissé de 2,5 cm environ. C'est parce que cette eau a été aspirée par les carrés de carton. Ajouter de l'eau pour faire remonter le niveau jusqu'au sommet de la boîte.

Appuyer sur les cartons. On pourra ainsi en ajouter sans doute quelques-uns.
Placer alors le morceau de bois sur le tout, de la manière suivante :

Que se passe-t-il ? Au bout d'un temps assez court, le morceau de bois commence à s'élever. Lorsqu'il cesse de monter, enlève-le et essaie alors de pousser sur la pile de cartons pour les remettre dans la boîte. Tâche difficile, si ce n'est impossible !

Pourquoi ? L'action de la capillarité a amené l'eau à mouiller les carrés de carton. Lorsque chacun de ces cartons se trouve plein d'eau, il est d'une taille légèrement plus épaisse que lorsqu'il était sec. C'est ce qui provoque la poussée sur le morceau de bois qui le force à se soulever.

145 L'affaire des serviettes rétrécies

MATÉRIEL
un verre
de l'eau
6 lingettes de démaquillage
un crayon

Les lingettes dont se servent les femmes pour se démaquiller ne peuvent pas devenir de plus en plus petites, n'est-ce pas ? Voici une expérience qui te fera te demander : mais que devient la matière ?

Que faire ? Remplir le verre avec de l'eau jusqu'à 1 cm du bord.

Découper chaque lingette en bandelettes de 3,75 cm de large. Les lignes en pointillés dessinées sur l'illustration ci-dessous montrent de quelle manière découper les lingettes.

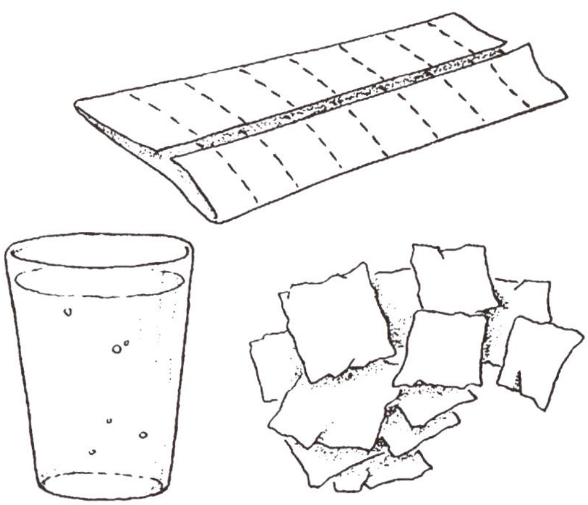

Ne pas s'inquiéter si les découpes ne sont pas parfaitement régulières.

Plonger ensuite, une à une, chaque bandelette dans le verre d'eau. Se servir du crayon pour enfoncer les bandelettes et les maintenir au fond du verre.

Que se passe-t-il ? Tu vas voir de petites bulles monter de temps à autre du fond du verre. C'est parce qu'un peu d'air est resté coincé dans les lingettes au moment où tu les as plongées dans le liquide.

En poussant les lingettes avec le crayon, tu as libéré l'air emprisonné. Cela a dégagé de l'espace

pour te permettre d'ajouter des bandelettes supplémentaires.

Pourquoi ? Les matières hautement absorbantes, comme les lingettes de démaquillage, ne contiennent qu'une faible part de matière solide. Elles sont en grande partie constituées d'air. Lorsque cet air en est chassé, il ne reste plus beaucoup de matière. C'est la raison pour laquelle tu arrives à en mettre autant dans le verre. Des boules de coton, par exemple, se comportent de la même manière.

La mystérieuse allumette

146

MATÉRIEL

une allumette en bois
une pièce de monnaie
de l'eau
une cuillère

Pourquoi une allumette en bois se met-elle soudain en mouvement ?

Que faire ? Plier l'allumette en deux. Ne pas la couper en deux morceaux. Laisser plusieurs fibres de bois entières. Placer la pièce de monnaie de manière à ce qu'elle repose sur les deux bouts d'allumette.

Prendre quelques gouttes d'eau dans la cuillère. Faire couler une goutte sur l'allumette, à l'endroit précis indiqué sur l'illustration.

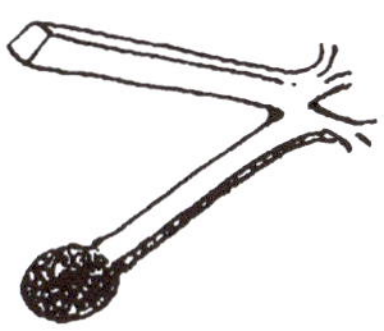

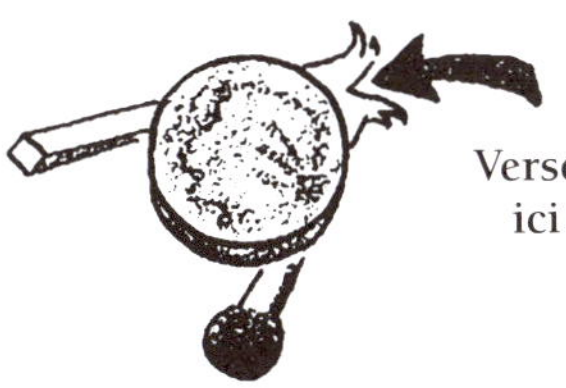

Que se passe-t-il ? Presque instantanément, les deux moitiés d'allumette vont s'écarter, et la pièce va finir par tomber sur la table.

Pourquoi ? L'eau provoque le gonflement des fibres du bois, qui entraîne lui-même le lent déplacement de l'allumette.

Si tu veux réaliser cette expérience pour impressionner tes amis, fais en sorte de placer l'allumette en équilibre sur le goulot d'une bouteille. Assure-toi que le col de cette bouteille est assez large pour laisser passer la pièce, qui va y tomber dès que les deux moitiés d'allumette se seront écartées.

147

Impossible de garder le bouton au fond du trou

MATÉRIEL

un bouton ne dépassant pas 18 mm de diamètre
un verre
une boisson gazeuse

Si tu veux assister au va-et-vient d'un bouton dans un verre de liquide, c'est le moment ou jamais.

Que faire ? Remplir le verre de boisson gazeuse jusqu'à 1,25 mm du bord. (Un soda transparent fera parfaitement l'affaire, car il te permettra de voir facilement au travers.)

Plonger le bouton dans le liquide. S'il flotte à la surface du soda, lui donner un petit coup avec le doigt pour l'envoyer au fond.

Que se passe-t-il ? De petites bulles commencent à se former autour du bouton. Brusquement, le bouton remonte à la surface. Si on lui donne un petit coup pour le débarrasser de ses bulles de gaz, il replonge vers le fond.

Ce phénomène se poursuivra tant que le liquide sera pétillant. Si tu le souhaites, tu peux mettre plusieurs boutons dans le même verre, pour les faire évoluer à des rythmes différents.

Pourquoi ? Les bulles sont formées de gaz carbonique qui donne son pétillant à la boisson. Lorsque les bulles se collent au bouton, elles finissent par le faire flotter et le font remonter à la surface.

148 Le grand échange entre l'huile et l'eau

MATÉRIEL
2 petits verres de même taille
du carton d'emballage
une paire de ciseaux
de l'eau
de l'huile de cuisson
une feuille de papier cuisson

Pourrais-tu faire passer un verre d'huile dans un verre d'eau, et inversement, sans verser le contenu de l'un dans l'autre ? Fais appel à un ami pour réaliser cette expérience.

Que faire ? Commencer avec les verres de même dimension. Des verres à orangeade feront parfaitement l'affaire.

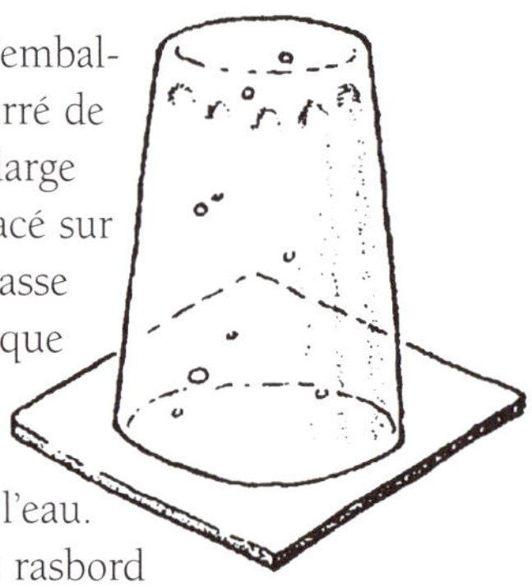

Découper le carton d'emballage de céréales en un carré de 10 cm sur 10 cm, assez large en tout cas pour que, placé sur l'un des verres, il en dépasse d'environ 18 mm de chaque côté.

Remplir l'un des verres à rasbord avec de l'eau. Remplir l'autre d'huile, à rasbord également. Pour plus de sûreté, placer les deux verres sur la feuille de papier cuisson. Placer le carré de carton sur le verre d'eau. Tenir fermement le carton en place et retourner le verre, comme montré sur l'illustration ci-dessus.

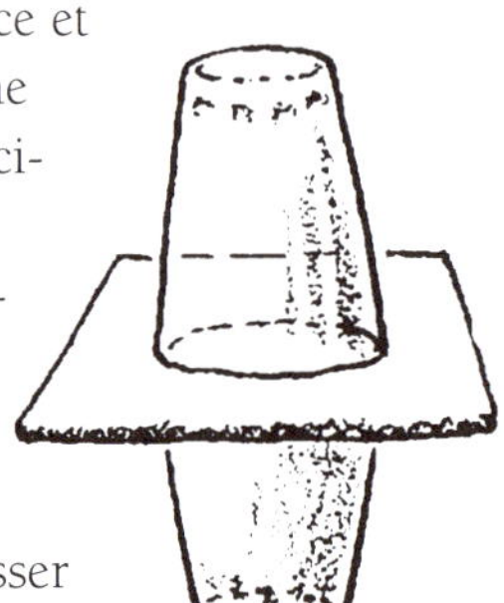

Placer ce verre retourné sur le verre d'huile, avec le carton toujours en place. Prendre garde à ne pas laisser glisser ce carton à ce stade de l'expérience !

Tenir les deux verres avec précaution et faire lentement glisser le carton pour l'enlever. C'est ici que l'ami entre en jeu. Il faudra en effet une main supplémentaire pour maintenir l'ensemble en place. Tirer sur le carton jusqu'à ce que sa bordure se trouve juste au bord des deux verres, comme ci-dessous :

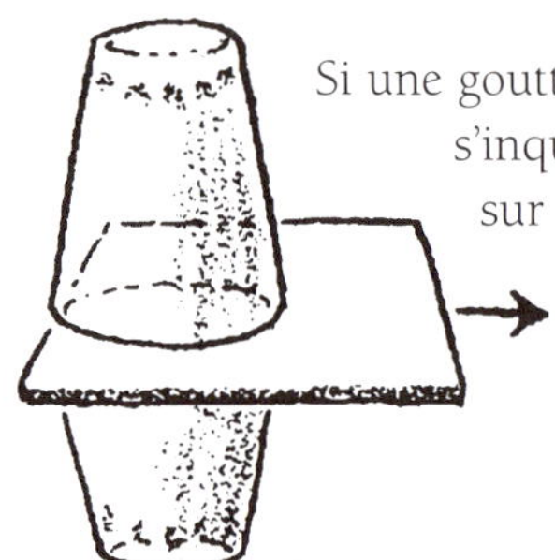

Si une goutte d'eau s'échappe, ne pas s'inquiéter. Continuer de tirer sur le carton très délicatement, jusqu'à ce qu'un petit espace se soit formé entre l'eau au-dessus et l'huile en bas.

Que se passe-t-il ? Quelques bulles d'huile commencent à monter dans le verre d'eau. Elles finissent par former un petit dôme d'huile au fond du verre d'eau (qui se trouve tout en haut, bien sûr).

Tire un peu plus sur le carton, et tu vas voir l'huile se mettre soudain à s'écouler en montant dans le verre d'eau. Simultanément, l'eau descend pour occuper la place de l'huile.

En l'espace d'une minute ou moins, le verre du haut est rempli d'huile et l'eau a pris sa place dans le verre du bas.

Pourquoi ? L'eau est plus lourde que l'huile de cuisson, et c'est pourquoi elle s'écoule vers le bas, forçant l'huile plus légère à remonter. C'est aussi la raison pour laquelle l'huile et l'eau ne se mélangent pas, et que l'huile flotte sur l'eau.

La science peut se montrer chaleureuse

La lumière fait partie des choses que nous trouvons naturelles. Le Soleil brille. Nous allumons sans cesse des ampoules. La lumière traverse le verre. C'est la lumière qui nous permet de nous observer dans un miroir.

La lumière voyage sous la forme de rayons qui filent en ligne droite, à très grande vitesse. Quand on parle de la vitesse de la lumière, il s'agit en réalité de celle d'un rayon lumineux qui franchit 300 000 kilomètres en 1 seconde ! Pour se faire une idée de cette vitesse, on peut se dire que le Soleil se trouve à 148 800 000 de kilomètres de la Terre. Et pourtant sa lumière nous arrive en l'espace de 8 minutes environ.

Même si les rayons lumineux se déplacent en ligne droite, il est possible de les plier (on dit les « réfracter ».) Quand la lumière passe à travers de l'eau ou du verre, ses rayons se plient selon un certain angle. Lorsqu'ils sortent de l'eau ou du verre, ils se remettent à filer en ligne droite, mais à présent, cette ligne possède un angle différent de celui qui était le sien à l'origine.

Notre principale source de lumière est le Soleil, mais nous produisons également de la lumière artificielle, grâce, entre autres, à l'électricité.

Souvenons-nous que la lumière est liée à la chaleur. C'est la formidable température du Soleil qui donne naissance à la lumière. Un feu produit lui aussi de la lumière. Et si tu places ta main à proximité d'une ampoule allumée, sans la toucher, tu vas sentir la chaleur qui s'en dégage. La chaleur peut également donner naissance à de la lumière. C'est la chaleur du filament à l'intérieur de l'ampoule électrique qui crée la lumière que nous apercevons dans cette ampoule.

Les choses, chauffées suffisamment, se modifient. Les légumes, par exemple, deviennent plus tendres lorsqu'ils sont cuits. La cuisine se réchauffe lorsque le four y est allumé. La glace fond et l'eau bout sous l'action de la chaleur. L'air, comme d'autres matières, se dilate lorsqu'il est chauffé. C'est la dilatation de l'air qui explique le fonctionnement de plusieurs des expériences contenues dans ce chapitre.

149 Briser les rayons du Soleil

MATÉRIEL
un plat à four
de l'eau
un petit miroir
une feuille de papier blanc

Il est possible de briser ou de scinder les rayons solaires. Lorsque cela arrive, cela donne lieu à un arc-en-ciel de lumière. Et tu peux en produire un en moins de deux minutes, par une journée ensoleillée.

Que faire ? Verser de l'eau dans le plat, sur environ 2,5 cm de haut.

Placer le plat dans un endroit où les rayons du soleil tombent directement, à l'intérieur d'une pièce, ou au-dehors.

Placer le miroir contre un bord du plat, de la manière suivante.

Diriger les rayons réfléchis par le miroir vers un plafond blanc, un mur blanc ou la feuille de papier. Si on se trouve dehors, il faudra sans doute se servir de cette feuille comme écran de projection.

Que se passe-t-il ? On observe un arc-en-ciel coloré sur le plafond, le mur ou la feuille de papier. Ces couleurs passent du rouge au violet.

Pourquoi ? L'eau force les rayons solaires reflétés par le miroir à se plier. Lorsque des rayons lumineux sont pliés, chacune des couleurs qui les composent partent selon des angles différents. Cela entraîne la formation d'un arc-en-ciel.

Toutes les couleurs que nous voyons normalement – rouge, orange, jaune, vert, bleu et violet – sont contenues dans la lumière du Soleil. Nous accordons une couleur aux objets que nous regardons en fonction des rayons lumineux que reflètent ces objets.

Tête en bas dans une cuillère

MATÉRIEL
une cuillère à soupe ou à service, brillante

150

Comment une cuillère pourrait-elle te mettre la tête en bas ? Cette expérience amusera sans doute beaucoup les plus petits.

Que faire ? La partie creuse d'une cuillère constitue un miroir. Il suffit de s'assurer que la cuillère est bien brillante. La cuillère sera la plus grande possible.

Tenir la cuillère devant soi, de manière à se voir dans la partie creuse.

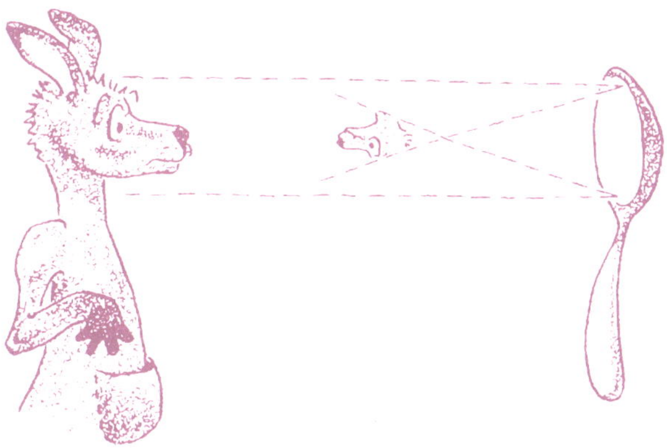

Que se passe-t-il ? Quand on regarde au fond de la cuillère, on aperçoit son reflet, mais la tête en bas. Incline la cuillère de manière à faire s'y refléter d'autres objets, qui seront eux aussi retournés.

Pourquoi ? Les rayons lumineux se propagent, et sont réfléchis en ligne droite. Mais lorsqu'une lumière est réfléchie par une surface courbe, les rayons s'en écartent à des vitesses différentes. L'illustration t'indique comment cela fonctionne dans le cas de la cuillère. L'image réfléchie t'apparaît retournée, en raison de l'angle adopté par les rayons lumineux après réflexion.

151

L'affaire du reflet disparu

Au cours de cette expérience, tu pourras observer ton reflet un moment, et le voir disparaître l'instant d'après.

MATÉRIEL
25 cm de papier d'aluminium
une paire de ciseaux

Que faire ? Se servir des ciseaux pour découper le papier aluminium. Ne pas le déchirer. En le découpant, éviter les plis.

Observer son reflet du côté brillant du papier. Il n'est sans doute pas parfait, mais on peut se voir sans problème.

Chiffonner ensuite le papier en douceur. Ne pas presser le papier trop fort, car il va ensuite falloir le déplier.

Aplatir le papier de la manière suivante.

Observer une nouvelle fois son reflet.

Que se passe-t-il ? Quelle que soit la manière dont tu places la feuille, tu ne peux y apercevoir ton reflet. Il a disparu.

Pourquoi ? Souviens-toi que les rayons lumineux repartent en ligne droite de la surface sur laquelle ils se réfléchissent. La feuille de papier, parfaitement plane à l'origine, n'est plus, après avoir été chiffonnée, qu'une masse d'arêtes et de creux. La lumière reflétée part dans toutes les directions.
Les rayons réfléchis s'en allant en tous sens, ton image ne peut se former comme elle le faisait quand elle se reflétait sur la surface plane qui renvoyait droit sur toi les rayons lumineux.

152 Une loupe d'une goutte

Oui, il est tout à fait possible de transformer une minuscule goutte d'eau en loupe. Tu ne pourras pas t'en servir pour lire, mais elle te permettra d'agrandir chaque lettre, une à une.

MATÉRIEL
un trombone
une pince
un verre d'eau
une feuille de papier journal

Que faire ? Déplier le trombone pour former une petite boucle, aussi ronde que possible, à l'une des extrémités. Il faudra se servir d'une pince pour y arriver. Les trombones se révèlent très résistants lorsqu'on n'en manipule qu'un petit morceau. La boucle devra posséder un diamètre de 3 mm, mais pas beaucoup plus.

Plonger la boucle dans le verre d'eau. On constate alors qu'une pellicule d'eau occupe la boucle. Taper doucement le trombone sur le bord du verre. Ceci aidera à former la petite lentille liquide.

Tenir la boucle au-dessus des caractères imprimés de la page de journal.

Que se passe-t-il ? Si tout se passe bien, la lettre que tu observes va t'apparaître beaucoup plus grande qu'elle ne l'est en réalité.

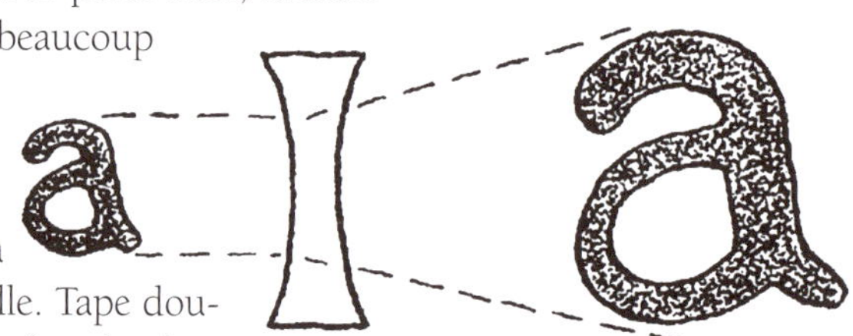

Si la lettre t'apparaît plus petite, c'est parce que l'eau aura formé un mauvais type de lentille. Tape doucement sur le bord du verre une fois de plus, et recommence à observer.

Si tu brises la pellicule d'eau dans la boucle, il te suffira de plonger à nouveau la boucle dans le verre.

Pourquoi ? Le dessin ci-dessus t'indique la manière dont la lumière pénètre dans la lentille que tu as formée, et la quitte après l'avoir traversée. Il faut toujours garder à l'esprit que les rayons lumineux peuvent être réfractés par une lentille, mais qu'ils y entrent et en sortent en suivant une ligne droite.

153

C'est toujours le robinet d'eau chaude qui fuit

MATÉRIEL
2 gobelets en papier
des aiguilles
2 petits verres
de l'eau
des glaçons

C'est gaspiller de l'eau que de la laisser s'échapper par une fuite. Mais il est plus grave encore de constater que c'est toujours le robinet d'eau chaude qui fuit.

Que faire ? Juste au centre du fond de chacun des gobelets, percer un petit trou. Placer les gobelets au-dessus des verres, comme indiqué sur l'illustration.

Remplir le premier gobelet d'eau froide, jusqu'à mi-hauteur. Ajouter quelques cubes de glace pour qu'elle soit vraiment froide.

Remplir l'autre gobelet d'eau chaude, jusqu'à mi-hauteur.

Observer les gouttelettes qui s'écoulent par les trous de chacun des gobelets.

Que se passe-t-il ? Si les trous sont de même taille, tu vas constater que l'eau chaude fuit plus vite que l'eau froide. En fait, si l'eau froide est à une température vraiment basse, il se peut qu'elle ne coule pas du tout.

Pourquoi ? Les molécules d'eau chaude se déplacent plus rapidement que les molécules d'eau froide. Plus elles bougent vite, plus elles se glissent facilement les unes contre les autres. C'est pourquoi l'eau chaude a plus tendance à fuir que l'eau froide.

154 Une fontaine sous-marine

MATÉRIEL
une grande casserole
de l'eau (froide et chaude)
une bouteille en verre
des billes ou écrous
de l'encre, des colorants alimentaires ou de l'aquarelle

Que se passe-t-il lorsqu'apparaît soudain de l'eau chaude sous une masse d'eau froide ?

Que faire ? Remplir presque complètement la casserole d'eau froide. Plus elle est froide, mieux ce sera. Si l'on préfère, au lieu de se servir d'une casserole, on peut remplir l'évier de la cuisine de 12,5 cm d'eau froide.

Remplir la petite bouteille d'eau chaude, jusqu'aux trois quarts. Une bouteille en verre est préférable, mais si on ne dispose que d'une bouteille en plastique, cela peut également convenir. Jeter quelques billes propres ou des écrous neufs dans la bouteille. Cela lui donnera le poids nécessaire pour l'empêcher de flotter lorsqu'elle se trouvera plongée dans l'eau froide.

Ajouter quelques gouttes d'encre, ou du colorant alimentaire, à l'eau chaude. Si on ne dispose ni de l'une ni de l'autre, se servir d'aquarelle.

Placer aussitôt la bouteille au fond de la casserole ou de l'évier.

Que se passe-t-il ? L'eau colorée s'élève vers la surface en sortant de la bouteille. Cela fait penser à un petit volcan sous-marin en pleine éruption. Lorsque l'eau colorée commence à refroidir, elle s'éclaircit et prend le chemin du fond de la casserole.

Pourquoi ? L'eau chaude sort de la bouteille

parce que ses molécules s'agitent rapidement. Elles se cognent et remuent dans toutes les directions, et se répandent dans l'eau froide. Lorsque l'air ou l'eau se dilate, ces matières deviennent moins denses, parce qu'elles occupent alors plus de place pour une même quantité de matière.
La dilatation fait que l'eau ou l'air chaud montent au-dessus de l'eau ou de l'air froid, plus denses. Ce genre de déplacement s'appelle la convection.

155 Comment découper un glaçon

S'il te faut un jour couper un cube de glace, voici une manière d'y arriver si surprenante qu'elle paraît impossible.

MATÉRIEL

45 cm de fil de fer ou de corde en nylon
2 manches de bois cylindriques, ou des boulons, de 15 à 20 cm de long
un glaçon
une planche de bois ou une boîte de conserve

Que faire ? Fixer les extrémités du fil de fer ou de la corde en nylon aux deux manches de bois. Des morceaux de bâton peuvent faire l'affaire. Des boulons suffisamment longs conviennent également.

S'assurer que le fil de fer est solidement attaché aux manches ou aux boulons. Ils vont servir de poignées pour tenir le fil de fer et empêcher ainsi de se couper les doigts au lieu de couper le glaçon. L'ensemble doit avoir cet aspect :

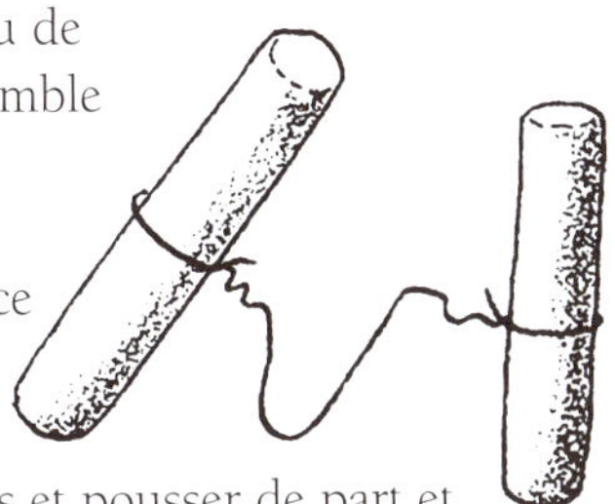

Placer le cube de glace sur un support solide, de manière à ce qu'on puisse se pencher dessus et pousser de part et d'autre. Plusieurs morceaux de planches empilées les unes sur les autres peuvent faire l'affaire, si elles sont disposées convenablement. On peut également se servir d'une boîte de conserve comme support.

Après avoir placé le glaçon sur le support, disposer le fil à découper de la manière suivante :

Tenir les deux poignées et appuyer de chaque côté avec force. Faire aller et venir le fil à la surface du glaçon, dans un mouvement de scie, tout en continuant d'appuyer.

Que se passe-t-il ? En quelques secondes, le fil de fer ou la corde a déjà commencé à se frayer un passage dans le glaçon. Si l'on continue de pousser de part et d'autre du socle, le fil poursuit sa progression dans la glace.

Le fil de fer se glisse au sein du glaçon même si l'on arrête de scier ! Et la chose étonnante, c'est que le glaçon paraît se reformer après le passage du fil.

Quand le fil de fer se trouve près d'avoir traversé le cube, relâcher un peu la pression. Cela empêchera le fil de couper le reste du cube d'un seul coup.

Quand le fil de fer a atteint le support et a donc traversé le cube de glace, on s'attend à disposer de deux glaçons, n'est-ce pas ? Eh bien, non. Il n'y a toujours qu'un glaçon, car les deux moitiés se sont recollées.

Pourquoi ? La pression du fil du fer, parce qu'elle fait naître de la chaleur force la glace à fondre juste au-dessous de lui. Mais, malgré tout, le glaçon est assez froid pour geler à nouveau lorsque l'eau s'est frayé un passage vers le haut, après le passage du fil au sein de la glace.

156 Une autre façon de découper un glaçon

Placer deux poids conséquents à chacune des extrémités du fil de fer. Se reculer et observer le travail du fil au sein du glaçon, travail qu'il effectue sans aucune aide extérieure.

157

Girouette à air chaud

Voici un petit jouet qui se sert de la chaleur de tes mains pour tourner.

MATÉRIEL
une feuille de papier fin
une paire de ciseaux
une épingle
un crayon muni d'une gomme

Que faire ? Prendre la feuille de papier la plus fine que l'on pourra trouver. Découper un carré qui aura exactement 7,5 cm sur 7,5 cm.

Plier le carré selon la diagonale, puis le déplier. La ligne continue sur l'illustration montre cette pliure. La ligne en pointillés montre la seconde pliure à effectuer.

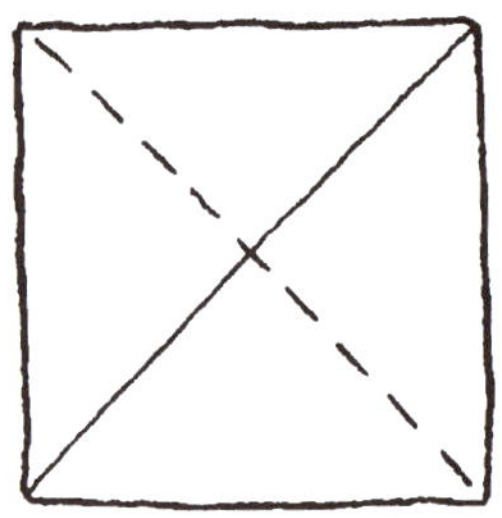

Lorsque les deux plis sont visibles, pousser doucement sur deux côtés opposés du papier. Cela va obliger le carré de papier à se soulever d'environ 1,25 cm. Recommencer avec les deux autres côtés. Les flèches sur l'illustration indiquent les endroits où appuyer.

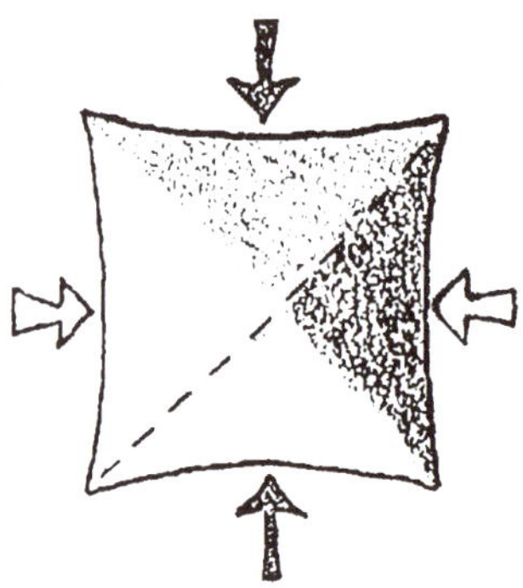

Planter ensuite l'épingle dans la gomme du crayon. Laisser dépasser l'épingle de 2,5 cm hors de la gomme. S'asseoir et faire tenir le crayon entre les genoux, comme indiqué sur l'illustration.

Placer le carré de papier sur le crayon, de manière à ce que le centre du carré se trouve juste sur la tête de l'épingle, là où les deux diagonales se croisent. Placer les mains en arrondi de part et d'autre du papier, à une distance d'environ 2,5 cm.

Rester assis sans bouger les genoux, ni déplacer les mains.

Que se passe-t-il ? En l'espace d'une minute, la girouette de papier va se mettre à bouger. Si tu constates qu'en tournant, le carré de papier risque de toucher l'une de tes mains, écarte-les suffisamment pour lui permettre de bouger. Mais garde les mains aussi proches que possible du papier.

Lorsqu'il se sera mis en mouvement, le carré va lentement tourner sur lui-même, encore et encore. Plus le papier sera léger et tes mains seront chaudes, plus son tournoiement sera rapide.

Pourquoi ? La chaleur de tes mains se communique à l'air qui les entoure. L'air chaud monte. Cet air en s'élevant fait tourner la girouette équilibrée de façon précise.

ÇA SOUFFLE !

Nous sommes entourés d'air. Nous le respirons. Nous voyons des choses flotter autour de nous : la poussière, les fumées, et les autres formes de pollution que nous subissons.

L'air est constamment en mouvement. Nous en sommes conscients lorsque le vent souffle. Nous apercevons également les nuages qui filent dans le ciel ou les panaches de fumée ou de vapeur emportés d'un côté ou de l'autre, selon la direction du vent.

Les ingénieurs automobiles dessinent les voitures de manière à ce que leur déplacement dans l'air soit le plus facile. Les avions ne volent dans le ciel que grâce à l'air qui leur procure le « soutien » nécessaire à rester en mouvement. C'est la forme de leurs ailes qui agit sur la vitesse du vent et qui produit du même coup cet effet de portance.

L'air exerce également une certaine pression. Celui qui a déjà essayé de transporter une grande planche alors que le vent souffle, sait à quel point cette pression peut être forte. Et c'est aussi cette force, ou pression, de l'air en déplacement qui permet aux voiliers de voguer sur les eaux.

L'air n'a pas à bouger pour exercer sa pression. À chaque minute, il s'appuie sur nous, par le haut, et également par les flancs. Nous recevons à tout moment environ 6,3 kilos de pression sur chacun des centimètres carrés de notre corps.

Ce que nous appelons parfois le vide n'est en réalité qu'une pression de l'air moins forte que la normale. Lorsqu'on aspire avec une paille, on fait ainsi baisser la pression au sein de cette paille. C'est alors que la pression normale de l'air à l'extérieur fait monter le liquide dans la paille.

L'air exerce sa pression de toutes parts. Ainsi, lorsqu'un objet comme un cerf-volant ou un avion se trouve dans le ciel, la pression de l'air s'exerce à partir du bas et sur les côtés, tout autant que par le haut.

La pression et la vitesse de l'air constituent les sujets des expériences qui vont suivre.

158

L'impossible papier voltigeur

MATÉRIEL

une bande de papier de 10 cm sur 1,25 cm
une grosse bouteille
5 cm de ruban adhésif
une paire de ciseaux

Auras-tu assez de souffle dans les poumons pour faire voleter un papier caché derrière une bouteille ?

Que faire ? Replier un des bords de la bandelette de papier sur 1,25 cm, de la manière suivante.

Placer le ruban adhésif sur le bord replié et fixer la bandelette à une table, comme sur l'illustration ci-dessous.

Placer la bouteille sur la table, entre le bord et le papier. Poser la bouteille à environ 7,5 cm de la bandelette.

Souffler sur la bouteille en se plaçant devant elle. Observer la bandelette de papier sans cesser de souffler. Souffler fort, puis doucement, très vite, puis lentement.

Que se passe-t-il ? Lorsque tu souffles avec assez de force, le papier commence à trembler, alors que tu diriges ton souffle sur la bouteille et non pas sur la bandelette.

Pourquoi ? L'air en déplacement suit une trajectoire courbe. Il ne se déplace pas en ligne droite, comme le font les rayons lumineux. Même si ton souffle est dévié lorsqu'il se heurte à la bouteille, une partie de cet air poursuit son chemin en la dépassant et vient faire trembler la bandelette de papier.

159

Le papier totalement impossible à faire bouger

Essaie de découvrir la distance à laquelle tu peux t'éloigner de la bouteille, pour continuer à souffler en faisant trembler le papier. Rapproche la bouteille du papier, puis éloigne-la, et observe les résultats. Rappelle-toi néanmoins de prendre un peu de repos entre deux séances, pour ne pas te retrouver pris de vertiges.

160 La balle de ping-pong obstinée

Tout le monde peut faire avancer une balle de ping-pong en soufflant dessus. Mais en es-tu bien sûr ?

MATÉRIEL
un grand entonnoir
une balle de ping-pong
une feuille de papier
et du ruban adhésif (si on ne dispose pas d'entonnoir)

Que faire ? Laver soigneusement l'entonnoir jusqu'à ce qu'il soit parfaitement propre. Un entonnoir de cuisine est le seul genre d'objet qui peut convenir pour cette expérience. Un entonnoir ayant servi à transvaser de l'huile ou du pétrole dans un garage ne peut en aucun cas être utilisé.

Si l'on ne dispose pas d'entonnoir, il ne faudra qu'une dizaine de secondes pour s'en fabriquer un. Rouler une feuille de papier pour former un cône, large d'un côté et d'une ouverture d'environ 6 mm

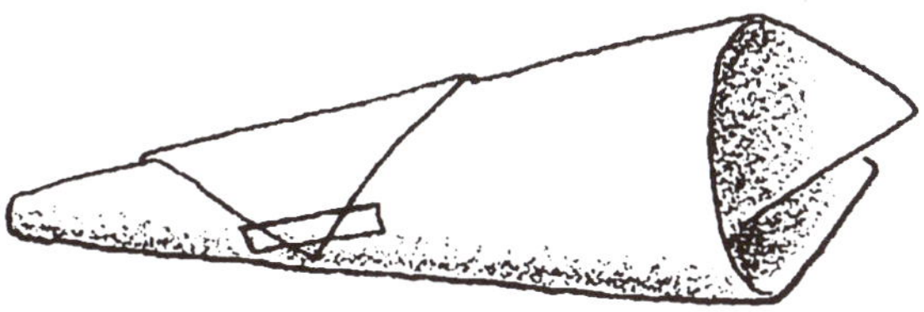

de l'autre côté. Fixer le coin de la feuille pour donner au cône l'aspect suivant.

Placer la balle de ping-pong au fond du cône ou de l'entonnoir. Tenir l'entonnoir juste au-dessus de la tête et souffler dans la petite ouverture. Le dessin ci-contre indique la façon de procéder.

Le but est de faire sortir la balle de l'entonnoir. Souffler avec force, et sans à-coups.

Que se passe-t-il ? À moins que tu n'aies choisi un entonnoir de très petite taille, tu ne réussiras pas à en faire sortir la balle par la seule puissance de ton souffle.

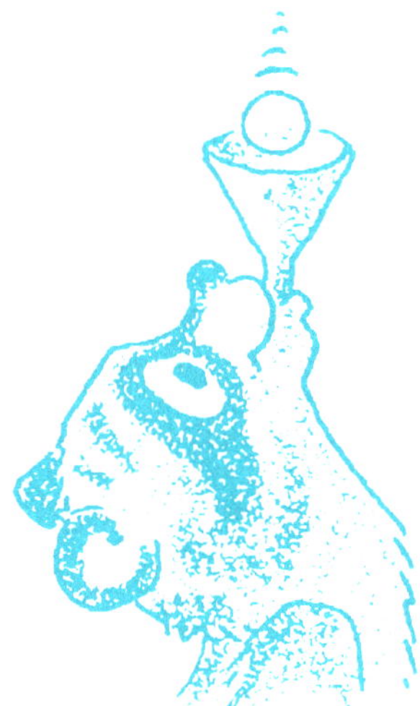

Pourquoi ? Le déplacement de l'air autour de la balle la fait tressauter et rebondir, mais elle ne monte pas assez pour sortir de l'entonnoir. C'est parce que les mouvements rapides de l'air glissent tout autour de la balle sans s'exercer dans une seule direction. La balle a tendance à faire des bonds (peut-être même arrivera-t-il qu'elle monte au-delà du bord de l'entonnoir, mais elle n'est jamais propulsée dans une seule direction.

MATÉRIEL

une feuille de papier
une paire de ciseaux
du ruban adhésif ou
de la colle
une paille alimentaire

L'étonnante boucle de papier

161

Voici une boucle de papier qui fait exactement le contraire de ce que l'on attend.

Que faire ? Découper une bande de papier d'environ 20 cm sur 4 cm. Assembler les deux extrémités avec de la colle ou du ruban adhésif, pour former une boucle en cercle, comme indiqué sur l'illustration.

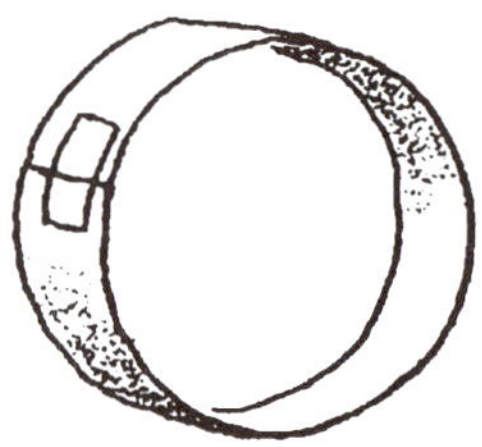

Prendre une paille. Si l'on ne dispose pas de paille, on peut se servir d'une autre feuille de papier que l'on roulera en un tube mince.

Pointer la paille sur la boucle de papier et souffler. L'air sortant de la paille exercera une poussée sur la boucle et celle-ci se mettra à rouler sur la table.

Placer à présent la boucle de papier juste en face de soi. Pointer la paille au-dessus de la boucle en formant un angle, comme indiqué sur l'illustration.

Souffler un bon coup dans la paille.

Que se passe-t-il ? Soit la boucle va rester où elle est, soit elle va s'éloigner de toi. Si elle ne s'éloigne pas pour se diriger vers l'endroit où agit le souffle sorti de la paille, modifie l'angle selon lequel tu tiens la paille. Recommence ensuite à souffler.

Lorsque tu auras trouvé la bonne position et la force avec laquelle il te faut souffler, tu étonneras tes amis en obligeant la boucle de papier à suivre le déplacement d'air et non plus à s'en éloigner.

Pourquoi ? Le déplacement d'air provoque une baisse de la pression au passage de cet air. La boucle de papier est attirée par cette pression plus basse, mise en mouvement par la pression normale qui s'exerce sur elle, par l'arrière et par les côtés.
Le fait que l'air en déplacement – ou un objet en déplacement dans l'air – provoque une zone de pression plus faible est l'un des éléments qui permettent aux avions de voler.

L'air filant le long d'une surface courbe a tendance à prendre de la vitesse. Plus il se déplace vite, plus la pression engendrée est basse. Cela t'explique pourquoi on se sert de cette basse pression créée au-dessus de la forme courbe des avions dans le but de leur fournir la portance dont ils ont besoin pour voler.

162 Papier contre pièce

Le déroulement de cette course entre une pièce de monnaie et un morceau de papier est surprenante.

MATÉRIEL
une pièce de monnaie de taille moyenne
du papier
une paire de ciseaux

Que faire ? Découper une pastille de papier légèrement plus petite que la pièce de monnaie. Il est nécessaire que la forme soit aussi circulaire que possible. S'assurer qu'aucune partie du papier ne dépasse de la pièce lorsque celle-ci est posée dessus.

Ces deux objets vont se lancer dans une course scientifique. Tenir la pièce dans une main et la pastille de papier dans l'autre, à environ 90 cm du sol. Lâcher les deux objets en même temps.

Que se passe-t-il ? La pièce de monnaie tombe droit vers le sol, tandis que le papier volette de-ci, de-là, et n'atteint le sol que bien plus tard. Leurs évolutions respectives ressemblent aux trajectoires de l'illustration.

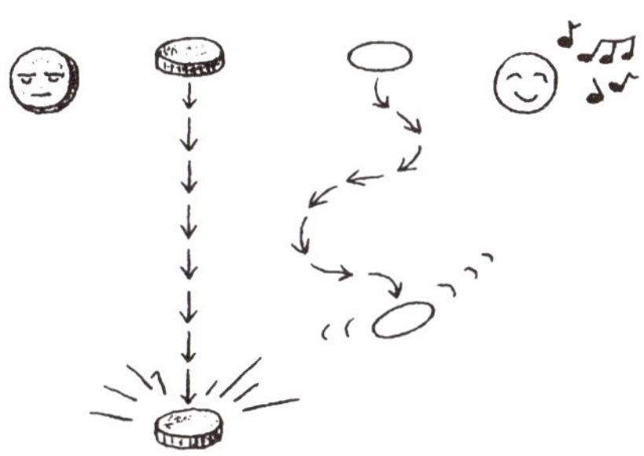

Pourquoi ? La pièce de monnaie est suffisamment lourde pour que sa chute ne soit pas freinée par quoi que ce soit lorsque la gravité l'attire vers le bas. Le papier est extrêmement léger, tout en ayant à peu près la même surface. Cette combinaison de surface étendue et de poids très léger fait voleter le papier car l'air le pousse de tous côtés au cours de sa chute.

163 Papier contre pièce - deuxième mouture

Quelle que soit la course, on ne refuse pas une seconde chance au perdant.

MATÉRIEL
même pièce de monnaie
pastille de papier

Que faire ? Tenir la pièce et le papier d'une seule main, en plaçant le papier sur la pièce, de la manière suivante :

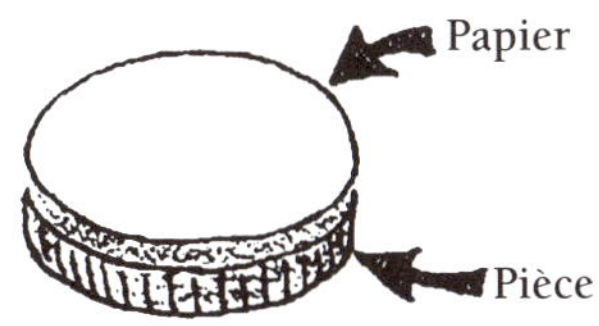

Tenir la pièce par le bord, de façon à ne pas toucher le papier.

Tout lâcher.

Que se passe-t-il ? La pièce de monnaie et le papier vont tomber ensemble jusque sur le sol. S'il y a un peu d'air entre eux, ils vont se séparer et le papier va terminer sa course en voletant au lieu de tomber avec la pièce. Si cela arrive, recommence l'expérience.

Pourquoi ? Le papier et la pièce voyagent ensemble à cause du déplacement d'air. Lorsqu'un objet se déplace rapidement dans l'air (comme la pièce qui tombe), il entraîne de l'air sur son passage. Le papier suit donc la pièce dans sa chute, parce qu'il reste prisonnier de la poche d'air qui voyage en compagnie de cette pièce.

164 La grande expérience du souffle sur la pièce

MATÉRIEL
un verre
de petites pièces de monnaie

Connais-tu quelqu'un qui pourrait souffler assez fort pour faire voler une pièce de monnaie par-dessus un verre ? Bien sûr que oui. Cette personne, c'est toi !

Que faire ? Mettre le verre sur une table. Poser une pièce de monnaie en équilibre sur le bord du verre, comme indiqué sur l'illustration.

Souffler avec force sur le bord de la pièce. La flèche ci-dessus indique la direction que doit prendre le souffle.

Placer la pièce en équilibre sur le bord du verre. Souffler pour essayer de faire voler la pièce au-dessus du verre et pour la faire atterrir sur la table de l'autre côté du verre.

Impossible ? Non. On peut y arriver.

Souffler fort. La pièce va sans doute tomber dans le verre lors des premières tentatives.

Il faut souffler juste sur le bord de la pièce. Observer une fois encore l'illustration et la flèche. Ne pas souffler au-dessus de la pièce, ni en dessous. Ne pas placer les lèvres trop près de la pièce. Se reculer légèrement et souffler droit sur le bord de la pièce, fort et rapidement.

Que se passe-t-il ? La première fois que tu essaies, la pièce tombe du bord du verre. Il arrive qu'elle tombe sur la table ou dans le verre. Mais c'est bien ce que tu attendais, n'est-ce pas ?

Lorsque tu auras correctement réglé tous les détails, la pièce va passer au-dessus du verre et cogner le bord opposé, mais le déplacement rapide de l'air fera qu'elle continuera sa course et retombera au dehors.

Pourquoi ? La pièce est assez légère pour que l'air sorti de tes poumons la mette en mouvement. Il n'existe que peu de friction à combattre, en raison de sa position d'équilibre délicat sur le bord du verre.

Le tout n'est qu'une question de direction à faire prendre à la pièce lorsqu'elle se sera mise en mouvement. La vitesse de l'air expulsé fera le reste.

165 Que se passe-t-il donc avec cette bouteille ?

MATÉRIEL

une grande bouteille en plastique, vide
un entonnoir
du ruban adhésif large
une grande cruche
de l'eau

Voici une bouteille remplie d'eau. Elle est ouverte, mais tu n'arrives pas à la vider.

Que faire ? Placer l'entonnoir dans le goulot de la bouteille. Attacher solidement et précautionneusement l'entonnoir à la bouteille, comme indiqué ci-dessous.

Se servir de ruban adhésif très fort. Prendre son temps pour appliquer des bandes d'adhésif de 10 ou 12 cm de long. S'assurer que l'entonnoir est solidement fixé à la bouteille, et que l'air ne pourra se glisser par les interstices. Tirer sur le ruban adhésif et le presser fortement pour l'appliquer.

Placer bouteille et entonnoir dans l'évier de la cuisine. Remplir le cruchon d'eau et s'en servir pour remplir ensuite la bouteille. S'assurer que l'eau coule dans l'entonnoir assez vite pour le remplir. Ceci est très important. L'eau doit occuper une bonne partie de l'entonnoir avant de passer dans la bouteille. Continuer de verser jusqu'à ce que le niveau de l'eau atteigne le bord de l'entonnoir.

Placer une main à plat sur l'entonnoir (qui est donc rempli d'eau) et retourner rapidement la bouteille, de la manière indiquée sur l'illustration.

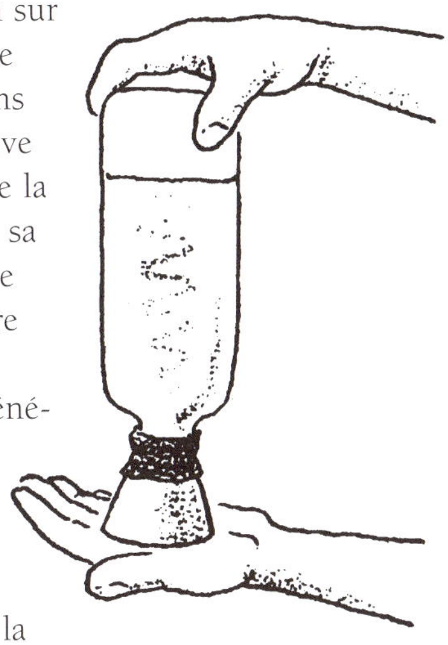

Maintenir la main sur l'entonnoir jusqu'à ce que l'air contenu dans la bouteille se retrouve au-dessus (le fond de la bouteille donc, dans sa position actuelle). Ne pas laisser la moindre bulle d'air se glisser entre les doigts et pénétrer dans l'entonnoir.

Que se passe-t-il ? L'eau reste dans la bouteille.

Pourquoi ? L'espace entre l'entonnoir et la bouteille est parfaitement étanche, le tunnel est rempli d'eau, et l'air coincé dans la bouteille ne peut donc pas s'en échapper.

Lorsque l'eau a rempli la bouteille, les molécules d'air qui s'y trouvaient ont été comprimées de manière telle que la pression de l'air à l'intérieur de la bouteille est devenue égale à la pression de l'eau qui s'exerçait contre elles.

Aussi longtemps qu'aucune bulle d'air extérieure ne réussit à se frayer un chemin dans la bouteille, la pression de l'air externe va maintenir l'eau dans la bouteille.

166 Mourir de soif en essayant de boire

MATÉRIEL
une bouteille de soda
de l'eau
une paille alimentaire
du ruban adhésif

Quoi de plus ennuyeux que de plonger une paille dans une bouteille et de réaliser qu'il est impossible d'aspirer la moindre goutte de liquide ?

Que faire ? Remplir presque complètement la bouteille avec de l'eau. Glisser la paille dans le goulot.

Prendre un morceau de ruban adhésif d'une dizaine de centimètres de long. L'enrouler soigneusement et fermement autour du goulot de la bouteille, de manière à ce qu'il forme un manchon étanche autour de la paille. Se servir d'une seconde, et même d'une troisième bande d'adhésif pour s'assurer que l'air ne pourra s'infiltrer à travers ce manchon.

Placer la bouche au bout de la paille et commencer à aspirer de la manière habituelle. Ne pas éloigner les lèvres de la paille lorsqu'on aura commencé à aspirer pour essayer de boire l'eau se trouvant dans la bouteille.

Que se passe-t-il ? Tu n'arrives à aspirer qu'une très petite quantité d'eau dans la paille, ou même rien du tout.

Pourquoi ? Au début de ce chapitre, nous avons déclaré que c'est la pression de l'air à l'extérieur qui nous permet de boire à l'aide d'une paille. Si l'air ne parvient pas à exercer sa pression sur le liquide se trouvant dans un verre ou une bouteille, il devient impossible de boire avec une paille.

En aspirant dans la paille, tu fais baisser la pression de l'air qui s'y trouve. La pression extérieure exerce une force qui envoie le liquide dans la paille. Mais, pour cette expérience, tu as soigneusement bouché les ouvertures, et l'air extérieur ne peut plus obliger l'eau à sortir de la bouteille. Tu n'as donc aucune chance de boire à l'aide de cette paille.

La boulette de papier qui ne voulait pas entrer dans la bouteille

167

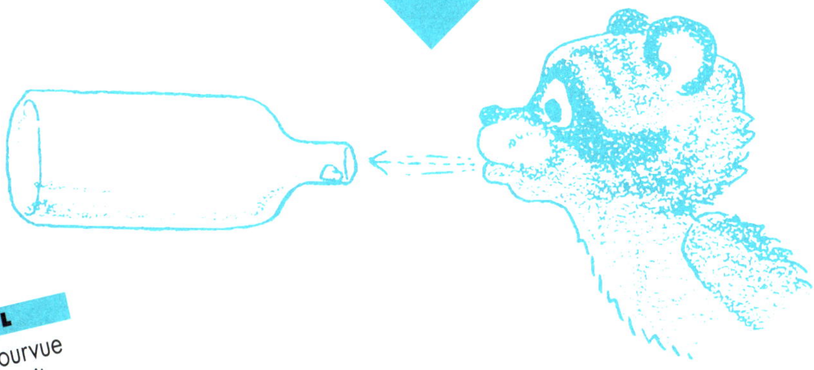

MATÉRIEL
une bouteille pourvue d'un goulot étroit
un morceau de papier

Il ne faut pas beaucoup de force pour mettre une boulette de papier dans une bouteille. Alors, pourquoi celle-ci refuse-t-elle de faire ce que tu lui demandes ?

Que faire ? Coucher la bouteille sur une table. Former une boulette de papier, de la taille d'un petit pois. Placer la boulette dans le goulot de la bouteille, comme indiqué sur l'illustration.

Souffler avec force dans la direction indiquée par la flèche.

Que se passe-t-il ? Au lieu de filer dans la bouteille, la boulette a tendance à sortir du goulot et à revenir vers toi.

Pourquoi ? L'air, en se déplaçant rapidement, passe au-dessus de la boulette de papier et vient cogner le fond de la bouteille. Cela fait augmenter la pression de l'air à l'intérieur de la bouteille. Quand cet air légèrement comprimé ressort, il emporte la boulette de papier sur son passage.

168 Comment vider un verre en soufflant dessus

MATÉRIEL
de l'eau
2 verres de même taille
un grand plat
une paille alimentaire

Il est facile de vider un verre en faisant couler l'eau qu'il contient. Mais il est plus amusant de souffler dessus pour parvenir au même résultat.

Que faire ? Remplir l'évier de la cuisine avec assez d'eau pour pouvoir y plonger complètement les deux verres, comme indiqué sur l'illustration.

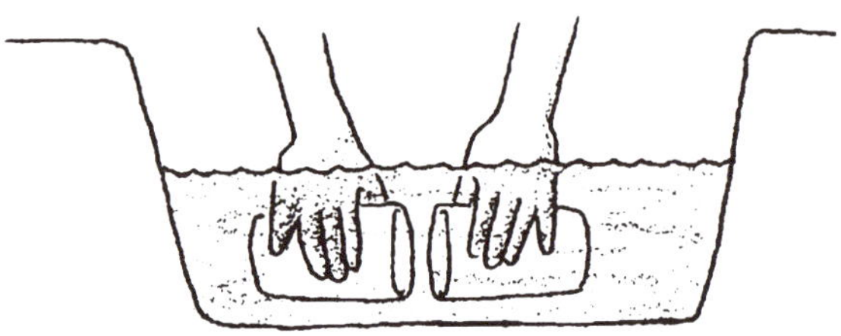

S'assurer que les deux verres sont pleins d'eau. Les tenir fermement et les sortir de l'eau ensemble, serrés l'un contre l'autre, bord à bord. Les faire tourner de manière à ce que l'un d'eux se trouve au-dessus de l'autre. Placer les deux verres sur le plat.

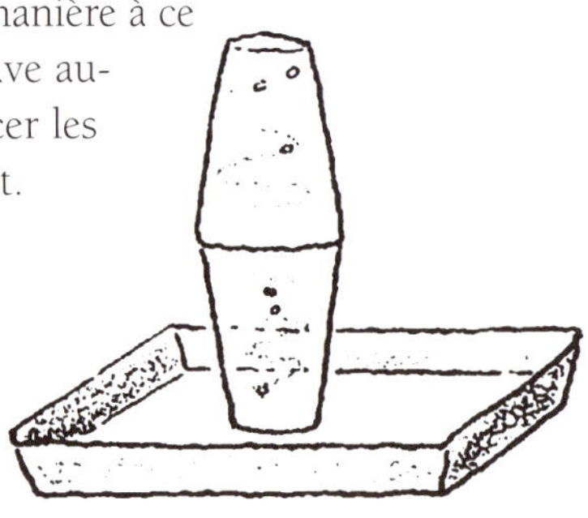

Avec précaution, faire légèrement glisser le verre du haut, pour que les bords ne coïncident plus tout à fait. Agir lentement, pour que l'eau ne s'écoule pas. Voici l'aspect que devront présenter les deux verres.

Diriger la paille sur le point indiqué par la flèche, à l'endroit où se trouve le petit espace entre les verres. Souffler alors doucement dans la paille. Ensuite, souffler avec un peu plus de force.

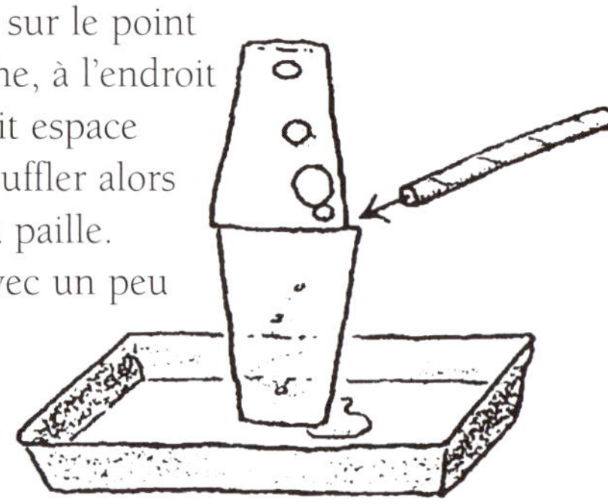

Que se passe-t-il ? Des bulles d'air montent dans le verre du haut, et l'eau commence à couler le long du verre du bas jusque dans le plat. En peu de temps, le verre du haut va se trouver vide.

Pourquoi ? La pression de l'air à l'extérieur des verres se combine à la tension de surface pour empêcher l'eau contenue dans le verre du haut de s'écouler, même lorsqu'on écarte légèrement les deux verres.

Lorsqu'on souffle, la pression de l'air au bout de la paille est plus forte que la tension de surface et force l'air à se glisser entre les deux verres. Une fois entré, l'air monte dans le verre du haut, parce qu'il est plus léger que l'eau.

169 Une grande expérience ou une blague mouillée ?

MATÉRIEL
une bouteille en plastique
une pince
un petit clou
de l'eau

Réalise cette expérience d'abord comme une prouesse scientifique. Ensuite, tu pourras éventuellement la recommencer comme une blague.

Que faire ? Commencer par percer douze petits trous au fond de la bouteille. Un petit clou suffira pour y arriver. À cet effet, serrer ce clou entre les dents de la pince et tenir cette pince pour enfoncer la pointe du clou dans le fond de la bouteille.

Les trous effectués, placer la bouteille au fond de l'évier de la cuisine. Remplir l'évier d'environ 5 cm d'eau pour qu'elle arrive au-dessus des trous que l'on a percés. Tenir la bouteille pour l'empêcher de flotter ou de se renverser.

Remplir ensuite la bouteille d'eau, jusqu'au goulot. L'eau, dans l'évier, empêchera l'eau de la bouteille de s'en aller par les trous. Soulever la bouteille au-dessus de l'eau quelques instants, pour vérifier que l'eau s'écoule parfaitement par les trous.

Remplir la bouteille complètement. Visser le bouchon, et sortir à nouveau la bouteille de l'eau, lentement.

Que se passe-t-il ? Quelques gouttes se forment à l'endroit des trous, mais la bouteille ne se vide pas. En maintenant la bouteille au-dessus de l'évier, ôte le bouchon et l'eau s'écoulera alors complètement par les trous du fond.

Ton expérience ressemblera à ceci.

Pourquoi ? Aussi longtemps que l'air ne pénètre pas dans le goulot de la bouteille, la pression de l'air à l'extérieur empêche l'eau de s'écouler par les trous du fond. Lorsqu'on ouvre la bouteille, la pression de l'air peut s'exercer en passant par le goulot, et l'eau commence donc à couler.

Tu vas pouvoir te servir de cette expérience comme d'un tour à jouer à tes amis, mais il faudra prendre garde à le réaliser à l'extérieur. Prétends que tu n'arrives pas à ouvrir le bouchon d'une bouteille. Demande l'aide d'un de tes amis. Évidemment, il va réussir à ouvrir cette bouteille sans problème et peut-être se moquera-t-il de ton manque de force. Mais lorsque le bouchon aura été enlevé, celui qui aura la bouteille en main se trouvera bien mouillé.

DEVENIR UN DÉFENSEUR DE LA TERRE

Le chapitre qui suit va te donner une mine d'informations, car il contient des dizaines d'activités utiles et amusantes qui t'apprendront pourquoi et comment devenir un véritable défenseur de l'environnement – une personne consciente des richesses de notre planète, qui fait tout ce qui est en son pouvoir pour sauvegarder et protéger la nature, les forêts et les rivières.

Au travers de ces expériences, tu apprendras comment les végétaux produisent de l'oxygène et de l'humidité : c'est pourquoi, sans elles, la vie sur Terre ne serait pas possible. Tu apprendras que le magnétisme et l'électricité sont des forces naturelles liées l'une à l'autre. Tu verras la manière dont se produisent les tremblements de terre et tu pourras même fabriquer ton propre sismographe, instrument qui permet de les mesurer.

Tu réaliseras un modèle de glacier, capable de fondre, de se déplacer et d'abandonner dans son sillage le sable et les roches qu'il transportait.

Tu apprendras à connaître la terre, le sable, le soleil et les fossiles, et tu fabriqueras de véritables instruments pratiques (filtre à eau et radiateur solaire, ainsi qu'une espèce de volcan chimique, qui dégagera de la fumée et de la vapeur en sifflant).

En outre, grâce aux nombreuses expériences proposées, tu connaîtras l'ozone, l'énergie fossile, les pluies acides, le réchauffement climatique. Tu pourras même recycler de vieux journaux pour fabriquer ton propre papier.

La Terre

La planète Terre – une énorme boule pourvue d'une écorce, d'un manteau interne et d'un noyau – voyage à travers l'espace, tout comme le Soleil, les étoiles et les autres planètes. En plus de ces déplacements dans l'espace, la Terre est dotée d'une surface qui est en perpétuelle évolution. Les plus hautes montagnes et les vallées profondes, aussi bien sur les terres émergées qu'au fond des océans, ne sont que les produits des mouvements de la Terre. Rien ne demeure jamais pareil. Songe donc à la Terre comme à une pomme à la lumière du Soleil. Le Soleil chauffe et fait sécher la pomme, celle-ci perd de son eau, elle se ratatine et se dessèche.

La Terre, comme l'intérieur de cette pomme, se ratatine ou se contracte. À mesure que l'intérieur chaud de la Terre refroidit et rétrécit, l'enveloppe extérieure se voit forcée de bouger à son tour. La peau de la pomme se couvre de pics et de vallées en se froissant et, de la même manière, l'écorce de la Terre forme des montagnes, des vallées, ou se déchire en formant des fentes qu'on appelle des failles.

Dans ce chapitre, nous allons examiner certaines des forces qui agitent notre Terre, ainsi que d'autres manifestations terrestres.

170 Tremblements de terre : tu n'en es pas responsable !

MATÉRIEL
3 livres de même taille, à couverture cartonnée

Les pressions au sein de la Terre donnent naissance à des forces considérables qui craquellent et fissurent la croûte terrestre. Ces fissures sont appelées des failles, et les déplacements le long de ces failles créent des tremblements de terre. Mais comment cela se passe-t-il ?

Que faire ? Prendre les trois livres contre soi en les tenant fermement l'un contre l'autre, leurs dos (avec les titres) dirigés vers le haut. En glissant une main sous les livres, pousser celui du milieu pour le faire glisser entre les deux autres. Répéter l'opération plusieurs fois, jusqu'à ce que le déplacement du livre central se fasse en douceur.

Ensuite, en écartant les livres de soi, les serrer fermement pour les maintenir ensemble. En les tenant par les côtés, avec les titres en haut et les pages vers le bas, les empêcher de tomber. Il faut déployer une force certaine pour retenir ces livres.

Ensuite, relâcher lentement la pression de manière à ce que le livre central glisse.

Finalement, reprendre les livres en les maintenant serrés, dos en haut, et les poser sur une table. En posant les mains sur les livres extérieurs, commencer un mouvement de va-et-vient.

Que se passe-t-il ? Les mouvements des livres sont pareils aux déplacements de l'écorce terrestre à proximité des failles.

Pourquoi ? Dans les deux premières parties de l'expérience, lorsque tu tenais les livres contre toi, en les serrant fortement, puis lorsque tu les as éloignés de toi, tu as illustré les mouvements de glissement au sein des failles, les déplacements qui s'effectuent de bas en haut. Le livre du centre que tu as forcé à monter (faille inverse ou de poussée) et celui qui est tombé (faille normale) sont de bons exemples des différentes failles existantes. Les livres posés sur la table et qui ont été déplacés pour glisser les uns contre les autres illustraient l'action d'un autre type de faille (faille en glissement). Dans ce type particulier, les mouvements se font en parallèle ou de côté.

Fabrique ton sismographe

171

MATÉRIEL

une paire de ciseaux
une boîte à chaussures avec son couvercle
un poids conséquent
de la bande adhésive
un crayon et sa gomme
des contrepoids (des clous)
de la pâte à modeler
2 trombones
du fil
2 feuilles de papier

C'est vrai ! Avec un simple crayon pointu et sa gomme, tu vas pouvoir fabriquer un sismographe, instrument dont se servent les sismologues (les scientifiques qui étudient les séismes) pour déterminer la force ou l'intensité des tremblements de terre. (Il se pourrait que tu aies besoin de l'aide d'un adulte.)

Que faire ? Découper délicatement une entaille dans le couvercle de la boîte à chaussures, près d'un des bords, vers le centre. Placer la boîte dressée sur un des côtés et installer un objet lourd et massif à l'intérieur pour la maintenir en équilibre. Fixer le couvercle à la boîte pour former un « L » inversé, en la collant avec la bande adhésive. (Il importe peu que ce soit le fond de la boîte ou son ouverture qui se trouve dirigée vers la fente dans le couvercle.)

Ensuite fixer solidement les contrepoids à la pointe du crayon, mais sans la couvrir. Pour les empêcher de glisser, on peut placer sous eux un petit morceau de pâte à modeler. Les contrepoids devront être assez lourds pour que le crayon enregistreur du sismographe reste parfaitement en contact avec le papier et puisse y dessiner un tracé assez net.

Ensuite, déplier une extrémité d'un des trombones et l'enfoncer précautionneusement dans la gomme du crayon. Attacher le fil à l'autre extrémité pliée du trombone. Attacher le second trombone à l'extrémité libre du fil. Enrouler ce fil autour du trombone, comme on ferait de la ficelle d'un cerf-volant autour d'un bâton.

Glisser le trombone dans la fente du couvercle de la boîte et ajuster la hauteur du fil pour que la pointe du crayon touche la table, mais de sorte que le crayon puisse encore bouger. Glisser le reste du fil sous le trombone pour stabiliser le crayon.

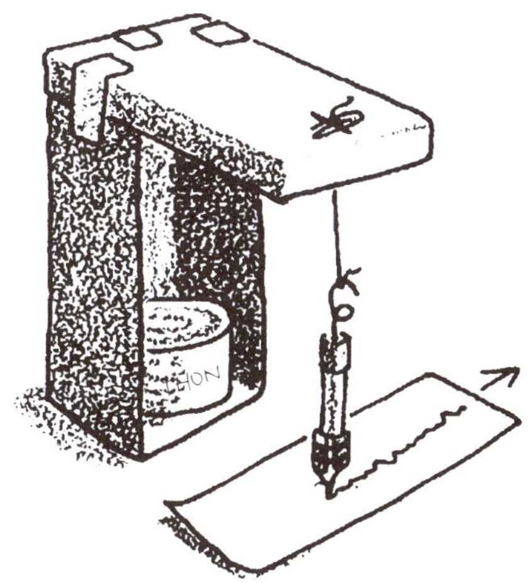

Découper les feuilles de papier en trois bandes. Elles serviront de papier d'imprimante et enregistreront les « tremblements de terre ».

Placer une bande de papier sous la pointe du crayon et la tirer lentement. Observer à quel point la ligne tracée est droite lorsqu'on tire sur la bande de papier.

Demander à quelqu'un de heurter la table et de la remuer pendant qu'on fait passer une autre bande sous la pointe du crayon. Le sismographe enregistre les mouvements en dessinant une ligne brisée. Comparer les différents tracés obtenus.
Parviens-tu à reconnaître, grâce aux lignes obtenues, les différentes sortes de failles exposées dans l'expérience précédente ?

172 Déplacer des montagnes

MATÉRIEL
de la pâte à modeler
un journal

T'es-tu jamais demandé comment se sont formées les montagnes ? L'une des causes est liée aux énormes pressions venues du fond de la Terre et qui provoquent plissements et ondulations apparaissant en surface. Ces forces donnent naissances aux plis montagneux. On peut produire une version réduite de ces forces d'une manière simple. Tout ce qu'il te faut, c'est un morceau de pâte à modeler –, et pas mal d'imagination.

Que faire ? Étaler quelques feuilles de papier journal sur une table. Placer le morceau de pâte à modeler sur ces feuilles et commencer à le rouler pour former un cylindre de pâte, en la faisant rouler sous les doigts. Lorsque le cylindre fait une vingtaine de centimètres de long, le pousser avec les doigts aux deux bouts, pour essayer de former des monts et des vallées. Ceci fait, rouler à nouveau la pâte en cylindre et y appliquer différentes forces. Essayer de la plier de différentes manières.

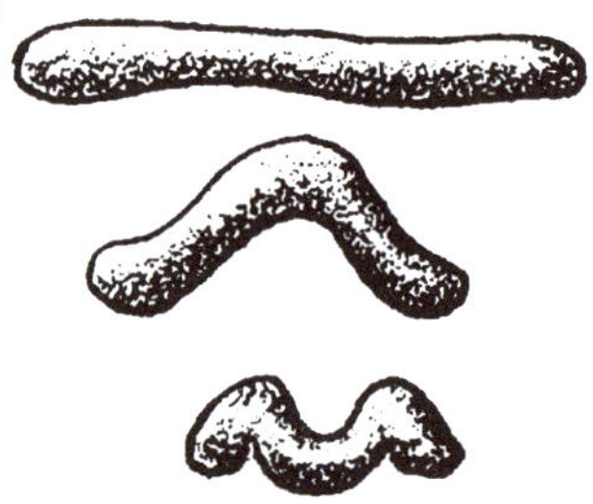

Que se passe-t-il ? Le cylindre de pâte, sous l'effet de ces forces extérieures, te montre la façon dont se sont formées montagnes et vallées.

Pourquoi ? De grands morceaux de la croûte terrestre, appelées plaques, flottent sur la couche se trouvant sous la surface, que l'on appelle le manteau. Cela ressemble à des blocs de glace flottant sur les eaux.

Lorsque ces plaques se rencontrent, ou bien se heurtent l'une à l'autre, des pressions énormes en résultent (tectonique des plaques). Ces forces extraordinairement puissantes peuvent plier, soulever et briser la surface de la terre et former ainsi des chaînes de montagnes.

Lorsque le cylindre de pâte a été poussé aux deux extrémités, et obligé de se soulever, il a formé des monts et des vallées, en imitant la formation des montagnes. La forme de ces monts, plus élevés au centre, est appelée formation anticlinale. Si le cylindre de pâte avait dessiné des vagues en S, avec un creux au milieu, ce mouvement aurait reçu le nom de formation synclinale. Les Appalaches, au nord des États-Unis, sont un exemple de montagnes formées par plissement.

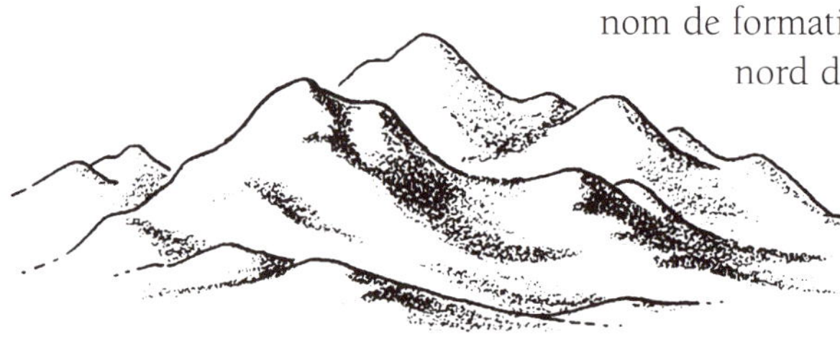

173 Le tsunami va te submerger

MATÉRIEL
un grand plat à four
de l'eau
2 blocs de bois

Le tsunami est un terme japonais pour définir les grandes vagues de l'océan. Il s'agit en fait d'un véritable raz-de-marée, qui emporte et submerge tout sur son passage.

Dans cette expérience, tu vas créer les conditions nécessaires pour donner naissance à un tsunami. Tu comprendras ainsi bien mieux la manière dont les vagues se forment, et les bouleversements provoqués par un véritable raz-de-marée. C'est une expérience intéressante à réaliser lorsque le temps est beau, parce qu'il est probable que tu vas la terminer trempé ! Pense donc à porter de vieux vêtements, ou bien sois très prudent.

Que faire ? Remplir le plat avec de l'eau, puis déposer les deux blocs de bois au fond, de manière à ce qu'ils soient complètement plongés dans le liquide. Le but de cette expérience consiste à comprimer ou à coincer rapidement l'eau se trouvant entre les deux blocs.

Pour ce faire, tenir fermement les deux blocs et les frapper très vite l'un contre l'autre. Recommencer, encore et encore. Continuer de comprimer l'eau jusqu'à ce que les deux blocs n'y arrivent plus.

Que se passe-t-il ? Les mouvements des deux blocs se rapprochant rapidement l'un de l'autre sous l'eau envoient des jets de liquide à la surface, où ils forment des vagues qui viennent s'écraser sur les bords du plat.

Pourquoi ? L'action des blocs et de l'eau au cours de cette expérience est semblable aux conditions régnant au fond des océans, qui produisent les raz-de-marée et les tsunami. Les grands tremblements de terre et les déchaînements volcaniques sous-marins obligent de vastes quantités d'eau des océans à se comprimer, avant d'être envoyées vers la surface. Là, d'énormes murs de vagues se forment et foncent vers les cités côtières. Ces grandes vagues peuvent atteindre des hauteurs de 15 et même 30 mètres. Elles se forment très rapidement, sans aucun signe avant-coureur, et sont donc extrêmement dangereuses. Elles ont causé la mort de nombreuses personnes.

174 Clic-clac ! On sourit

MATÉRIEL

une boîte à chaussures munie de son couvercle
de la peinture à détrempe noire (disponible dans un magasin de bricolage ou une quincaillerie)
un pinceau
une paire de ciseaux
un morceau de papier calque ou de papier sulfurisé de 7 cm sur 12 cm
du ruban adhésif

L'énergie lumineuse en provenance du Soleil est si importante que, sans elle, la vie n'existerait pas sur la Terre ! Mais nous pouvons pourtant nous servir de cette énergie en fabriquant un appareil-photo simple mais amusant. Il fait appel aux rayons lumineux de l'étoile la plus proche de nous – notre Soleil.

Que faire ? Préparer l'appareil en peignant en noir l'intérieur de la boîte à chaussures et de son couvercle.

Découper une ouverture de 5 cm sur 10 cm au centre d'un des petits côtés de la boîte et fixer dans l'ouverture le morceau de papier calque ou sulfurisé. Ce côté constituera l'écran de l'appareil.

Du côté opposé à l'écran, toujours au centre, découper précautionneusement un petit trou à l'aide de la pointe des ciseaux.

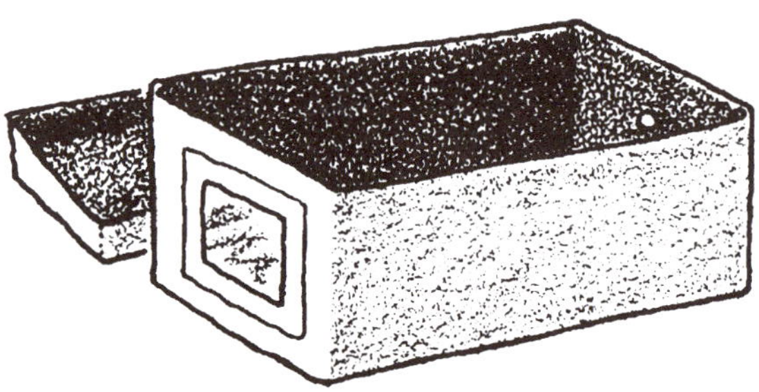

L'appareil est ainsi prêt à fonctionner. L'emmener à l'extérieur, se placer dans un endroit ensoleillé, et poster un sujet – un ami, un jouet, ou tout autre objet ou animal – en face de l'appareil. Pointer le côté percé d'un trou vers le sujet, et placer l'écran juste devant soi pour observer.

L'expérience suivante permettra d'obtenir des images parfaites.

Que se passe-t-il ? Lorsque tu pointes le petit trou de ton appareil sur un sujet, apparaît sur l'écran une image floue, mais néanmoins identifiable.

Pourquoi ?

L'image ou le reflet qui apparaît sur l'écran est inversé parce que les rayons lumineux se déplacent en ligne droite. Les rayons partant du haut du sujet se reflètent en bas de l'écran, après être passés dans le trou, tandis que les rayons partant du bas du sujet apparaissent en haut de l'écran.

175 Des photos parfaites. Attention ! Le petit oiseau va sortir

Pour obtenir une image parfaite grâce à ton appareil à sténopé (c'est ainsi que l'on appelle le petit trou que tu as percé), place un drap au-dessus de ta tête. Enveloppe-le autour de toi et de l'écran, pour faire complètement le noir à l'intérieur. Aucune lumière ne peut à présent pénétrer. (Cela te rappelle sans doute les photographes des temps anciens, munis de leurs gros appareils sur pied, qui se couvraient la tête de grands draps.)

Trouve ensuite quelque chose ou quelqu'un (ton sujet) dans la lumière arrivant sur l'écran juste devant ton visage. Un pan de maison ou un personnage dans la lumière du Soleil donneront une image parfaite. Déplace l'appareil en l'éloignant de ton visage, et en le soulevant ou en l'abaissant, jusqu'à ce que le sujet t'apparaisse. Prends ton temps – il faudra sans doute plusieurs tentatives pour que tes yeux s'habituent à l'obscurité, que tu reçoives assez de lumière sur l'écran et trouve le sujet, mais il est sûr que tu vas y arriver.

176

Un cône à vapeur

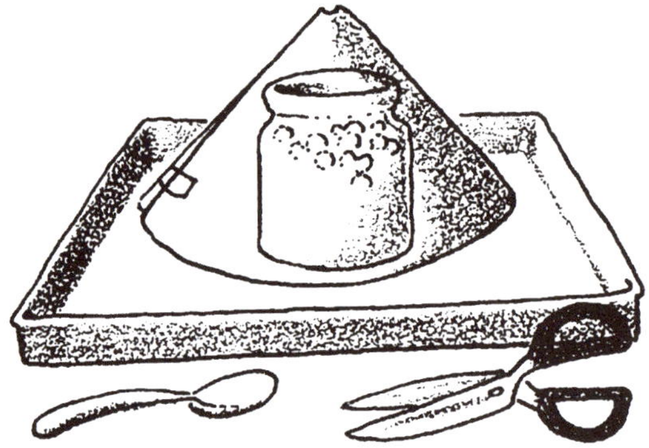

MATÉRIEL

une bande de carton léger de 8 cm sur 20 cm
un récipient petit, vide et propre (comme un bocal à épices ou un flacon de vitamines)
une paire de ciseaux
un trombone ou du ruban adhésif
un plat
½ cuillérée à soupe de levure à fermentation rapide
½ tasse d'eau oxygénée
une cuillère métallique

Pour cette belle expérience s'appuyant sur les sciences de la Terre et sur la chimie, tu vas édifier un genre de volcan. Il est sûr que tout le monde sera soufflé ! L'expérience est simple, facile à exécuter, et ne nécessite pas trop de matériel. Alors, qu'est-ce que tu attends ? Lance-toi dans l'aventure ! (Attention ! Après l'expérience, jette tous les produits chimiques qui te restent et nettoye avec soin tous les récipients.)

Que faire ? À l'aide de la bande de carton, former un cône sous lequel pourra tenir le petit récipient choisi, et fixer les bandes avec le ruban adhésif ou un trombone. Découper les bords du cône de manière à ce qu'il puisse tenir droit dans le plat. Placer le petit récipient sur le plat.

Ce récipient devra être assez grand pour contenir l'eau oxygénée et pour tenir sous le cône de carton, ou n'en dépasser que légèrement par l'ouverture du haut. Une fois le cône de carton au-dessus du récipient, verser l'eau oxygénée dans le récipient, et ajouter la levure à fermentation rapide. Mélanger soigneusement le tout. (Il sera sans doute plus facile de placer le cône sur le récipient lorsqu'on aura mélangé, mais il faudra alors agir très vite !) Pour obtenir de meilleurs résultats, continuer de mélanger jusqu'à la fin de l'expérience.

Que se passe-t-il ? Le mélange l'eau oxygénée et de levure entraîne la formation de fumée, de vapeur, et d'un sifflement sonore, qui proviennent des profondeurs du « volcan » de carton.

Pourquoi ? Les ingrédients mélangés dans le récipient sous le cône ont produit une réaction chimique, appelée exothermique, parce qu'en plus de la fumée, de la vapeur et du bruit, elle donne naissance à de la chaleur. Si l'on touche le goulot et les flancs du récipient, ou bien la cuillère avec laquelle on a mélangé, on percevoit cette chaleur.

Dans les vrais volcans, la roche fondue, appelée magma, jaillit des profondeurs de la terre au travers de fissures. Cette roche en mouvement, connue sous le nom de lave, s'écoule parfois à partir d'ouvertures le long des flancs du volcan, ou bien, est projetée violemment dans les airs, avec fumée, vapeur, cendres et rocailles. Même si ton modèle de volcan est de taille réduite et de fonctionnement simple, il ne t'en donne pas moins une bonne idée

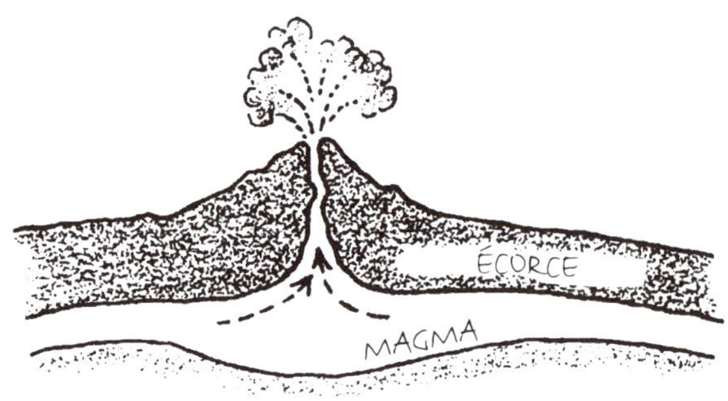

de la manière dont les vrais volcans entrent en éruption.

177 Un fil de fer bien chaud

MATÉRIEL
un cintre en fil de fer
une bougie

Les roches qui se trouvent dans les profondeurs de la terre peuvent se voir modifiées par les pressions et les plis souterrains. La pression produit de la chaleur. Réalise cette expérience et tu comprendras ce que cela signifie. Mais tu auras besoin de l'aide d'un adulte.

Que faire ? Demander à un adulte de débarrasser le cintre de la gaine qui recouvre le fil de fer, en la tirant ou en la découpant.
Prendre le cintre dénudé. Le plier et le déplier rapidement, au même endroit, 30 ou 50 fois. Sans attendre, poser la partie du pli sur la bougie. Ne pas toucher le fil de fer.

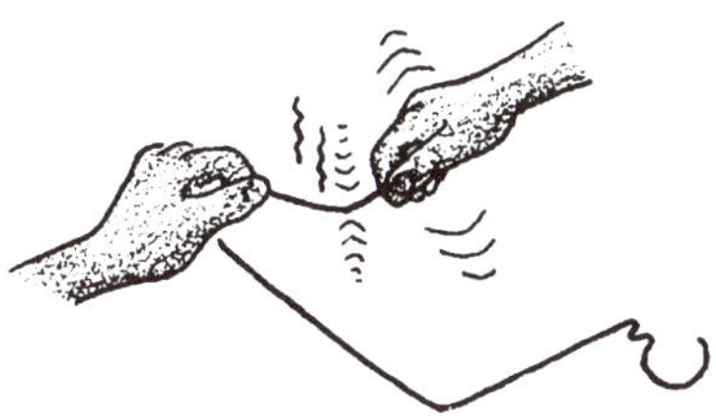

Que se passe-t-il ? Le fil de fer s'est échauffé. Cette chaleur placée au contact de la bougie donne naissance à des ravines qui apparaissent sur la bougie.

Pourquoi ? Au plus profond de la terre, certaines roches, appelées roches métamorphiques, sont produites par les mouvements incessants de la matière qui donnent naissance à de la chaleur et entraînent une modification de la composition de ces roches. Le marbre et le quartz sont des exemples de roches métamorphiques.

Dans cette expérience, le pliage et dépliage rapide du fil de fer a produit de la chaleur qui, à son tour, a agi sur la bougie, en la faisant partiellement fondre, à la manière dont pression et chaleur souterraines font fondre les roches et les transforment.

Expérience destructrice 178

MATÉRIEL
un morceau de craie
½ tasse de vinaigre blanc
un petit récipient

Les grottes calcaires ont été creusées par les pluies légèrement acides qui, au cours de milliers d'années, ont peu à peu dissout la roche.

Que faire ? Placer le morceau de craie dans le récipient, ajouter le vinaigre et attendre 5 minutes.

Que se passe-t-il ? La craie est dissoute dans le vinaigre.

Pourquoi ? La craie dont on se sert à l'école est faite de chaux, ou carbonate de calcium. Elle est constituée de fragments de coquillages marins et de calcite minéral, et est semblable à ce qu'on peut trouver dans les grottes calcaires. Ces grottes se sont formées quand la roche a été dissoute par les acides contenus dans l'eau de pluie, tout comme la craie a été dissoute par le vinaigre, qui est de l'acide acétique.

179 Le choc des coquilles

MATÉRIEL

de petits coquillages
2 petits récipients
½ tasse de vinaigre blanc
½ tasse d'eau
du papier journal
une cuillère métallique

Remplace la craie par quelques coquillages, autre forme prise par le carbonate de calcium et la chaux, et vois à quelle vitesse ils se trouvent complètement dissouts.

Que faire ? Placer quelques coquillages dans le premier récipient, avec le vinaigre. Placer les autres coquillages dans le second récipient, avec de l'eau (pour observer la différence). Laisser les coquillages en place pendant 4 jours.

Sortir les coquillages, les placer sur le papier journal étalé sur une table, et essayer de les briser à l'aide de la cuillère.

Que se passe-t-il ? Les coquillages ayant passé 4 jours dans l'eau restent aussi durs qu'auparavant, alors que les coquillages ayant trempé dans le vinaigre se brisent et s'émiettent beaucoup plus facilement. Ils sont également couverts d'une substance blanchâtre (le carbonate de calcium).

Pourquoi ? Les coquillages restés dans l'eau constituent l'échantillon de contrôle que l'on compare aux coquillages plongés dans le vinaigre. Une fois encore, on trouve de l'acide dans les eaux de pluie, comme il y a de l'acide dans le vinaigre. L'acide dissout le carbonate de calcium, qu'il s'agisse de concrétions de craie ou de coquillages. Dans certaines régions, les pluies sont aussi acides que du vinaigre.

180 Boules de neige !

Cette simple activité peut t'aider à comprendre comment se forment les glaciers.

Ils se constituent lorsque la neige est comprimée ou forme des amas serrés.

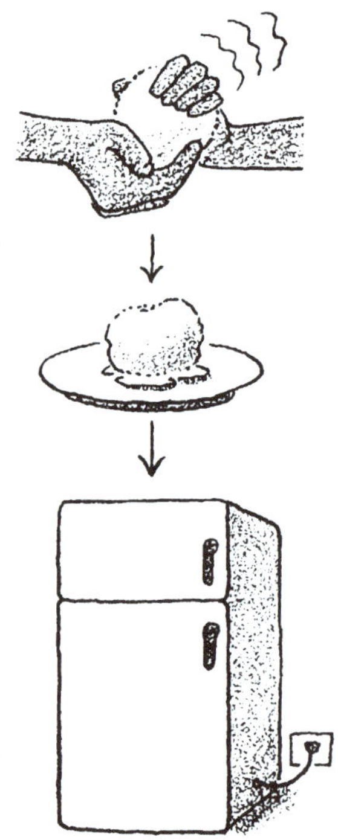

L'hiver, lorsqu'il a neigé, sors et prélève une petite quantité de cette neige. Durant les autres saisons, demande à un adulte de te fabriquer de la glace pilée avec l'appareil adéquat, en lui déclarant que grâce à cela, tu comprendras comment se forment les glaciers.

Presse cette neige (ou cette glace pilée) et comprime-la en une boule bien ferme. (Remarque à quel point elle devient solide.) Laisse fondre cette boule quelque temps, avant de la placer au congélateur une trentaine de minutes. Lorsque tu l'en sortiras, la neige se sera transformée en une boule de glace très dure.

Pense à toute la neige qui tombe en montagne en comprimant celle qui se trouve en dessous, et ce qui lui arrive. Tu auras ainsi une idée de la manière dont se forment les glaciers.

181 Un glacier fondant

MATÉRIEL

un petit gobelet ou un pot de yaourt vide et propre
du sable
de petits gravillons
de l'eau
une planche de bois, pour former un plan incliné
un marteau
un élastique épais
un clou
une montre

On peut en apprendre pas mal sur les glaciers en construisant un modèle de ce genre. Il vaut mieux travailler à l'extérieur. Et demander éventuellement l'aide d'un adulte.

Que faire ? Placer au fond du pot une couche de 2,5 cm de sable et de gravillons. Ajouter 5 cm d'eau. Placer le pot au congélateur. Lorsque l'eau est solidifiée, répéter l'opération, en ajoutant sable et gravillons, puis eau, et replacer le tout au congélateur. Le pot devra être rempli jusqu'au bord.

Ensuite, planter avec précaution un clou à une extrémité de la planche, vers le centre de celle-ci. Placer cette extrémité sur un objet fixe pour former un plan incliné.

Sortir le modèle de glacier du congélateur. Réchauffer le récipient sous un peu d'eau chaude, juste assez pour qu'il libère son contenu.

Le sable en bas, placer le modèle de glacier en haut de la planche. Enrouler l'élastique autour du glacier et ensuite autour du clou.

Mesurer avec la montre le temps qu'il faudra au glacier pour fondre, pour entrer en mouvement et pour abandonner sur son sillage les gravillons et le sable.

Que se passe-t-il ? Selon le temps qu'il fait, la fonte de la glace peut commencer vite, même s'il ne fait pas très chaud. Les gravillons et les dépôts de sable vont former des agrégats pouvant dévaler la pente, tandis que d'autres vont se déposer sur le bois en dessinant des formes étranges, que l'on appelle des moraines.

Pourquoi ? Les glaciers sont d'énormes masses de glace qui glissent le long des vallées montagneuses en découpant des ravins dans la roche et la terre. Les dépôts formés par les mouvements des glaciers peuvent être observés dans l'Arctique, l'Antarctique, en Finlande ou au Groenland.

Ces amas de glace ne se déplaceraient pas si n'entraient pas en jeu d'énormes pressions. Ces pressions provoquent des périodes de réchauffement et de fonte. La glace se refroidit, mais le dégel est souvent suffisant pour entraîner des glissements.

À mesure qu'ils avancent, les glaciers se brisent et emportent des tonnes de roches et de terre, qu'ils déposent ensuite. Les formations rocheuses ou les dépôts abandonnés sur leur passage s'appellent des moraines. Comme dans la réalité, ce glacier miniature montre comment et pourquoi ces dépôts de roche et de terre ont un aspect si étrange et irrégulier.

Voyageurs au long cours

Tandis que la surface de la Terre, ou écorce terrestre, est en perpétuelle évolution, et que notre planète poursuit son voyage dans l'espace, le temps et les saisons évoluent selon plusieurs cycles constants – jour après jour, année après année.

Les livres peuvent nous en apprendre beaucoup au sujet de la Terre et de sa place dans le système solaire, mais il est plus parlant de réaliser certaines expériences simples qui t'aideront à appréhender le temps et l'espace, et à comprendre le pourquoi des choses.

Alors, rassemble ton matériel et prépare-toi à effectuer ces expériences faciles et intéressantes. Il est certain que tout le monde y trouvera de l'amusement !

182 Planté comme un bâton

MATÉRIEL
un bâton
un crayon
du papier
des cailloux ou
d'autres petits objets

Voici la manière de fabriquer un cadran solaire, ou horloge solaire, et d'y observer l'ombre projetée par un bâton, appelé gnomon dans ce cas précis, ombre qui bouge sur le sol pour indiquer l'heure. L'angle de l'ombre créée par le Soleil va en effet évoluer à mesure que la Terre tourne, ou pivote sur elle-même, et que le jour se change en nuit. Alors reste donc planté comme ton bâton pour observer cette ombre qui bouge et l'heure qui avance – ce ne sera pas du temps perdu !

Cette expérience ne pourra se réaliser qu'un jour de soleil, bien entendu.

Que faire ? Trouver un endroit ensoleillé près de chez soi et planter le bâton dans le sol. Au moment choisi pour commencer, inscrire l'heure exacte sur la feuille et placer un caillou ou un autre petit repère à l'endroit où tombe l'ombre du bâton sur le sol. Une heure plus tard, placer un second caillou sur l'ombre du bâton, et noter l'heure. Poursuivre l'opération jusqu'à avoir complété le cadran.

Que se passe-t-il ? L'ombre du bâton (ou gnomon), projetée par le Soleil, va changer d'angle et de longueur à mesure que le Soleil passe d'est en ouest dans le ciel.

Pourquoi ? Même si le Soleil semble se déplacer d'est en ouest dans notre ciel, c'est en réalité la Terre qui bouge, en tournant autour du Soleil. En plus de ce déplacement orbital, la Terre pivote également sur son axe, en tournant comme une toupie. C'est ce mouvement, appelé rotation, qui permet de déterminer l'heure, ainsi que de faire s'alterner nuits et jours. L'ombre du gnomon projetée par le Soleil à une certaine heure du jour se trouvera à la même place le lendemain à la même heure, ainsi que le jour suivant.

Le matin, l'ombre sera allongée et fine, elle pointera vers l'ouest. Le midi, le Soleil aura atteint son point culminant, l'ombre sera courte et pointera vers le nord dans l'hémisphère nord (vers le sud dans l'hémisphère sud). L'après-midi, l'ombre sera dirigée vers l'est.

183 Le temps qui file entre les doigts

MATÉRIEL
de la pâte à modeler
2 crayons
du papier

Il est important de vérifier encore et encore tes expériences, pour t'assurer que leur résultat est conforme à tes hypothèses, ou aux postulats scientifiques. Si tu n'es pas assez rigoureux, d'autres causes et d'autres variables peuvent entrer en jeu et influencer le résultat.

Pour être certain que les ombres se trouvent toujours disposées aux mêmes endroits, tu vas répéter l'expérience précédente, mais en te servant cette fois de l'ombre d'un crayon en tant que gnomon, et comparer ensuite cette ombre à celle du bâton. Cette expérience sera donc vérifiée, en observant simultanément l'ombre du crayon et celle du bâton.

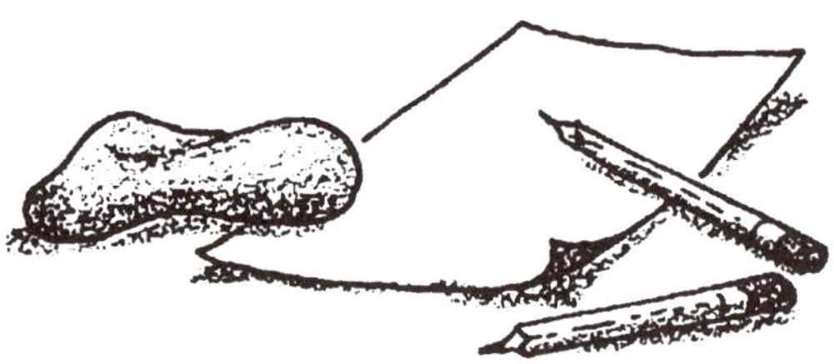

Que faire ? Pour former un socle, aplatir la boule de pâte à modeler en un disque de 5 cm de diamètre. Planter la pointe du crayon dans la pâte. On dispose ainsi d'un nouveau gnomon. Placer ce gnomon aligné et ajusté selon l'ombre portée par le bâton. Noter la position exacte où l'on a placé le crayon à côté de l'emplacement du bâton, pour pouvoir la répéter à chaque fois que l'on réalise une lecture ou que l'on souhaite vérifier l'expérience. (Par exemple : placer le socle de pâte à modeler juste à côté de l'endroit où le bâton est planté dans le sol, et aligner l'ombre des deux gnomons en parallèle.)

Est-ce que l'une des ombres est alignée ou dans la même position que l'autre ? On peut laisser une empreinte de l'ombre du crayon, en pressant un second crayon dans le socle de pâte, à l'endroit où s'étend l'ombre à un moment donné. Poursuivre l'expérience en comparant l'ombre du crayon sur la pâte avec l'ombre du bâton sur le sol. Noter les positions respectives, avec des cailloux et des empreintes, toute les heures. Quelles sont les similitudes et les différences ? Les ombres changent-elles de position de la même manière ? Les ombres des deux gnomons s'allongent-elles ou deviennent-elles plus courtes ? Et dans ce cas, à quel moment du jour ?

Une horloge solaire

184

MATÉRIEL

un carré de carton de 10 cm sur 10 cm
une montre ou une horloge
une paire de ciseaux
du ruban adhésif
du papier
un crayon

Le Soleil peut servir à mesurer le temps, comme cette expérience va te le montrer.

Que faire ? Découper un trou de 2 cm sur 2 cm au centre du carré de carton. À l'aide du ruban adhésif, fixer le carton sur une vitre dirigée vers le sud, de manière à ce que le rayon de lumière qui le traverse aille toucher une partie claire du sol. Placer un morceau de papier à l'endroit précis où le rayon de soleil touche le sol.

Tracer un cercle autour du rayon de soleil et noter à côté l'heure exacte. Observe l'avancée du rayon de soleil. Toutes les 30 minutes, placer un morceau de papier à l'endroit atteint par le rayon et noter l'heure exacte.

Que se passe-t-il ? Le rayon de soleil passe de gauche à droite et change de position à mesure que le temps passe.

Pourquoi ? La Terre tourne sur elle-même, d'ouest en est, et effectue une rotation complète en 24 heures, tout en tournant autour du Soleil. Cette rotation est responsable de l'évolution du rayon de soleil sur le sol, ainsi que du passage du lever au coucher du Soleil, pour la zone dans laquelle nous habitons.

185

Variations saisonnières

Est-ce que le point éclairé par le rayon de soleil sera le même à 8 heures du matin en été et à 8 heures du matin en hiver ?

Si tu aimes les expériences de longue haleine, celle-ci va te plaire, si tu réussis à trouver une pièce tranquille qui possède une fenêtre donnant au sud ! Une chambre inoccupée, dotée d'un vaste plancher clair sera l'endroit idéal pour effectuer cette expérience.

Commence par réaliser l'expérience précédente, mais en te servant cette fois de morceaux de papier de 10 cm sur 10 cm.

Colle-les sur le sol, aux endroits éclairés par le rayon solaire, aux mêmes heures de jours différents. Note ces heures et ces dates. Par exemple : 8 heures du matin, le 1er octobre, 8 heures du matin, le 22 décembre.

Observes-tu des différences de position entre les points éclairés, selon les saisons ? Enregistre tes résultats.

186 Astrolabe maison

MATÉRIEL
du fil
une paire de ciseaux
un rapporteur (acheté dans un magasin de fournitures scolaires)
un poids (écrou, boulon ou trombone)
un crayon

Les anciens marins se servaient d'un compas simplifié appelé astrolabe, pour déterminer leur position en mer. Tu peux fabriquer ton propre astrolabe et déterminer ainsi ton emplacement sur le globe terrestre, grâce à quelques objets peu coûteux.

Que faire ? Attacher un morceau de fil au centre du rapporteur. Ce fil devra pendre sur une certaine longueur. Attacher le poids à l'extrémité libre de ce fil. Attacher le côté plat du rapporteur au crayon à l'aide de morceaux de fil supplémentaires. Le tout devra ressembler à l'illustration.

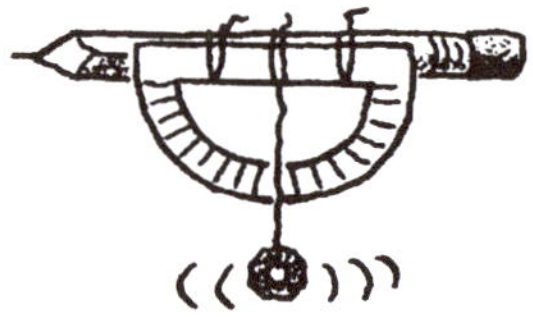

Lors d'une nuit claire et étoilée, diriger la pointe du crayon sur l'étoile Polaire. Le poids va alors bouger au bout de son fil et indiquera ainsi le degré sur le rapporteur. Ce chiffre correspond à la latitude. Avec un peu de patience et en répétant la mesure à plusieurs reprises, on obtiendra une lecture parfaite.

Que se passe-t-il ? Ton instrument, lorsqu'il est pointé vers l'étoile Polaire, te permet de déterminer ta latitude sur la Terre. Les latitudes sont une série de lignes imaginaires tracées sur le globe terrestre, et qui indiquent en chiffres la place exacte où l'on se trouve sur notre planète.

Pourquoi ? Le rapporteur de ton astrolabe est un instrument qui sert à mesurer les angles. Il est gradué en degrés. Lorsqu'on pointe l'astrolabe vers l'étoile Polaire, le poids au bout du fil s'aligne selon l'angle correspondant sur le rapporteur. Ce qui, du même coup, te permet de déterminer ton exacte latitude sur la Terre.

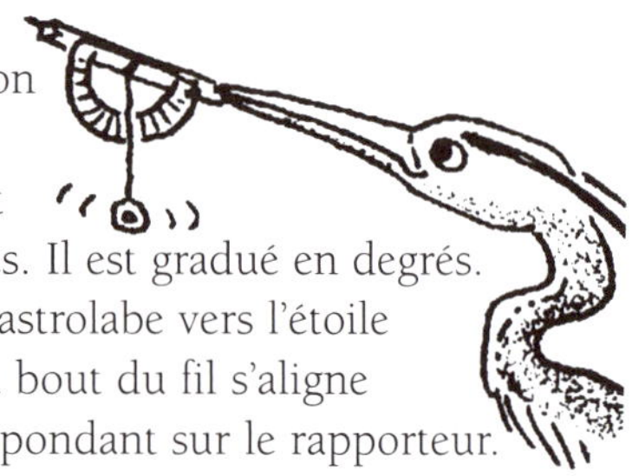

187 Comment trouver l'Étoile polaire

L'Étoile polaire ne peut être aperçue que dans le ciel de l'hémisphère nord. Cette étoile semble rester presque toujours dans la même région du ciel, au-dessus du pôle Nord. Comme une horloge, elle donne néanmoins l'impression de légèrement changer de place, selon les heures et les saisons. Elle brille faiblement, car elle se trouve à plus de 400 années-lumière de nous.

L'Étoile polaire peut être trouvée grâce à la position de la Grande Ourse, que l'on reconnaît par sa forme de poêlon doté d'un long manche, si l'on relie par l'esprit les sept étoiles qui la composent, pour former ce dessin rudimentaire (comme on le fait pour les dessins à points qu'il faut relier). L'étoile la plus éloignée du manche et formant le bord du poêlon, pointe droit sur l'Étoile polaire.

188 Comment trouver la Croix du Sud

Les gens qui vivent dans l'hémisphère sud, c'est-à-dire dans la moitié sud de la planète, voient-ils les étoiles que peuvent observer ceux vivant dans la moitié nord ?

Si tu habites l'hémisphère nord, tu ne peux pas apercevoir les étoiles qui luisent dans le ciel au-dessus de la moitié sud de la Terre. Si tu habites dans l'hémisphère sud, tu ne peux donc pas voir les étoiles qui brillent dans le ciel de la moitié nord de notre planète.

Mais si quelqu'un habite à proximité de la ligne imaginaire qui fait le tour de la Terre, et que l'on appelle l'équateur, il pourra alors apercevoir les étoiles qui brillent des deux côtés.

Si les gens de l'hémisphère nord peuvent trouver l'étoile Polaire, qui apparaît dans le ciel juste au-dessus du pôle Nord, les habitants de l'hémisphère sud ne disposent pas d'un tel repère.

La Croix du Sud, brillant dans le ciel du sud, est une constellation, ou groupe d'étoiles, constitué de quatre étoiles dessinant une croix et accompagnées d'autres étoiles dont deux sont dirigées vers le pôle Sud. La Croix du Sud n'est cependant pas un repère parfait pour indiquer ce pôle. Elle ne garde pas toujours sa forme de croix et se révèle souvent difficile à apercevoir. En outre, l'hémisphère sud ne possède pas d'Étoile « polaire » qui permettrait de déterminer le sud avec précision.

189 Alerte aux météores : vérité ou mensonge ?

Les météores sont de petits amas rocheux, sans doute des fragments de comètes ou d'astéroïdes, évoluant à grande vitesse dans l'espace autour du Soleil. Lorsqu'ils pénètrent dans l'atmosphère terrestre, ils s'enflamment. Tu vas pouvoir découvrir le pourquoi et le comment de ce phénomène, grâce à cette simple expérience.

MATÉRIEL

une grande bouteille de soda remplie d'eau
½ comprimé effervescent

Que faire ? Mettre le demi-comprimé dans l'eau et observer ce qui se passe, à mesure qu'il descend en flottant vers le fond de la bouteille.

Que se passe-t-il ? Le comprimé se dissout et se brise en de nombreux petits éclats, ou fragments, qui disparaissent en tombant vers le fond de la bouteille.

Pourquoi ? L'eau représente l'atmosphère terrestre et le comprimé, un météore.

Comme un météore, il se brise en fragments en rejoignant le fond de la bouteille (surface de la Terre). Mais, le météore, lui, fonce dans l'espace à une vitesse si grande que le frottement de sa surface contre l'atmosphère de la Terre provoque un échauffement. Les fragments chauffés à blanc explosent pour former de la poussière cosmique.

La plupart des météores sont de la taille de petites pierres, mais de temps à autre, des objets plus gros réussissent à atteindre la surface de la Terre, et on les appelle alors des météorites.

190 Des étoiles plein les yeux

Fabrique cette lampe fonctionnant à la lumière des étoiles et découvre les constellations, ces groupes d'étoiles qui dessinent des figures dans le ciel. C'est simple et amusant, et toi et tes amis deviendrez ainsi des étoiles de la science.

MATÉRIEL
une boîte de carton ronde et son couvercle (plusieurs couvercles si possible)
un clou et un crayon
une torche électrique

Que faire ? À l'aide du clou, percer quelques trous dans le couvercle de la boîte. Imiter les cartes du ciel que l'on trouve dans les livres d'astronomie, ou bien regarder le ciel par nuit claire, pour repérer les étoiles et imiter leur disposition.

Selon la taille du couvercle et de la boîte, on pourra dessiner une grande forme, ou bien deux ou trois petites constellations sur chacun des couvercles.

Poser ensuite l'extrémité de la torche au centre du fond de la boîte, et dessiner un cercle tout autour de la lampe. Découper selon le cercle tracé et glisser la torche dans l'ouverture. (On peut facilement y arriver en ôtant le fond de la boîte et en poussant la torche dans le trou.)

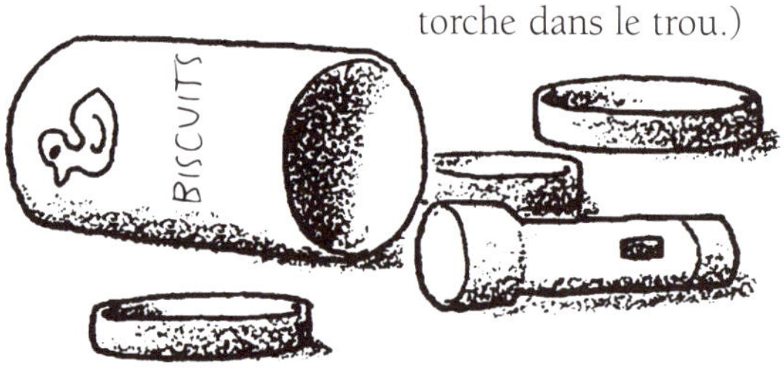

Tout est prêt pour épater ceux qui vont voir cette lampe à étoiles en action. En faisant tourner le couvercle percé ou en tournant la boîte, on peut même faire bouger les constellations. Dans une pièce sombre, pointer la lampe en allumant la torche, en direction d'un mur ou du plafond, et apprécier le spectacle des étoiles lumineuses.

Que se passe-t-il ? Ta lampe projette des groupes de points lumineux, pareils à des étoiles, sur le plafond ou les murs.

Pourquoi ? Certaines constellations semblent dériver dans le ciel, et ne sont visibles qu'à certaines époques de l'année. De semaine en semaine, lorsqu'on les examine à des heures précises, leur position a changé, et elles donnent l'impression de s'éloigner toujours plus vers l'ouest.

L'orbite, la trajectoire suivie par la Terre autour du Soleil, et la position qu'elle occupe à certaines époques de l'année, te permettent d'observer ou non certaines constellations. En hiver, les constellations d'été sont rendues invisibles par les rayons du Soleil, tout comme le sont les constellations d'hiver lors des nuits d'été.

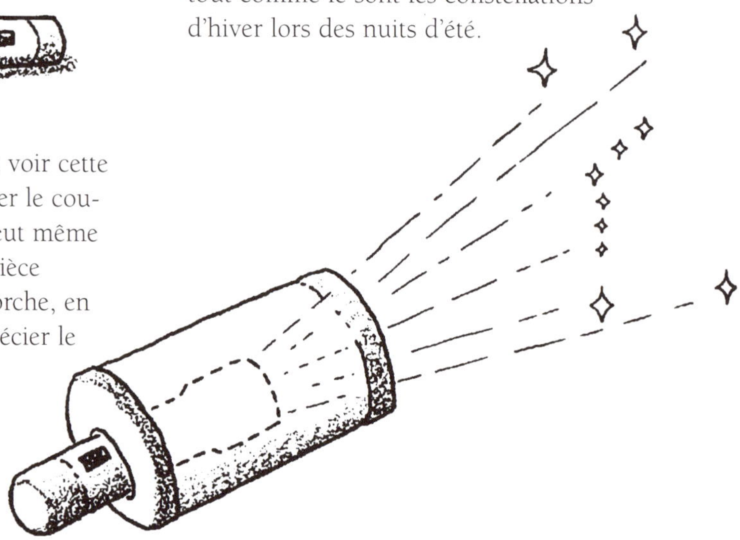

191 Parallèles

MATÉRIEL

un crayon

Les scientifiques peuvent mesurer, grâce à des calculs mathématiques, les distances qui séparent les différentes étoiles de la Terre.

Quand on regarde les étoiles, on sait à présent, grâce à nos connaissances acquises, qu'elles occupent toujours la même position et se trouvent très loin de nous. Mais ce que nous montrent nos yeux et notre cerveau n'est peut-être pas tout à fait correct.

Si nous marchons le long d'une maison, celle-ci ne bouge pas, mais la position qu'elle occupe se modifie, parce que notre angle de vision change lorsque nous la dépassons. C'est une question de parallaxe. Cette expérience va te l'expliquer.

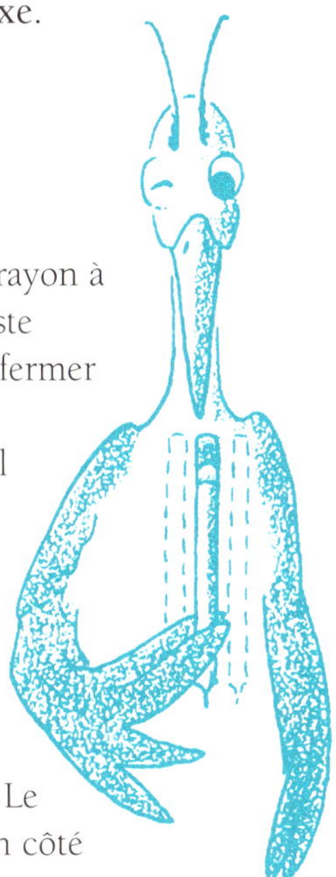

Que faire ? Tenir le crayon à la verticale, bien droit, juste devant les yeux. Ensuite, fermer l'œil gauche, puis l'ouvrir rapidement et fermer l'œil droit. Répéter l'opération. Poursuivre en fermant rapidement un œil, puis l'autre, et observer ce qui arrive au crayon.

Que se passe-t-il ? Le crayon semble passer d'un côté puis de l'autre ! Quelle position occupe-t-il en réalité ? Comment le déterminer ?

192 L'image mouvante

Répète l'expérience de parallaxe, mais cette fois, en regardant le crayon proche de toi, jette aussi un œil vers un objet plus éloigné, comme une lampe ou une table au fond de la pièce. Que vois-tu ? La position d'un objet change-t-elle davantage que celle d'un autre ?

Que se passe-t-il ? Alors que le crayon donne l'impression de changer de position, l'objet plus éloigné ne bouge pas.

Pourquoi ? Le crayon ne se déplace pas vraiment, mais c'est ton angle de vision qui change. L'angle entre le crayon et ton œil se modifie comme la position du crayon, mais uniquement d'après ton regard et ton cerveau. Cette différence de vision est appelée parallaxe, et c'est elle qui permet de mesurer des distances lointaines. Plus un objet se trouve près, plus il semble bouger latéralement, alors que les objets éloignés ne le font pas. La parallaxe donne aussi l'impression que les étoiles proches se mettent à bouger, tandis que les étoiles lointaines restent immobiles.

Pour percevoir le mouvement apparent des étoiles, les astronomes (les scientifiques qui étudient l'univers, depuis notre système solaire jusqu'aux plus lointaines galaxies) mesurent les différentes positions adoptées par les étoiles à deux moments de l'année, à mesure que la Terre tourne autour du Soleil. De cette façon, ils parviennent à calculer les distances qui séparent ces étoiles de notre planète.

193 Sur la piste des étoiles

MATÉRIEL
une feuille de papier
un verre à moitié rempli d'eau

Notre Soleil est une étoile, gigantesque boule d'hydrogène gazeux située à des millions de kilomètres de la Terre. Il est pourtant possible d'apprendre des choses à son sujet, en suivant les longueurs d'onde de la lumière qui s'en échappe. Cela peut être facilement réalisé à l'extérieur, un jour ensoleillé.

Lorsqu'une onde lumineuse est scindée et modifiée par le verre d'eau, ses couleurs apparaissent. La lumière du Soleil se divise en plusieurs couleurs. Les astronomes peuvent dire de quels éléments ou quels gaz se compose une étoile en étudiant les bandes de lumière qu'elle produit, ce qu'on appelle le spectre.

Que faire ? Se placer dehors, dans un endroit bien ensoleillé. Poser la feuille de papier sur une table ou sur le sol.

Tenir fermement le verre d'eau, entre le pouce et l'index, au-dessus de la feuille de papier. Le verre devra se trouver à 7 ou 10 cm de la feuille. Ne pas tenir le verre de la façon habituelle, dans le creux de la main. Il est important de tenir ce verre de manière à ce que les côtés ne soient pas cachés par la main.

Faire bouger le verre de haut en bas et l'incliner légèrement, en dirigeant la lumière qui le traverse sur le papier, jusqu'à ce qu'une forme claire et colorée y apparaisse.

Que se passe-t-il ? Le verre d'eau agit comme un prisme et dessine un arc-en-ciel sur le papier.

Pourquoi ? Un verre rempli d'eau peut se comporter comme un prisme, objet qui modifie la direction de la lumière de sorte que les bandes colorées qui la composent puissent ensuite être étudiées. La lumière blanche est en réalité composée de plusieurs couleurs.

194 Divers verres

Est-ce que d'autres types de verres forment de meilleurs prismes en projetant les arcs-en-ciel sur le papier ?

Refais l'expérience en te servant cette fois d'un verre de taille différente, puis d'un troisième, d'une forme encore différente. Et avec un verre de couleur, que se passe-t-il ? Les verres teintés réfractent-ils également la lumière en bandes de couleur, eux aussi ? Un verre plein fonctionne-t-il mieux qu'un verre à moitié rempli d'eau ?

Réalise cet éventail d'expériences et note tes observations et tes résultats. Lorsque tu auras terminé, tu sauras quel verre est le prisme le plus efficace.

195 Fortement concentré

MATÉRIEL
un thermomètre
du papier
un crayon
une torche électrique
une montre ou une horloge
une boîte ou un autre support

Les saisons de l'année dépendent de l'inclinaison de la Terre et du taux de rayons solaires aux différentes époques de l'année éclairant l'hémisphère sud et l'hémisphère nord. L'expérience qui suit va t'expliquer pourquoi.

Que faire ? Lire la température sur le thermomètre et la noter.

Poser le thermomètre contre la lampe, du côté de l'ampoule. Allumer la torche et la laisser dans cette position pendant 3 minutes, en vérifiant sur la montre. Enregistrer la température une fois ce temps écoulé.

Plonger le thermomètre dans l'eau froide pour que la température revienne au niveau qu'elle occupait au départ de l'expérience.

Poser le thermomètre en équilibre contre un support et diriger le rayon de la torche dessus, à une distance de 30 cm. Laisser dans cette position 3 minutes exactement et enregistrer ensuite la température atteinte.

Que se passe-t-il ? Le thermomètre posé contre la torche et en contact presque direct avec la lumière a enregistré une température plus élevée de quelques degrés.

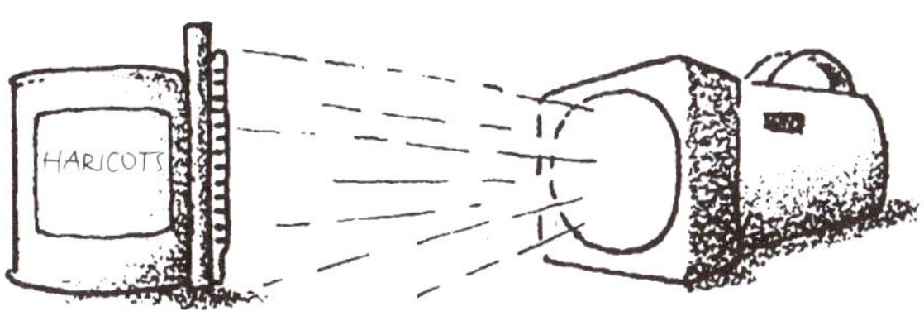

Aucun changement notable n'a eu lieu lorsque cette lumière a été projetée sur le thermomètre à une distance de trente centimètres.

Pourquoi ? La concentration de lumière selon les différentes zones terrestres, à une certaine époque de l'année, est pareille à la concentration de lumière dans cette expérience.

Plus la distance parcourue par la lumière est grande, plus la température sera basse. Dans notre expérience, le thermomètre placé à trente centimètres de la source lumineuse n'en a pas été affecté, ou très légèrement.

L'hémisphère nord, partie supérieure du globe, qui est davantage éloigné du Soleil en décembre en raison de l'inclinaison de la Terre, reçoit moins de rayons solaires à cette époque, tandis que l'hémisphère sud, plus proche en raison de l'inclinaison, reçoit quant à lui de la lumière plus puissante et plus concentrée. Ceci explique pourquoi, en décembre, c'est l'hiver à Paris et l'été à Sydney, en Australie.

Leçons de plantes

Nous ne pourrions pas vivre sans les plantes. Pense donc à ceci.

Les plantes, les êtres humains et les animaux permettent à l'atmosphère terrestre de garder son équilibre.

Les végétaux, grâce à la photosynthèse, fabriquent leur propre nourriture, en prélevant le dioxyde de carbone, ou gaz carbonique, et en libérant de l'oxygène.

Les animaux et les hommes ont besoin d'oxygène, et libèrent quant à eux du gaz carbonique.

Animaux et humains trouvent les sucres et les amidons vitaux dans les plantes qu'ils mangent.

Chaque jour, des millions de tonnes d'eau sont libérées dans l'air par les plantes, au cours du processus appelé transpiration.

Certains scientifiques estiment que le déboisement et l'augmentation des échanges respiratoires dus aux hommes et aux animaux peuvent entraîner une élévation du gaz carbonique dans l'atmosphère et provoquer un réchauffement de la planète.

Les expériences suivantes répondront à tes questions concernant les plantes, mais, plus important encore, elles te feront comprendre pourquoi ces organismes vivants sont tellement importants pour notre survie sur terre.

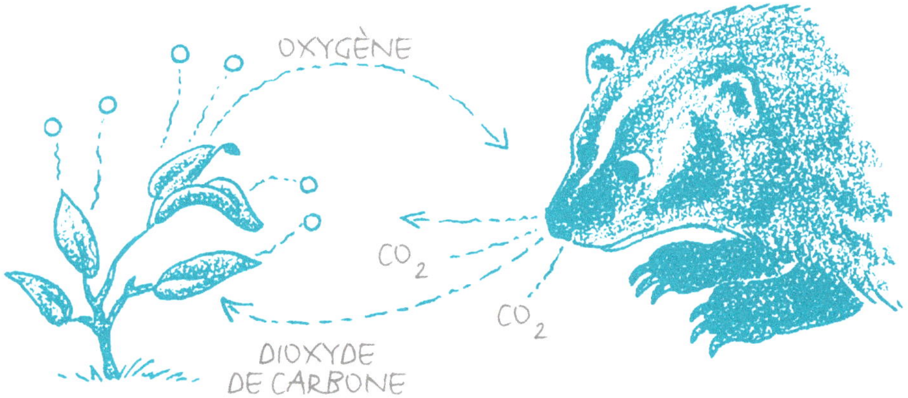

196 Des feuilles d'oxygène

MATÉRIEL
un bocal à large ouverture
de l'eau
une feuille
une loupe

Des feuilles d'oxygène ? Eh bien oui ! Voilà qui t'étonne. Mais effectue cette expérience et tu comprendras. Tu feras également connaissance avec deux notions importantes concernant les végétaux – les stomates et la photosynthèse.

Que faire ? Remplir le bocal avec de l'eau et y plonger la feuille. Placer le bocal à l'extérieur, dans un endroit ensoleillé, ou bien sur un rebord de fenêtre. Laisser le tout au soleil pendant une heure, ou jusqu'à ce que le bocal ait chauffé. À l'aide de la loupe, observer ce qui est arrivé dans le bocal.

Que se passe-t-il ? Des milliers de petites bulles se sont formées à la surface de la feuille ainsi que dans le bocal.

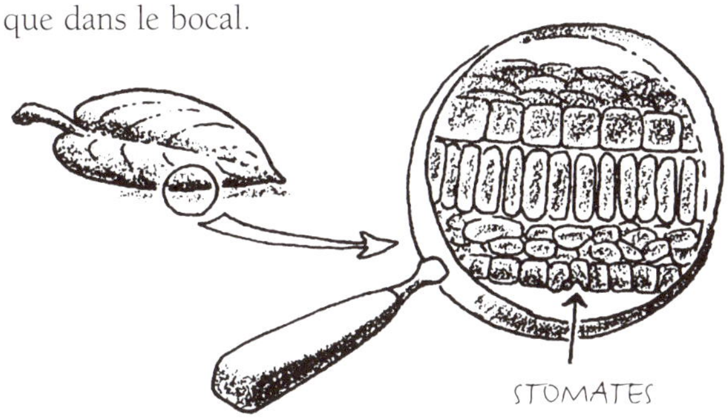

Pourquoi ? Les bulles sont faites d'oxygène gazeux libéré par la feuille.
Une plante a besoin de certains éléments et de la lumière du Soleil pour fabriquer sa nourriture. Ce procédé est appelé photosynthèse. « Photo » signifie lumière, et « synthèse » indique une réunion.
Lorsque de l'eau, de l'air, de la chlorophylle (responsable de la couleur verte des feuilles) et de la lumière solaire sont réunies, cela permet à une plante de fabriquer sa nourriture. Si l'un de ces éléments vient à manquer, la plante meurt.

Le gaz carbonique pénètre par des ouvertures minuscules, appelées stomates, qui se trouvent sous la feuille. La plante se sert de la lumière et de la chlorophylle pour les combiner avec de l'eau et ce gaz carbonique et se nourrir. Cette substance est en réalité une forme de sucre qui finit par se transformer en amidon. L'oxygène est libéré comme un déchet. Tu comprends à présent pourquoi des bulles se sont formées.

197 Feuillez me suivre

Observe ce qui se passe en répétant l'expérience précédente mais en plaçant le bocal dans l'obscurité.

Le fait que la feuille aura reçu les rayons du soleil avant cette expérience aura-t-il une influence ? Place une feuille à l'extérieur et au soleil, dans un bocal rempli d'eau. Dans une second récipient, pose une feuille d'une plante d'intérieur poussant à l'ombre. Mets les deux bocaux à l'extérieur, dans la lumière du soleil. Observes-tu des différences ?

Refais l'expérience à l'intérieur. Des bulles apparaissent-elles sur les feuilles ou dans les récipients ?

N'oublie pas de noter scrupuleusement les résultats obtenus.

198 Pour le phototropisme, attendre patiemment

MATÉRIEL

2 carrés de plastique de 8 cm sur 8 cm, découpés dans un sachet en plastique
une serviette en papier
une plante de taille moyenne, avec de belles feuilles, quelques tiges et un réseau de racines
deux élastiques
un petit plat creux (ou une barquette ayant contenu un aliment surgelé)
de l'eau
un crayon
du papier
une paire de ciseaux

Les végétaux poussent toujours en direction du Soleil. Ils se retourneront pour se placer dans cette position, même s'ils sont couchés sur le côté.

Que faire ? Poser un carré de plastique sur la table. Y placer la serviette en papier. Déposer sur la serviette les racines de la plante.

Placer le second carré de plastique par dessus, comme pour former un sandwich, en s'assurant que la tige et les feuilles de la plante se trouvent bien à l'extérieur du sandwich de plastique. Entourer les carrés de plastique avec les deux élastiques pour maintenir le tout en place.

Remplir d'eau le petit récipient. Déposer la plante en sandwich au fond du récipient, et placer le tout près d'une fenêtre éclairée par le Soleil.

Attendre ensuite, pendant 4 jours au moins. S'assurer qu'il reste toujours au moins 1 à 2,5 cm d'eau au fond du récipient.

Dessiner chaque jour l'allure de la plante.

Faire preuve de patience.

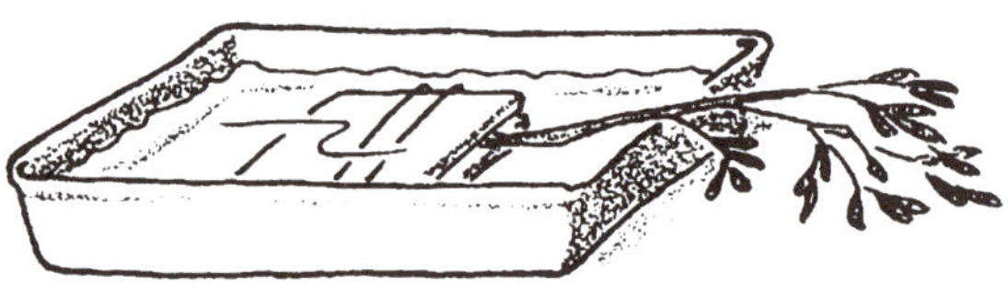

Que se passe-t-il ? Les feuilles et la tige de la plante se redressent, pour se tourner vers le Soleil, même si la plante a été déposée sur le côté.

Pourquoi ? Feuilles et tiges des plantes poussent toujours en direction du Soleil, quelle que soit la position qu'elles occupent au départ, couchées sur le côté ou même retournées. Elles parviennent à bouger, à se plier et à se tourner vers la source de lumière. On appelle ce processus le phototropisme.

199 Sécher l'intérieur des bouteilles

Certaines expériences demandent l'usage de bouteilles parfaitement sèches. Mais comment sécher l'intérieur d'une bouteille que l'on vient de rincer ? Il suffit d'y glisser une feuille ou deux de papier absorbant et de se servir ensuite d'un tournevis à long manche ou d'un autre objet long et mince pour presser le papier sur les parois intérieures de la bouteille et sur le fond. Il ne reste plus qu'à retirer le papier absorbant de la bouteille bien essuyée.

200 Sueur ou transpiration : tu es en nage !

MATÉRIEL
une boule de pâte à modeler (de la taille d'une balle de golf)
2 petites bouteilles de soda
un clou ou un crayon
une feuille entière munie de sa tige, auparavant exposée au soleil
une loupe

Comme les personnes, les plantes transpirent. Une plante libère de l'eau par ses stomates, ces minuscules ouvertures situées sous la surface des feuilles. Voyons un peu comment cela se passe.

Que faire ? Rouler la pâte à modeler entre les mains pour former un cylindre de 4 cm de long. Ce cylindre devra entrer d'1 cm environ dans le goulot des deux bouteilles, pour maintenir l'une d'elles la tête en bas sur la première.

À l'aide du clou ou du crayon, percer un trou dans le cylindre et y insérer la tige de la feuille, en prenant garde de ne pas casser la tige ou plier la feuille. Faire sortir la tige de l'autre côté du cylindre. Repousser doucement la pâte autour de la tige pour la fixer. Remplir d'eau l'une des bouteilles et placer le cylindre avec la feuille dans le goulot de cette bouteille. (Le cylindre devra dépasser du goulot de la bouteille et la tige de la feuille devra être en contact avec l'eau.)

Essuyer toute trace d'humidité et s'assurer que le cylindre n'est pas en contact avec l'eau – cela pourrait entraîner le passage d'humidité dans la bouteille du haut et annuler l'expérience.

Avec précaution, retourner la seconde bouteille, glisser la feuille dans le goulot, et poser cette bouteille sur la première. Presser la pâte à modeler pour éviter l'entrée d'air.

Au bout d'une heure, observer à l'aide de la loupe ce qui s'est passé à l'intérieur des bouteilles.

Que se passe-t-il ? De légères mais indubitables traces d'humidité (des fines gouttelettes ainsi que de la vapeur) sont apparues sur la paroi intérieure de la bouteille du haut.

Pourquoi ? La transpiration des plantes est quasiment semblable à celle d'une personne qui sue. Une plante perd son eau sous forme de vapeur au travers de trous ou de pores appelés les stomates. Les plantes absorbent souvent trop d'eau par leurs racines et se débarrassent ainsi du surplus.

Partout, l'eau subit le même sort – aucune quantité n'est jamais perdue. Les eaux de la planète sont naturellement recyclées, grâce aux pluies, aux nuages, aux lacs, aux rivières, aux océans, et également à la transpiration des végétaux.

Même si on ne peut pas le voir, les plantes libèrent chaque jour des tonnes d'eau dans l'air. Il s'agit d'un phénomène terrestre auquel on pense rarement, mais sans lui, nul ne pourrait subsister sur notre planète.

201 D'autres feuilles

Pour l'expérience 200, tu as utilisé une feuille quelconque, et tu as vu les gouttelettes se former dans la bouteille vide. Mais l'importance de cette transpiration est-elle la même pour tous les types de feuille ?

Rassemble d'autres bouteilles et refais l'expérience en prenant d'autres types de feuille – des larges, des fines, des petites, des feuilles de fougère. Place un des bouquets au soleil, et un autre à l'intérieur. La quantité d'eau apparaissant dans la bouteille sèche est-elle plus ou moins grande ?

Répéter l'expérience sans placer de feuille dans le cylindre te servira de contrôle pour montrer que les autres objets ne produisent pas d'humidité.

202 Pour les appétits d'oiseaux

MATÉRIEL

une éponge
un plat ou un large récipient
de l'eau
des graines
une loupe

Les grains de millet, de radis, d'oignon, ou de n'importe quelle autre plante, vont pousser si on les dépose sur une simple éponge humide.

Que faire ? Placer l'éponge dans le plat avec assez d'eau pour qu'elle reste humide. L'éponge doit dépasser de la surface de l'eau. Il faudra veiller à ajouter de temps à autre de l'eau dans le plat pour garder l'éponge continuellement humide, malgré l'évaporation.

Éparpiller une petite quantité de graines à la surface de l'éponge et les tapoter pour les y enfoncer légèrement. Placer le plat avec l'éponge et les graines dans un endroit ensoleillé, comme un rebord de fenêtre.

Vérifier l'aspect des graines au bout de deux ou trois jours et voir si elles se sont craquelées ou fendues. Se servir de la loupe pour observer en détail. Les graines auront certainement complètement germé au bout de 7 jours.

Pourquoi ? Lorsque les graines sèches sont placées sur l'éponge humide, elles gonflent jusqu'à faire éclater leur enveloppe. Les grains germent, ou commencent à se développer, sur l'éponge. L'eau ramollit la partie extérieure de la graine. À ce stade, les graines ne nécessitent que de l'eau et de l'air pour pousser. Les nouvelles plantes vont utiliser le contenu des graines pour se nourrir, mais par la suite il leur faudra de la terre et du soleil pour se constituer leurs propres aliments.

203 Et après ?

Tu pense à présent d'une manière simple, rapide et amusante faire pousser des graines. Lorsque celles-ci auront germé, enlève-les délicatement de l'éponge et dépose-les sur un récipient rempli de terreau. (Vois l'expérience suivante pour les instructions supplémentaires.)

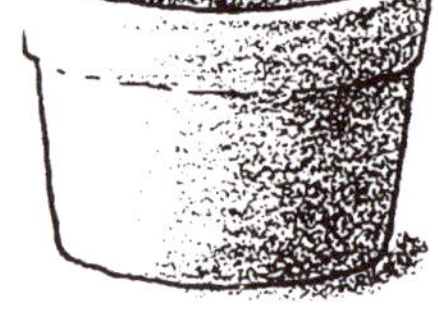

204 Un lit d'eau

MATÉRIEL

des pots de fleurs (au fond percé)
des pierres ou des éclats de poterie
un plat ou des assiettes creuses
un vaporisateur
des graines de fleurs ou d'autres plantes
de la matière absorbante pour plantation (vermiculite, perlite, ou tourbe)
de l'engrais liquide ou en granules

Les plantes peuvent-elles croître en l'absence de terre ? La culture hydroponique est justement la science consistant à faire pousser les plantes sans cet élément ! Comment est-ce possible ? Cela marche-t-il vraiment ? Tu vas le comprendre, sans te salir les doigts, grâce à cette importante expérience scientifique.

Que faire ? Placer les cailloux ou les éclats de poterie au fond des pots, pour couvrir les trous et assurer le drainage. Remplir les pots avec la matière absorbante. Placer les pots sur le plat ou au fond des assiettes creuses.

À l'aide du vaporisateur, humidifier la matière absorbante – elle doit être humide mais pas gorgée d'eau. Ensuite, déposer ici et là des graines à la surface de la matière absorbante et les y enfoncer légèrement. Si l'on dispose de nombreuses sortes de graines différentes, il est préférable d'utiliser plusieurs pots et de bien espacer les graines pour une meilleure croissance. Placer les pots près d'une

fenêtre ensoleillée et s'assurer que la matière absorbante reste continuellement humide.
Après la germination des graines, il faudra les arroser avec un mélange d'eau et d'engrais (en se conformant aux instructions fournies avec l'engrais pour le dosage).

Continuer d'arroser les plantes pour entretenir l'humidité, tout en prenant garde à ne pas les noyer.

Que se passe-t-il ? Les graines poussent et forment de belles pousses robustes et saines, sans avoir besoin de terre.

Pourquoi ? Les plantes ont besoin d'air, d'eau et de lumière pour pousser, mais elles n'ont pas absolument besoin de terre. Les végétaux peuvent croître sans terre, lorsque les minéraux qu'ils tirent d'ordinaire de la terre leur sont fournis sous forme d'engrais liquide ou solide. La culture hydroponique, art de faire pousser les végétaux sans terre, est peut-être la forme que prendra la culture des plantes dans les temps futurs.

205 Jus de racines de Phil O. Dendron

MATÉRIEL

un morceau de tige de 8 cm de long, de philodendron ou d'une autre plante d'intérieur

un bocal rempli d'eau

Une nouvelle marque de soda ? Non. Phil O. Dendron est le surnom que nous avons donné au philodendron. Si tu possèdes ce genre de plante verte chez toi, tu pourras réaliser l'expérience qui suit. Sinon, prends une autre plante d'intérieur. D'une manière ou d'une autre, tu vas réussir à faire pousser une plante à partir d'une simple tige.

Que faire ? Couper un morceau de tige à la plante, juste sous l'endroit où les feuilles poussent, et que l'on appelle « nœud », comme indiqué sur l'illustration. Ôter les feuilles sur le morceau de tige.

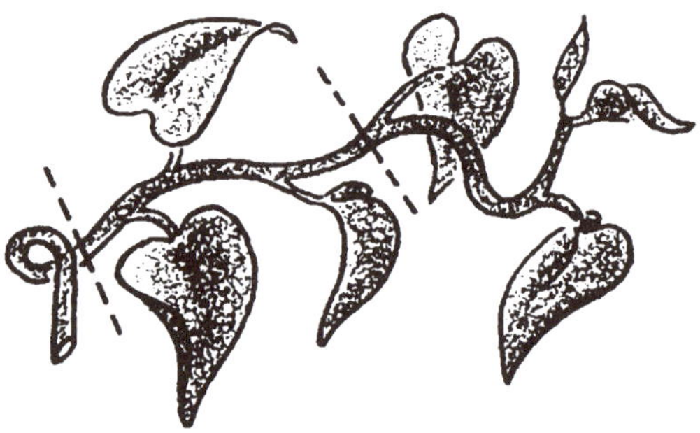

Placer le morceau de plante dans le bocal rempli d'eau. S'assurer que l'eau est parfaitement en contact avec les endroits où les feuilles étaient attachées à la tige. Attendre ensuite patiemment que les racines se forment. Il se peut que plusieurs semaines soient nécessaires pour que de véritables racines apparaissent.

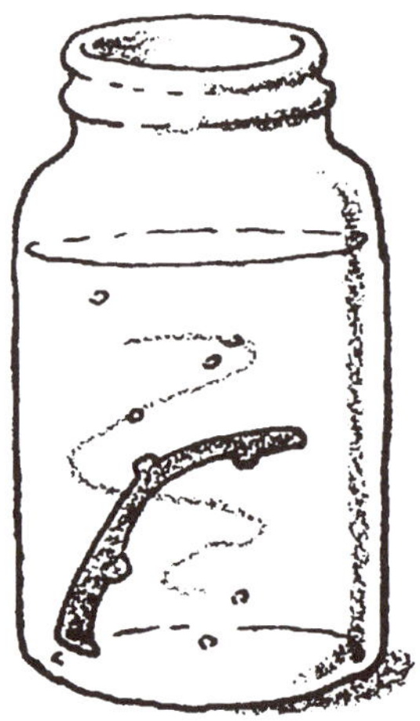

Que se passe-t-il ? De longs filaments bruns se forment à partir des cicatrices laissées sur la tige par les feuilles arrachées.

Pourquoi ? Certaines plantes peuvent croître à partir de racines, de feuilles ou de tiges. Le morceau de philodendron, fragment de tige, appelée bouture, placé dans l'eau, va donner naissance à des racines à l'endroit des cicatrices, ou nœuds, laissées par les feuilles que l'on a enlevées. Les géraniums et d'autres plantes agissent de la même façon. Alors, si cela ne marche pas avec la plante que tu auras choisie, ne baisse pas les bras et fais une nouvelle tentative avec une autre plante.

206 À quoi ça « serre » ?

MATÉRIEL

des pots de fleurs
du terreau
une cuillère
des tomates fraîches, ou un sachet de graines de tomates
un emballage plastique
des élastiques
un rebord de fenêtre ensoleillé

N.B. : La quantité de matériel requis est liée au nombre de plantes que tu désires faire pousser.

Une serre est un lieu clos et chauffé où poussent des plantes. La Terre peut parfois agir comme une serre, lorsque les gaz résultant de la combustion des énergies fossiles se comportent comme un couvercle au-dessus du sol et empêchent la chaleur de se dissiper dans l'espace.

Voyons un peu ce que l'on peut faire d'amusant avec cette notion de serre, en essayant de transformer de minuscules petites graines en véritables tomates. Il n'y a rien de meilleur que de déguster le résultat de cette formidable expérience, des fruits doux et juteux.

Que faire ? Remplir les pots avec le terreau. Prélever les graines dans les tomates fraîches ou les prendre dans un sachet de graines toutes prêtes. Semer les graines dans le terreau, en évitant de les placer en groupe. Recouvrir les graines d'une fine couche de terreau.

Bien arroser, couvrir chaque pot avec une feuille de plastique transparent et attacher cette feuille avec un élastique. Placer les pots sur le rebord de fenêtre ensoleillé et attendre la formation des pousses.

207 Semis et plantations

Des morceaux de plantes dotés de racines, des graines et de jeunes pousses peuvent être plantés. La technique est simple, même si quelques règles doivent être respectées.

Pour que les graines commencent à germer et que les plantes poussent, il leur faut de l'eau – pas trop (auquel cas elles « se noieraient » par manque d'air), ni trop peu (sans quoi elles sécheraient et mourraient). Une luminosité correcte et une bonne terre sont également nécessaires.

En premier lieu, plante les graines, les pousses et les jeunes végétaux dans des pots en terre ou en plastique, pourvus de trous de drainage. (Les cartons d'œufs et de lait percés de trous constituent également des récipients parfaits pour la pousse de plantes.) Ajoute des éclats de poterie, du gravier ou des cailloux au fond des pots pour servir au drainage. Utilise un bon terreau, fait à parts égales de tourbe, de sable, de sciure de bois, d'écorce et d'un composé d'azote et de fer.

Les récipients doivent être presque remplis et chaque pousse ou graine doit avoir une certaine « liberté de mouvement ». Donc, ne les serre pas trop ! Une légère couche de terreau, sur 1 cm, doit recouvrir les graines ou les pousses, que l'on comprimera ensuite doucement. Les plantations doivent être placées près d'une fenêtre ensoleillée, et le terreau doit être gardé humide. Un petit vaporisateur, ou un compte-gouttes, servira à ajouter l'exacte quantité d'eau nécessaire, et empêchera un arrosage trop conséquent.

Si nécessaire, demande à un adulte de t'assister, jusqu'à ce que tu saches que faire et comment obtenir les résultats désirés. Bonne chance et bon travail !

Les mots qui salissent : terre, sable, humus et boue

La prochaine fois que tu rempliras un pot avec de la terre, pense donc à ses propriétés : de quoi a-t-elle l'air, que sent-on lorsqu'on la touche ou qu'on la respire, de quoi est-elle faite, des êtres vivants s'y cachent-ils ? Cette observation te fera découvrir des insectes, des feuilles, des gravillons et de petits cailloux, rien qu'en grattant légèrement la surface. Tu ne verras pas les milliards de plantes microscopiques et de minuscules animaux qui vivent au sein de cette terre, alors que ce sont eux qui font en sorte que cette matière soit riche et nutritive.

Dans le chapitre qui suit, tu vas apprendre certaines choses au sujet de la terre, du sable, de l'humus et de la boue, et comment te salir en toute impunité, à certaines conditions. Tu ne seras pas grondé si tu poses des questions concernant ces matières salissantes !

Des questions sales appellent de sales réponses

De quoi est faite la terre ? Est-elle toujours la même ? Quel genre de terre est la meilleure pour y faire pousser des plantes ? Comment trouver les réponses à toutes ces questions ? Finis de lire cette introduction, après quoi, réalise l'expérience du « tremblement » de terre, et tu en sauras bien plus que tu ne l'avais imaginé.

Ce qu'on appelle terre, ou sol terreux, est fait de fragments de roche, de minéraux, de restes de plantes et d'animaux morts, et d'organismes végétaux appelés bactéries. Ces minuscules êtres unicellulaires sont trop petits pour être observés autrement qu'à l'aide d'un bon microscope, mais ils sont partout dans le sol, et y effectuent un travail remarquable.

De petits animaux, des vers, de l'oxygène et de l'eau sont également présents dans la terre. Avec l'aide d'êtres plus grands, les bactéries se servent de l'air et de l'eau pour briser les composants du sol et modifier sa composition chimique. Leur tâche accomplie, un sol pauvre dans lequel rien ne pouvait pousser est devenu une terre fertile, riche en azote, dans laquelle à peu près tout parvient à croître.

De la terre reste toujours de la terre, quel que soit son nom

Les scientifiques ont identifié quatre types de sols, selon l'aspect (la texture) et la composition. Ces types sont le sable, le limon, le terreau et l'argile.

Le sable est constitué de fragments de coquillages et d'éclats de roches et de minéraux, comme le quartz et le basalte, une roche volcanique. Même si tous les sols demandent une part de sable pour être fertile, une surabondance de cet élément entraîne un drainage de l'eau trop important, qui fait que les racines s'assèchent et périclitent. On trouve du sable dans les déserts, sur les plages, et le long des rivières. Le sable à gros grains est appelé gravier. Le limon, quant à lui, est un sol sablonneux à grains très fins. Ces grains sont plus petits que ceux du sable, mais plus gros que les particules d'argile.

L'argile est un sol particulièrement fin qui est nécessaire à toute croissance de végétaux. Sans argile, la terre se désagrège et les fertilisants sont emportés. Trop d'argile dans un sol, cependant, pose des problèmes de drainage et peut entraîner la pourriture des racines des végétaux.

Le meilleur type de sol pour la plupart des plantes est le terreau. Il s'agit d'un mélange d'argile, de sable et de limon, avec assez d'humus (des fragments de végétaux et d'animaux morts) pour rendre le tout riche et fertile.

208 Tremblement de terre : c'est la faute des sédiments !

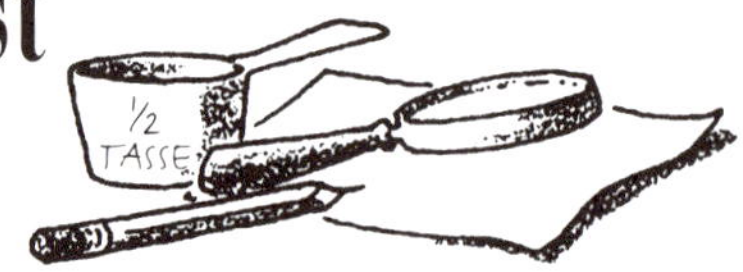

MATÉRIEL

des bocaux munis de leur couvercle (leur nombre dépend de celui des types de sol que tu comptes expérimenter)
½ tasse de plusieurs échantillons de sols différents, issus de lieux différents et de profondeurs variées de l'eau
une loupe
du papier
un crayon

Les sédiments, accumulation de particules de différents types de sols, ont une manière étrange et intéressante de flotter et de couler. En remuant ces agitateurs du sol, tu vas t'en apercevoir.

Que faire ? Mettre ½ cuillérée de chacun des échantillons par bocal. Ajouter de l'eau. Le bocal doit être rempli aux trois quarts. Fermer soigneusement les bocaux avec les couvercles et agiter fortement le tout. Patienter deux heures environ pour permettre à la matière de se déposer. (On peut s'asseoir et observer, mais ce n'est pas nécessaire.)

Ensuite, à l'aide de la loupe, observer ce qui est arrivé à chacun des échantillons. Dessiner l'image formée par le sédiment tombé au fond de chaque bocal.

Que se passe-t-il ? Les échantillons sont retombés au fond en formant des bandes, ou des couches, différentes selon la composition de chaque sol.

Pourquoi ? Dans les mélanges sablonneux, les particules plus grosses et plus lourdes sont retombées les premières, suivies par les grains plus clairs et plus légers qui formaient le limon.

Dans les mélanges de terreau, genre de sol utilisé pour le jardinage, les gravillons plus lourds sont allés au fond, tandis que l'humus de couleur foncée et de poids plus faible flotte au-dessus du bocal. Comme tu le constates, cette expérience permet de déterminer sans peine la richesse d'un sol.

209 Toujours plus sale

Prélève des échantillons de terre dans différents endroits, lors de longs voyages en voiture ou de vacances. Rentré à la maison, tu pourras tester les terres que tu auras rassemblées et découvrir la teneur en humus et en autres types de sol que contiennent tes échantillons.

210 L'air de la terre

MATÉRIEL

un petit bocal
½ tasse de terre
1 tasse d'eau bouillie et refroidie
une loupe

Et si tu ne parviens pas à déterminer de quoi est fait le sol ?

Que faire ? Placer la terre dans le bocal. Verser lentement l'eau bouillie et refroidie sur la terre et observer attentivement.

Que se passe-t-il ? Des bulles d'air se forment et tourbillonnent au-dessus de la terre.

Pourquoi ? Tous les types de sols secs renferment de l'air, au sein et autour de leurs particules. Les bulles qui apparaissent à la surface de la terre sont constituées de l'air entraîné dans l'eau de l'échantillon.

L'eau contient également sa propre quantité d'air et c'est pourquoi il est nécessaire d'employer de l'eau bouillie pour cette expérience. Au cours de l'ébullition, l'air chauffé dans l'eau s'en échappe. Cette expérience te montre donc que les bulles sont formées par l'air dans la terre et non pas dans l'eau.

211 Rochers souffleurs

MATÉRIEL

de la roche poreuse ou des morceaux de brique ou de poterie
un plat creux
de l'eau
une loupe

Déniche un morceau de roche poreuse (un type de roche légère et percée de multiples petits trous ou cavités) et place-le dans un plat rempli d'eau, pour monter le spectacle des rochers souffleurs de bulles.

Que faire ? Placer les morceaux de roche dans le plat et ajouter assez d'eau pour les couvrir. À l'aide de la loupe, observer ce qui se passe.

Que se passe-t-il ? Des bulles s'échappent des pierres. Plus la roche est poreuse et plus les bulles seront nombreuses. Selon le poids des pierres et la force de l'air qui s'en échappe, les morceaux de roche peuvent bouger légèrement, effectuer un va-et-vient, se cogner les uns ou autres ou bien racler le fond du plat.

Pourquoi ? L'oxygène est présent même dans les pierres. Les bulles d'air s'échappent par les espaces entre les minéraux qui constituent la roche et montent ensuite à la surface.

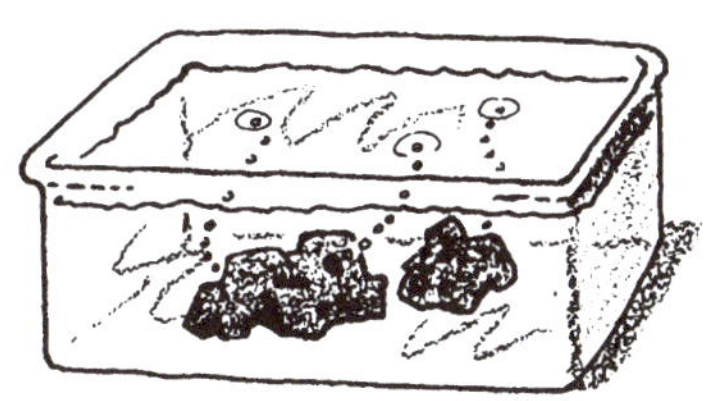

212 Piège de sable

MATÉRIEL

une feuille de journal
un grand bol
1 tasse ¼ de Maïzena (farine de maïs)
1 tasse d'eau
une cuillère
2 cuillérées à soupe de café moulu

Les sables mouvants sont faits pour une large part de matière sablonneuse mélangée à de l'eau paraissant dure et résistante. Elle a l'air solide, comme si on pouvait y marcher, et c'est pourquoi elle peut se révéler terriblement dangereuse, car elle ne peut supporter que de faibles poids. On sait que des gens ont été littéralement avalés par ces sables.

Dans l'expérience qui suit, vous allez fabriquer un genre de sable mouvant qui, de façon magique et surprenante, va supporter le poids de votre main, mais une minute seulement, et pas une de plus.

Que faire ? Étaler la feuille de journal, car l'expérience peut se révéler salissante. Mélanger dans le grand bol la Maïzena et l'eau à l'aide de la cuillère, jusqu'à ce que le mélange ait pris l'apparence d'une pâte. Cette pâte sera alors difficile à mélanger et devra coller au fond du bol.

Ensuite, saupoudrer le café moulu à la surface de la pâte pour lui donner un aspect sec et uni.

C'est maintenant que les choses amusantes commencent. Fermer le poing et donner un petit coup à la surface. Observer ce qui se passe et ce que l'on ressent. Ensuite, plonger la main ouverte dans le mélange.

Que se passe-t-il ? Lorsque tu as tapé du poing à la surface du mélange, tes doigts ont heurté le mélange et, de manière mystérieuse et magique, ont été arrêtés dans leur mouvement et n'ont pas pu aller plus loin. Mais lorsque tu as déplié la main et plongé les doigts dans le mélange, ils ont pu facilement et rapidement s'y introduire jusqu'à toucher le fond du bol.

Pourquoi ? Les molécules de ton mélange se comportent comme celles des véritables sables mouvants. À la différence des molécules d'eau, les molécules de ce mélange sont de grande taille. Elles s'accrochent les unes aux autres et semblent se comporter davantage comme un solide que comme un liquide. En outre, le café moulu donne à la surface un aspect uni et sec, pareil à celui des véritables sables mouvants.

213 Retenir ou pas

MATÉRIEL

un clou
des quantités égales de quatre types de sols (argile, sable, terreau, et limon)
4 gobelets en carton ou 4 cartons d'emballage paraffinés
de petits récipients
de l'eau
du papier
un crayon
un pichet gradué
une petite casserole

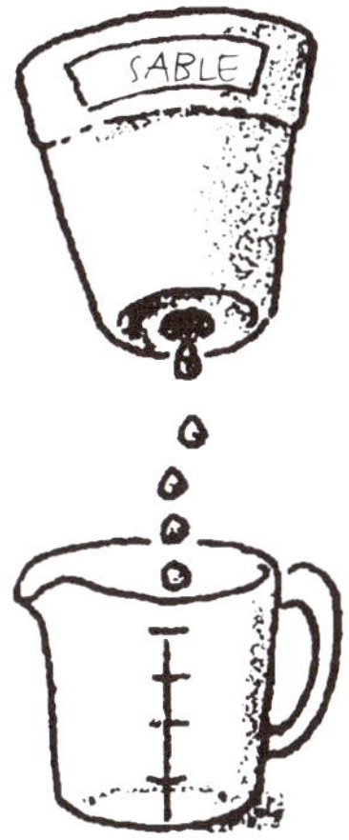

Un sol est qualifié de « perméable » lorsqu'il permet à l'eau de le traverser. Mais quels sols sont les plus perméables ? Quel sol retient le plus d'eau, et lequel le moins ? Lequel retient juste la bonne quantité d'eau ? Pour cette expérience salissante, il est conseillé de travailler à l'extérieur, là où les fuites ne sont pas à craindre !

Que faire ? À l'aide du clou, percer six trous au fond de chaque gobelet ou carton d'emballage. Remplir chacun des gobelets d'un échantillon de chacun des sols choisis, jusqu'à mi-hauteur. Verser ½ casserole d'eau dans les gobelets. Placer un petit récipient sous chaque gobelet pour recueillir l'eau. Verser l'eau s'écoulant des récipients dans le pichet gradué. Noter la quantité d'eau recueillie pour chacun des sols testés.

Que se passe-t-il ? Il y aura de la matière et de l'eau en quantité plus grande au fond de certains récipients que d'autres. L'eau va s'écouler plus rapidement de certains échantillons.

Pourquoi ? Les sols argileux retiennent davantage l'eau, alors que les sols sablonneux la laissent s'écouler plus rapidement. Une surabondance d'eau autour des tendres racines d'une plante peut entraîner son pourrissement, alors qu'un manque d'eau va provoquer son assèchement et sa mort. Les sols comportant une forte proportion d'humus (mélange de débris végétaux et animaux) sont les meilleurs terrains pour la pousse de nombreuses plantes. Ils retiennent la bonne quantité d'eau nécessaire à la croissance des végétaux, tout en stimulant les racines. Certaines plantes, cependant, poussent bien ou encore mieux dans d'autres types de sols.

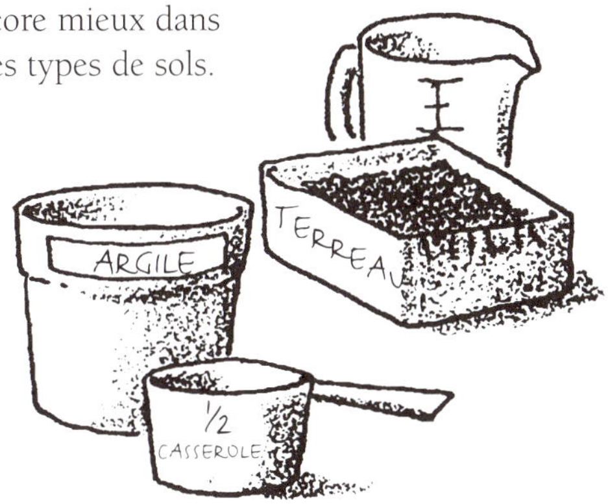

214 Un filtre à eau très terre à terre

MATÉRIEL

un pot de fleurs de taille moyenne ou un carton d'emballage paraffiné au fond percé
un filtre à café ou une serviette en papier
une grande bouteille à soda avec son bouchon
deux grands plats creux
des graviers, du sable
un entonnoir, de la terre, de l'eau

As-tu déjà songé à la manière dont l'eau est purifiée avant d'atteindre ta maison ? Et si tu réalisais un système de filtration de l'eau simplifié, qui répondrait à tes questions ? Tu en tirerais par la même occasion une foule d'informations utiles.

Souviens-toi cependant que, quel que soit le sérieux avec lequel tu effectueras ce travail, l'eau produite par cette expérience ne devra pas être consommée. L'expérience te donnera une bonne idée de la façon dont on filtre l'eau, mais ne constituera pas vraiment une véritable installation de purification. Juste quelques gouttes d'eau non purifiées mélangées au reste sont capables de te rendre malade.

Il est préférable de réaliser cette expérience à l'extérieur, d'une part parce qu'elle peut être salissante et d'autre part parce que c'est dehors que tu trouveras certains ingrédients nécessaires. Du sable propre et des graviers peuvent être achetés en petits sacs dans les magasins de jardinage ou de bricolage.

Que faire ? Placer le filtre ou la serviette au fond du pot ou du carton d'emballage. Remplir le fond du pot avec le gravier ou de petits cailloux, sur une hauteur d'environ 5 cm. Ajouter du sable pour remplir le pot aux trois quarts. Ce sera l'appareil à filtration.

En se servant de l'entonnoir, verser environ 1 tasse de terre dans la bouteille et terminer ensuite de la remplir avec de l'eau. Serrer le bouchon et remuer le tout énergiquement.

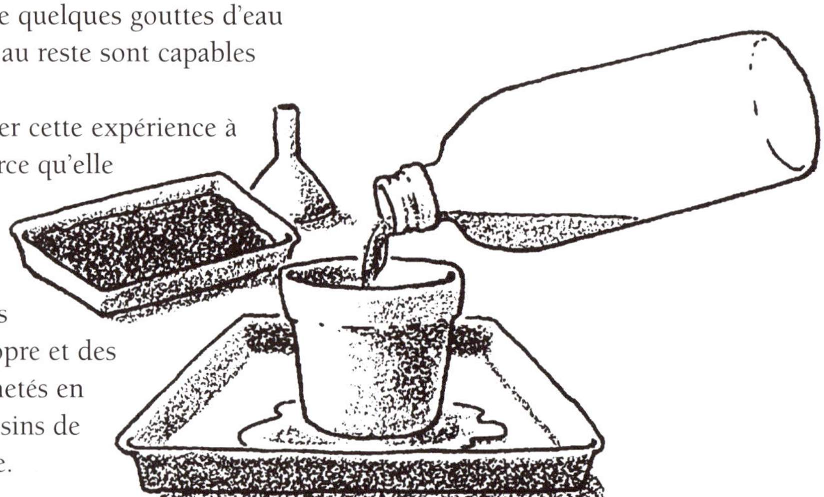

Verser un fond d'eau boueuse de cette bouteille dans l'un des plats creux. Cela constituera le récipient-contrôle, contenant l'eau sale que l'on pourra comparer à l'eau filtrée.

Placer le système de filtration au-dessus du second plat creux et verser un peu d'eau sale par le haut. Observer l'eau qui le traverse et qui s'en écoule, et la comparer à l'eau sale du récipient-contrôle.

Faire preuve de patience, car les premiers échantillons recueillis ne seront sans doute pas aussi clairs que les suivants. Répéter toute l'opération plusieurs fois, jusqu'à ce que l'eau qui sort du système de filtration soit presque claire. Continuer de comparer l'eau obtenue avec celle se trouvant dans le récipient contrôle.

Que se passe-t-il ? La première eau qui va s'écouler de ton système de filtration te semblera encore très sale. Et pourtant, si tu continues à verser peu à peu de l'eau et à alimenter le système, le liquide qui s'en écoulera t'apparaîtra de plus en plus clair. Même si l'eau obtenue en fin de compte te semble propre, il y restera encore probablement une certaine quantité de sédiment.

Pourquoi ? Même s'ils possèdent des ressemblances, ton système de filtration simplifié n'est pas en tous points pareil aux systèmes de filtration des eaux usées des villes. Dans le système urbain, l'eau est d'abord vaporisée dans l'air pour la débarrasser des gaz inopportuns, après quoi certaines substances sont ajoutées afin d'agglomérer les particules de saleté en suspension dans l'eau et faciliter ainsi leur retenue par filtration.

Comme dans ton système, l'eau passe au travers de couches de sable et de gravier, mais elle traverse également une couche de charbon de bois. L'eau est alors javellisée. Le gaz chloré ajouté tue les bactéries qui pourraient être présentes dans l'eau. Purifier les eaux usées nécessite un gros travail.

Tu sais à présent comment fonctionnent les systèmes de purification de l'eau, et pourquoi il ne faut en aucun cas boire l'eau que tu as toi-même « purifiée ».

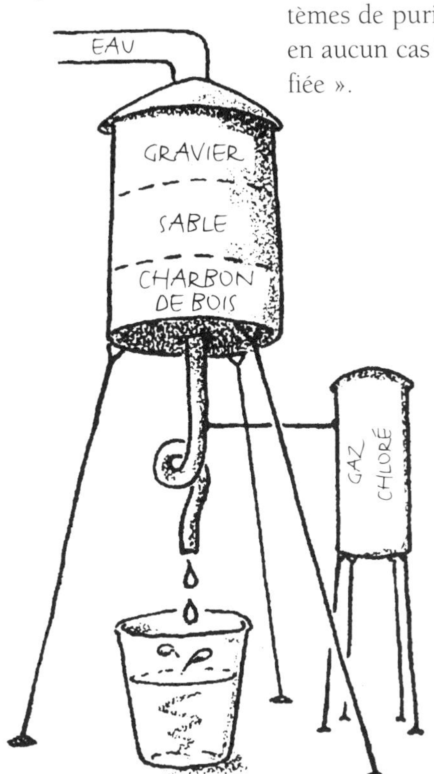

215 Sur le sable

MATÉRIEL
du sable
un plat creux en métal
de l'eau

La mer ronge les côtes et les rivages et construit de nouvelles formations de sable. Au cours de l'expérience suivante, tu vas voir comment la terre est sans cesse rongée et érodée, et de quelle manière le procédé d'érosion modifie les différentes formes existant à la surface de la Terre.

Que faire ? Placer le sable d'un côté du plat et le tasser fermement. Pour cette expérience, ce sable va représenter la plage ou le rivage sablonneux. Verser de l'eau au centre du plat, jusqu'à ce qu'une partie de la plage soit recouverte. En commençant doucement et en augmentant le mouvement, faire glisser le plat en un va-et-vient continu, jusqu'à ce que de petites vagues se forment et viennent se heurter à la plage, en obligeant le sable à l'accompagner dans leurs déplacements.

Que se passe-t-il ? L'action des vagues dans le plat modifie peu à peu la forme de la plage, en attirant le sable vers le bas et le fond du plat.

Pourquoi ? L'ensemble des mers et des océans du globe modifient sans cesse l'aspect des terres qu'ils rencontrent. Certaines mers rongent et découpent de grandes zones rocheuses, tandis que d'autres emportent des masses de sable, pour s'en aller le déposer ailleurs. Cette action progressive mais incessante de l'eau sur la terre porte le nom d'érosion.

216 Un jeu bien salissant, ou les superboîtes de terre

MATÉRIEL
une paire de ciseaux
des cartons de lait d'1 litre
du terreau de jardinage
de l'eau
un plat creux
un bâtonnet
un pichet gradué
du papier
un crayon

Si tu aimais jouer dans la boue quand tu étais petit, tu vas adorer l'expérience qui suit. Réalise-la à l'extérieur et habillé de vieux vêtements, car tu pourrais te salir joliment si tu ne fais pas attention.

Que faire ? Découper un des flancs de chaque carton, du côté opposé au bec verseur. (Ce bec verseur devra reposer sur le sol, comme indiqué sur l'illustration.) Remplir chaque carton de la même quantité de terreau.

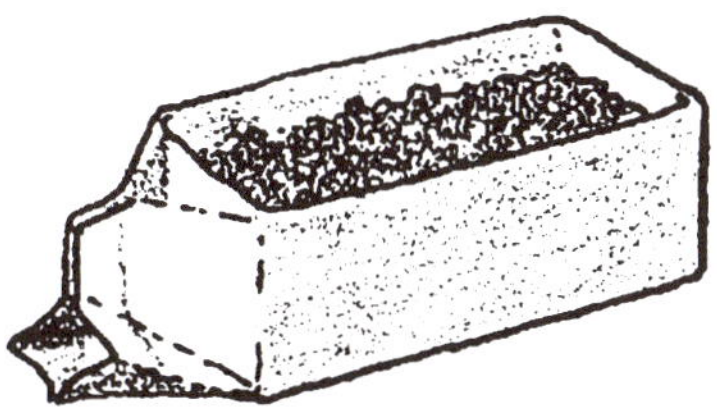

Humidifier le terreau dans chacun des cartons et mélanger soigneusement. Si le terreau est trop mouillé, ajouter un peu de terreau sec et recommencer à mélanger avec la main.

Dans chacun des cartons, repousser le terreau humide vers le fond, pour former une sorte de colline ou une pente, dont le haut se trouvera du côté fermé. Avec la main ou à l'aide du bâtonnet, former sur les côtés ou horizontalement des gouttières dans le premier carton et des marches plus larges dans le second. Laisser le terreau en pente lisse dans le troisième carton.

Laisser les cartons sécher pendant une trentaine de minutes. Lorsque le terreau est sec, placer le premier carton contre un support fixe, en lui donnant une légère inclinaison. Placer le plat creux sous le bec verseur.

Mesurer 1 pichet d'eau et le verser doucement mais sans s'arrêter au sommet de la colline de terreau. Attendre quelques minutes que l'eau traverse le terreau et vienne s'écouler dans le plat creux.

Mettre l'eau obtenue dans le pichet gradué et observer la quantité obtenue. Noter le résultat.

Répéter l'opération avec les deux autres boîtes à terreau et noter à chaque fois les résultats obtenus.

Observer la qualité de l'eau recueillie lors de chaque opération, claire ou trouble, et la quantité de sédiments ou de saletés qu'elle contient. Noter également le temps mis par l'eau pour s'écouler de chacun des cartons.

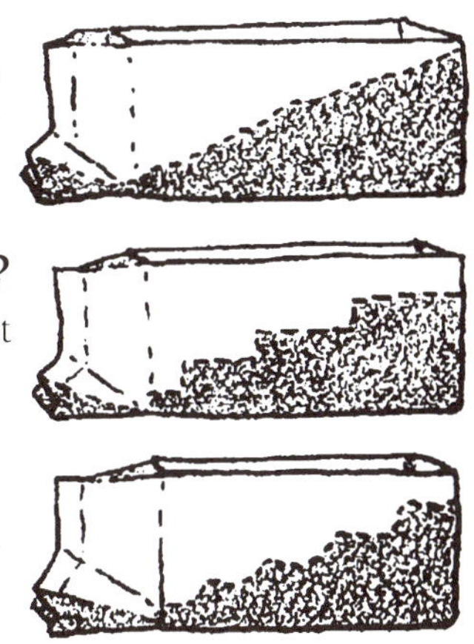

Que se passe-t-il ? Nous récupérons 1 pichet d'eau complet avec les cartons comportant du terreau lisse et du terreau creusé de marches.. Mais nous n'en récupérons qu'un demi-pichet avec le terreau en gouttières. Est-ce ce que tu as obtenu ?

Pourquoi ? Les cartons qui retiennent la terre dans la boîte et non pas dans l'eau sont les vainqueurs sans équivoque. L'érosion des sols, phénomène qui ronge la surface de la Terre, peut être diminuée par des techniques de culture et de conservation appropriées. Les deux techniques utilisées dans cette expérience font appel aux gouttières, sillons que l'on creuse dans le sol, et aux terrasses, pour lesquelles sont formés des plateaux successifs à différentes hauteurs.

Gravité et magnétisme : les forces d'attraction

Même si la gravité et le magnétisme sont deux forces terrestres différentes, elles exercent l'une et l'autre une action remarquable.

La gravité est la force qui entraîne tout objet vers le bas, le centre de notre planète – toi, ta maison, un ballon, ton lit, ta voiture – tout ! Ton poids sur terre est simplement le niveau d'attraction que cette force exerce sur toi.

Les planètes, le Soleil et la Lune possèdent également une gravité, mais d'une puissance plus forte ou plus faible que celle de la Terre. La gravité du Soleil oblige la Terre et les autres planètes à tourner autour de lui, tandis que la gravité de la Lune fait aller et venir les océans lors des marées. Sir Isaac Newton, scientifique anglais, a découvert ce phénomène ainsi que les autres lois de la gravité.

D'un autre côté, les aimants sont dotés d'une force d'attraction polaire, plus ou moins puissante. La Terre elle-même, en raison de son centre métallique, ou noyau, joue le rôle d'un énorme aimant.

Les merveilleuses expériences sur la gravité et le magnétisme que contient le chapitre suivant vont à coup sûr attirer ton attention et t'éloigner de tout ce que tu étais en train de faire.

217 Soulever des poids

MATÉRIEL

un clou
le fond d'une boîte en carton
un fil solide
un trombone
un élastique solide
une règle
des matières à peser (pierres, graviers, haricots secs, riz, terre, sable et bonbons)

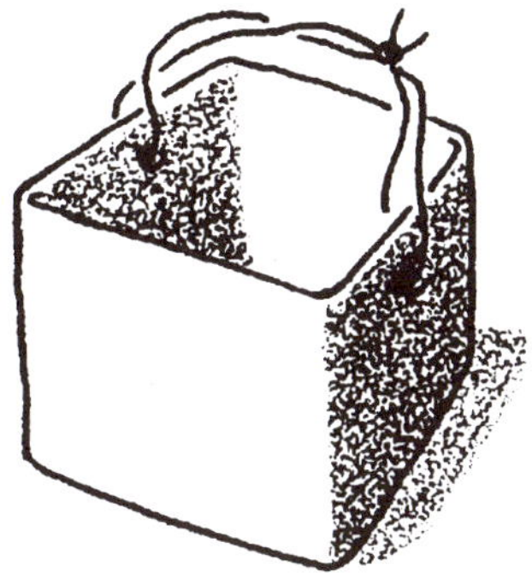

Le poids n'est que la traction exercée par la gravité sur nous et tous les autres objets. Cette expérience va te montrer comment cela fonctionne. Pour éviter de salir (à cause de la gravité, une fois de plus), il est préférable d'effectuer cette expérience à l'extérieur. Il te faudra également l'aide d'un ami.

Que faire ? À l'aide du clou, percer un trou dans un côté de la boîte, à environ 2,5 cm du bord, et percer un second trou juste en face du premier. Passer le fil dans les deux trous et nouer les deux extrémités pour former une poignée. Attacher le trombone à la poignée et passer l'élastique à l'autre bout du trombone.

Placer la règle droite en la maintenant avec un socle de pâte à modeler.

Demander à l'assistant de soutenir la balance maison de manière à ce que le bord supérieur de la boîte soit à la hauteur de l'extrémité supérieure de la règle.

Choisir une des matières à peser et en placer une certaine quantité dans la boîte. Agir progressivement pour remplir la boîte.

Noter de combien de centimètres descend la boîte à mesure qu'elle se remplit.

Observer les différences selon les matières pesées.

Que se passe-t-il ? Ta balance, remplie de poids différentes, mesure la force de traction gravitationnelle sur la matière se trouvant dans la boîte. La boîte est attirée vers le bas selon la force que la gravitation exerce sur elle.

Pourquoi ? La Terre attire tout vers son centre. Plus la force de gravité qui peut s'exercer sur un objet est grande, en raison de sa densité ou de sa masse, plus cet objet est lourd. À mesure que la boîte se remplit et que l'élastique se tend, la force mesurée par la règle augmente.

218 Rires en conserve

MATÉRIEL

2 livres épais et cartonnés
une boîte de conserve vide
munie d'un couvercle
un morceau de pâte à modeler
un crayon

Fais rouler une boîte jusqu'en haut d'une rampe et joue du même coup un bon tour à un ami, tout en apprenant des choses au sujet d'une force importante agissant sur tous et sur tout.

Que faire ? Placer l'un des livres en équilibre sur le bord du second pour former un plan incliné. Placer le morceau de pâte (comme une balle de golf) à l'intérieur de la boîte à conserve et appuyer fermement pour la fixer. La boule devra se trouver à peu près au centre de la boîte, entre les deux extrémités.

À l'extérieur de la boîte, marquer au crayon l'endroit où est collée la boule de pâte, pour qu'on sache où son poids se trouve concentré.

Ensuite, poser le couvercle sur la boîte.

Placer la boîte au bas de la rampe constituée par le livre et faire autant d'essais que nécessaire pour parvenir à faire grimper la boîte le long de la rampe.

Appeler quelques amis pour leur faire voir cette étonnante expérience de « magie scientifique ».

Que se passe-t-il ? De manière surprenante, la boîte roule le long de la petite rampe formée par le livre.

Pourquoi ? Tous les objets sont attirés vers le centre de la Terre par une force constante appelée gravité. Le centre de gravité d'un objet est le point précis autour duquel tout son poids semble être exactement concentré. À cet endroit, il restera en équilibre. La boule de pâte à modeler, à l'intérieur de la boîte, est suffisamment lourde pour modifier son centre de gravité naturel. Ce surplus de poids entraîne un déséquilibre permettant à la gravité d'entraîner la boîte légèrement vers le haut et de monter la rampe, pour retrouver son équilibre.

219 Jeu roulant

Refais l'expérience précédente mais sur des surfaces différentes. Que se passe-t-il lorsque tu places la boîte dans la même position mais au sommet de la rampe ? Et lorsque la boîte est posée sur une surface plane ? Enlève le couvercle de la boîte et observe ce qui arrive à la boule de pâte à modeler quand tu effectues ces différents essais. Lorsque la boîte ne roule pas, le poids à l'intérieur doit se trouver dans une certaine position. Quand le centre de gravité est déplacé, la boîte est forcée de bouger, à cause de ce poids.
Où se trouve son centre de gravité ? Fixe le bout d'un fil dans la boule de pâte à modeler en l'y enfonçant, et observe.

220 Transit express

MATÉRIEL
un gobelet en plastique
une petite boule, faite de pâte à modeler, ou une balle à jouer, ou une bille

Certains trains rapides sont parfois appelés des transits express. Vois à quelle vitesse se déplace une balle dans un verre, et apprends à connaître une importante force de la nature.

Que faire ? Placer la balle dans le verre et faire ensuite rapidement glisser le verre sur une surface plane, comme une table ou un sol dur, en tenant le verre couché, l'ouverture vers l'avant. Interrompre brusquement le mouvement et observer ce que fait la balle.

Que se passe-t-il ? La balle jaillit du fond du verre et continue sa course en roulant, jusqu'à ce qu'elle rencontre un obstacle qui la dévie ou l'arrête.

Pourquoi ? Sir Isaac Newton, physicien anglais, a découvert plusieurs des lois naturelles de la pesanteur et du mouvement. Une de ces lois est appelée l'inertie. Elle enseigne que tout objet au repos tend à le rester aussi longtemps qu'aucune autre force ne s'exerce sur lui pour le mettre en mouvement – et qu'il poursuivra alors ce mouvement, jusqu'à ce que quelque chose survienne pour l'arrêter !

La balle au fond du verre en mouvement y reste tant que ce verre bouge. L'inertie de cette force n'est pas dépassée jusqu'à ce que le mouvement soit brutalement interrompu. L'arrêt brutal est la force qui dépasse l'inertie de la balle au sein du verre en mouvement et c'est elle qui envoie rouler la balle – jusqu'à ce qu'une autre force, placée sur son chemin, l'arrête à nouveau.

221 Le cobra dansant

MATÉRIEL
un fil de coton de 20 cm de long
une épingle
un aimant en fer à cheval

Cette expérience accomplie à l'aide d'une épingle et d'un aimant vous fera songer à ces charmeurs de serpents en Inde, et aux cobras qu'ils font danser.

Que faire ? Faire une boucle à l'extrémité du fil et y attacher la tête de l'épingle.

Tenir l'autre extrémité du fil avec l'épingle posée sur la table et, de l'autre main, tenir l'aimant au-dessus de l'épingle jusqu'à ce qu'elle se soulève. Lorsque l'épingle s'est dressée, soulever délicatement l'aimant pour faire en sorte d'amener l'épingle à flotter dans l'air. Faire lentement bouger l'aimant, par des mouvements circulaires, et observer l'épingle et son fil (c'est-à-dire le cobra) qui suivent les déplacements de l'aimant. À moins de disposer d'un aimant très puissant, l'écart entre l'épingle et l'aimant devra rester très réduit, sans quoi l'épingle et son fil vont retomber sur la table.

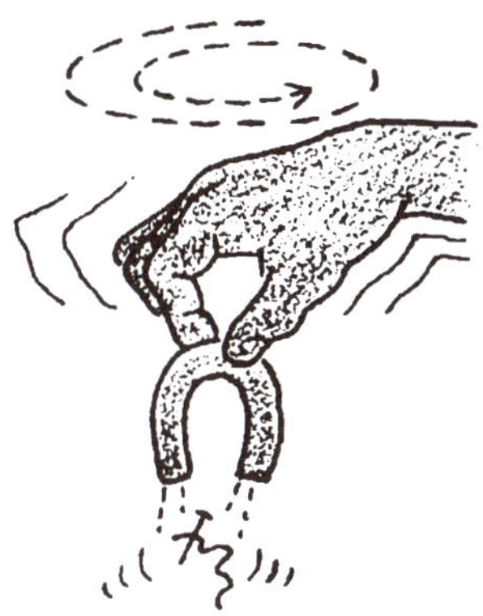

Que se passe-t-il ? L'épingle et le fil restent suspendus en l'air, juste en dessous de l'aimant, et le suivent, quels que soient les déplacements que tu lui fais faire.

Pourquoi ? L'épingle semble ne plus tenir compte de la pesanteur, en flottant sous l'aimant mais sans le toucher. Ceci est la preuve que l'attraction de l'aimant passe dans l'air et qu'à bonne distance, elle peut contrebalancer la force de gravité.

222 Travaux d'aiguille à bord de la Santa Maria

MATÉRIEL
une aiguille
un aimant en fer à cheval
du papier paraffiné
une paire de ciseaux
une assiette remplie d'eau

Christophe Colomb et les autres marins des temps anciens se sont, à coup sûr, servis d'un objet étrange pour trouver la route à suivre au cours de leurs voyages au milieu des océans. Cet objet était une aiguille aimantée flottant sur une assiette d'eau.

De nos jours, les marins disposent de plusieurs moyens pour déterminer leur route sur les océans. Un système de satellites en orbite autour de la Terre est même à leur disposition. Mais voyons d'un peu plus près cette version ancienne des boussoles modernes et observons de quoi est capable une simple aiguille.

Que faire ? Aimanter l'aiguille en frottant une cinquantaine de fois l'une de ses extrémités sur le pôle nord de l'aimant. Faire de même avec l'autre extrémité, en la frottant sur le pôle sud cette fois. S'assurer de faire passer l'aiguille sur l'aimant dans une seule direction, en partant du centre vers la pointe et écarter l'aimant de l'aiguille après chaque passage, avant d'entamer le passage suivant.

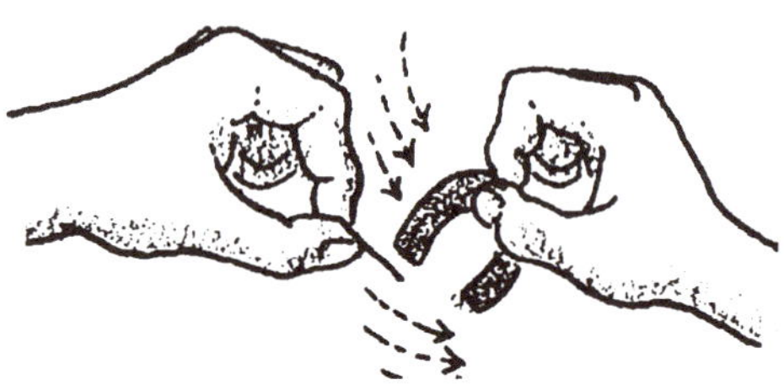

Découper un cercle d'environ 2,5 cm de diamètre dans le papier paraffiné. Placer l'assiette d'eau sur la table. Enfoncer précautionneusement l'aiguille dans le cercle de papier, comme on le ferait pour coudre un vêtement. Faire flotter le papier à la surface de l'eau, au centre de l'assiette. Essayer de faire tourner le papier sur lui-même. Observer ce qui se passe.

Que se passe-t-il ? L'aiguille bouge d'elle-même et s'arrête ensuite. Elle indique le nord et le sud, quel que soit le nombre de fois que tu la fais tourner.

Pourquoi ? L'aiguille flottante réagit à la force magnétique invisible exercée par la Terre, force due à son noyau se comportant comme un gigantesque aimant.

223

Autres tours d'aiguille

Comment savoir si toutes les aiguilles, lorsqu'elles s'immobilisent, indiquent bien l'axe nord-sud ? Pour en être sûr, sers-toi d'une boussole de contrôle, qui te permettra de déterminer si d'autres phénomènes sont la cause des résultats que tu obtiens.

Refais l'expérience précédente, mais utilise cette fois une aiguille qui n'est pas aimantée.

Pose le papier au centre de l'assiette, à la surface de l'eau, et fais tourner l'aiguille. Attends que l'aiguille s'arrête et observe sa position. Fais plusieurs tentatives, et compare les résultats obtenus avec l'aiguille aimantée et avec celle qui ne l'est pas.

224

J'aimante, nous aimantons

Fabrique une boussole magnétique qui ne ressemble pas du tout aux boussoles ordinaires.

MATÉRIEL

une grosse boule de pâte à modeler
un crayon fin muni d'une gomme
un aimant en fer à cheval

Que faire ? Rouler la boule de pâte et la presser ensuite pour former un socle. Piquer la gomme du crayon dans la pâte de manière à ce que le crayon reste dressé, la pointe vers le haut. Poser délicatement en équilibre l'aimant sur la pointe du crayon.

Que se passe-t-il ? L'aimant se déplace de lui-même pour se positionner sur l'axe nord-sud.

Pourquoi ? La Terre est une grosse boule aimantée dotée de pôles magnétiques, le nord et le sud. L'aimant en fer à cheval se place de lui-même sur l'axe nord-sud parce que les métaux et les liquides magnétiques enfouis dans les profondeurs de la terre l'ont transformée en un gigantesque aimant qui attire naturellement toutes les boussoles et tous les aimants. Ces énormes forces magnétiques sont concentrées dans les pôles Sud et Nord, qui, entre parenthèses, ne sont pas exactement les mêmes que les pôles dont nous parlons habituellement, même s'ils n'en sont pas très éloignés.

225 Les épingles en jeu

MATÉRIEL

2 épingles
un aimant en fer à cheval avec les pôles marqués
du papier
un crayon
un fil de coton
2 trombones
un gros livre

Des épingles aimantées se repoussent par leurs pôles semblables, et s'attirent par leurs pôles opposés. Mais est-ce exact ?

Que faire ? Aimanter l'une des épingles en la posant sur une table et en frottant l'une de ses extrémités avec le pôle nord de l'aimant. Partir du centre de l'épingle vers la pointe, garder le même mouvement, et écarter l'aimant entre deux passages. Répéter l'opération une cinquantaine de fois. Agir de même avec l'autre extrémité de l'épingle, mais avec le pôle sud de l'aimant, cette fois. Aimanter la seconde épingle.

Noter quelle extrémité de chaque épingle (pointe ou tête) est aimantée nord ou sud. Attacher 10 cm de fil au centre de chacune des épingles et fixer un trombone à l'autre bout de chaque fil. Faire pendre les épingles au bord de la table, en les écartant de 5 cm et en plaçant les trombones sous le gros livre pour les maintenir en place.

Essayer alors de faire se rapprocher les épingles.

Que se passe-t-il ? Certaines des extrémités s'écartent l'une de l'autre, alors que les autres se rapprochent au point de se heurter.

Pourquoi ? Les pôles magnétiques semblables se repoussent, tandis que les pôles magnétiques opposés s'attirent.

226 La barre au bout du fil

MATÉRIEL

un aimant en forme de barre
un grand morceau de fil de coton
du papier
un crayon

Si tu portes attention à cette barre aimantée et à ses mouvements, tu vas assister à certains événements surprenants.

Que faire ? Attacher l'une des extrémités du fil au milieu de la barre aimantée. Attacher, en la liant ou en la collant, l'autre extrémité à une lampe suspendue, à la barre d'un placard à vêtements ou à un bâton posé entre deux chaises, de manière à ce que le fil puisse bouger librement. Ajuster l'aimant pour qu'il reste parfaitement en équilibre et ne pende ni d'un côté ni de l'autre.

Faire ensuite pivoter l'aimant et attendre 3 minutes environ qu'il ait cessé de bouger. Faire un dessin indiquant dans quelle position se trouvent les pôles nord et sud. Répéter l'opération cinq ou six fois. Est-ce que l'aimant s'immobilise toujours dans la même position, avec ses pôles pointant dans la même direction ?

Que se passe-t-il ? La barre aimantée va inlassablement s'arrêter dans une position identique, avec les pôles pointés dans la même direction, quel que soit le nombre de fois où tu vas le faire pivoter.

Pourquoi ? Suspendu au bout de son fil et libre de ses mouvements, ton aimant se comporte comme une boussole qui se positionne d'elle-même selon la force magnétique qui s'exerce sur elle.

227 Vraies et fausses pièces

La plupart des distributeurs automatiques, servant des boissons ou des friandises, rejettent les pièces de monnaie fausses, comme les jetons ou les pièces de jeu. Comment fonctionne donc ce système de protection contre le vol ?

MATÉRIEL

3 gros livres à couverture cartonnée
un aimant
4 pièces de monnaie de différentes valeurs
3 jetons métalliques

Que faire ? Poser deux des livres l'un sur l'autre et disposer le troisième sur la petite pile, en l'inclinant pour former une pente. Placer l'aimant sur la pente, à mi-hauteur. Faire rouler une à une les pièces de monnaie et les jetons, de manière à les faire frôler l'aimant au passage.

Que se passe-t-il ? Les pièces de monnaie continuent leur course jusqu'en bas, tandis que les jetons sont arrêtés et attirés par l'aimant.

Pourquoi ? L'aimant « capte » les jetons parce qu'ils sont constitués d'acier ou de fer, mais n'arrête pas les pièces officielles, pourvues du sceau gouvernemental, parce qu'elles sont faites d'un mélange de métaux qui ne sont pas magnétiques.
De nombreuses pièces de monnaie sont à base de cuivre. Les aimants n'attirant pas le cuivre, on peut donc s'en servir pour arrêter les jetons ou les fausses pièces, faites de fer ou d'acier, que les voleurs tentent d'introduire dans les distributeurs automatiques.

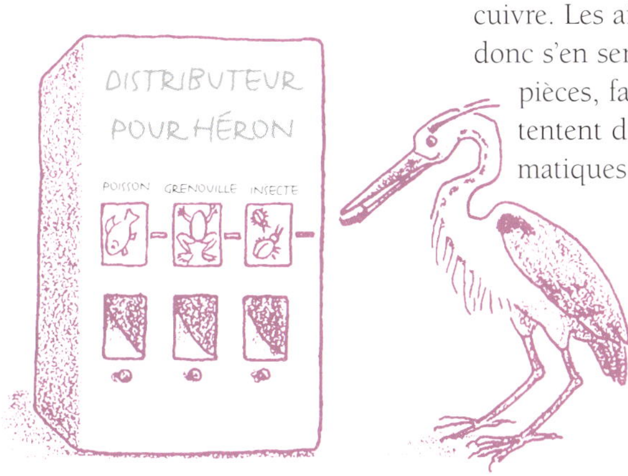

228 Papier à dessin

MATÉRIEL
2 feuilles de papier
une paire de vieux ciseaux
de la paille de fer
un aimant
une loupe

Devinette : sur quel papier peut-on dessiner, sans se servir de crayon ni être un artiste ? Fais l'expérience suivante et tu le sauras.

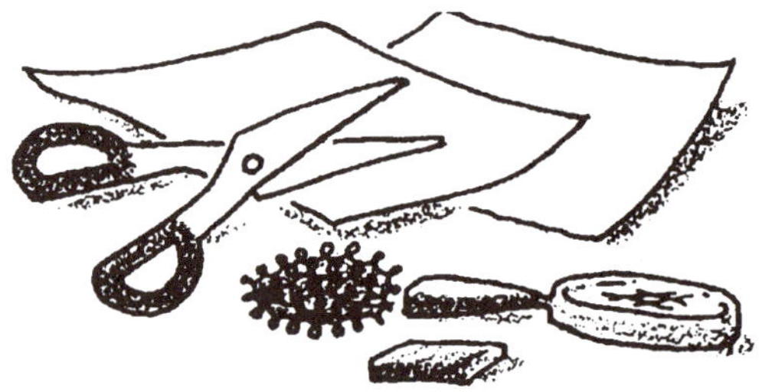

Que faire ? Sur l'une des feuilles de papier, à l'aide des vieux ciseaux, découper la paille de fer en tout petits morceaux. (Prendre garde aux éclats.) Poser l'aimant sur la table et le couvrir de la seconde feuille de papier de manière à ce que l'aimant se trouve au centre de la feuille. Ensuite, avec précaution, jeter les morceaux de paille sur la feuille couvrant l'aimant. Frapper doucement la table à proximité de la feuille couverte de paille et observer les mouvements des filaments de fer. Observer les formes prises par les morceaux de paille avec la loupe.

Que se passe-t-il ? Les petits morceaux de paille de fer s'alignent autour de l'endroit où se trouve l'aimant et dessinent une forme circulaire.

Pourquoi ? La forme dessinée par les morceaux de fil de fer ressemble à un cercle autour de l'aimant. Cette forme est appelée le champ de force magnétique. Les morceaux de fil se rassemblent davantage au niveau des pôles magnétiques, là où la force est la plus grande, et moins entre ces deux pôles, là où la force est la plus faible. C'est une force magnétique de ce genre qui entoure la Terre. La Terre étant un énorme aimant, tous les objets de fer ou d'acier se trouvant à sa surface se comportent de cette manière.

Ne pas jouer avec les vieux fossiles

À un moment ou un autre, nous avons tous laissé la lumière allumée dans la pièce que nous quittions, mis en marche l'air conditionné alors qu'il ne faisait pas très chaud, ou bien allumé le chauffage alors qu'il ne faisait pas si froid. Il est également très facile d'oublier de couper l'eau du robinet tout de suite après s'être lavé, et de se débarrasser des boîtes d'aluminium, du papier et des bouteilles en verre et en plastique lorsqu'elles sont vides, sans même y penser. Mais les ressources de la Terre, ces substances naturelles que nous utilisons pour fabriquer de l'énergie et pour rendre notre vie meilleure, sont en train de s'épuiser rapidement. Certains scientifiques prédisent que les ressources de la Terre auront disparu d'ici cinquante ans. C'est-à-dire au cours de ton existence !

Les ressources terrestres comme le charbon, l'huile et le pétrole servent à chauffer et refroidir nos maisons, à produire de l'électricité, et à alimenter les moteurs de nos voitures. On les appelle des combustibles fossiles parce qu'ils sont constitués des restes de végétaux et d'animaux morts. Lorsque ces fossiles auront disparu, ils ne pourront pas être remplacés.

Il existe d'autres façons naturelles de produire de l'énergie. On peut utiliser l'eau chaude gisant dans les profondeurs de la terre (la géothermie), l'énergie nucléaire, les panneaux solaires, les éoliennes, les génératrices actionnées par l'eau (l'hydroélectricité), ou des machines spécialisées dont les mouvements servent à produire davantage d'énergie. Tant que l'énergie ne sera pas produite totalement grâce à ces sources, les combustibles fossiles ne seront pas abandonnés.

Que pouvons-nous donc faire pour aider la Terre ? On peut éteindre les lumières en quittant une pièce, maintenir thermostats et contrôles de chauffage à des niveaux qui n'entraîneront pas de gaspillage d'énergie, s'habiller chaudement ou prendre une couverture supplémentaire lorsqu'il fait froid, boire de l'eau fraîche et porter des vêtements légers quand il fait chaud. Et également, recycler le papier, le verre, l'aluminium, le plastique et certains métaux (tout ce qui est collecté à l'endroit où tu habites). Ne pas gaspiller l'eau. En utiliser moins pour se laver, prendre des douches plus courtes, ne pas se servir de la chasse d'eau quand ce n'est pas nécessaire, couper l'eau pendant que l'on se brosse les dents. Pour ton information, un seul robinet qui fuit peut entraîner la perte de milliers de litres d'eau chaque année !

Dans le chapitre qui suit, tu vas apprendre des choses au sujet de la conservation de l'énergie, des combustibles fossiles et du recyclage. Tu pourras même apprendre comment fabriquer votre propre papier, à partir de papier recyclé. Mais souviens-toi que ce sont tes efforts personnels en tant que personne responsable et consciente, en tant que défenseur de l'environnement, qui aideront au sauvetage de notre planète. Alors ne joue pas avec les vieux fossiles, épargne-les !

Chauffage domestique

Une serre est une maison de verre où poussent les plantes, dans laquelle la chaleur du soleil reste enfermée, et dont l'humidité ne peut pas s'échapper.

Les scientifiques considèrent que la Terre est devenue une espèce de serre. En brûlant le charbon, l'huile et les autres produits appelés combustibles fossiles, en usant et abusant de nos voitures, en chauffant et rafraîchissant nos maisons grâce à l'électricité et au gaz, du gaz carbonique et d'autres substances gazeuses dangereuses se répandent dans l'atmosphère. Ces gaz se comportent comme un toit, ou un couvercle, au-dessus de l'atmosphère terrestre, enfermant la chaleur du soleil et l'empêchant de se répandre dans l'espace qui nous entoure.

Lorsqu'on abat des arbres sur de vastes zones, ainsi que cela se passe dans de nombreuses forêts tropicales, des tonnes de gaz carbonique s'ajoutent à l'atmosphère, au lieu d'être changées en oxygène respirable. Le phénomène équivaut à placer la Terre dans une énorme casserole de verre, où la chaleur du soleil reste prisonnière et où l'air devient de plus en plus chaud et étouffant.

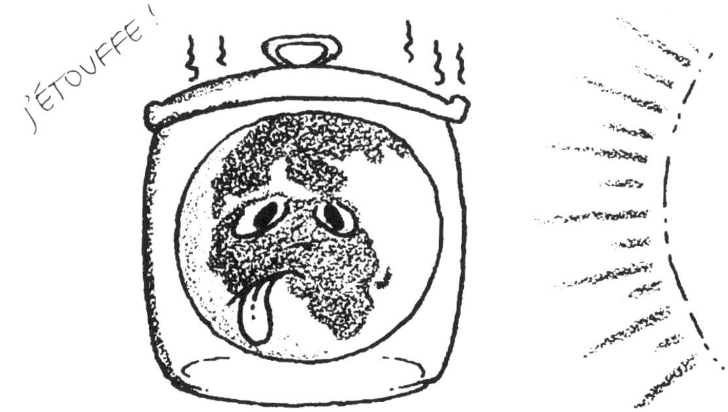

229 Quelle serre ?

MATÉRIEL
un bocal de verre avec son couvercle
1 cuillérée à café d'eau
un endroit ensoleillé à l'extérieur

Tu n'as peut-être jamais vu de serre, mais comprendre l'effet de serre et son impact est très important pour ta vie de tous les jours.

Que faire ? Verser la cuillérée d'eau dans le bocal. Placer le couvercle et le fermer de telle sorte que l'air ne puisse plus passer. Laisser le bocal au soleil, à l'extérieur, pendant 1 heure.

Que se passe-t-il ? Des gouttelettes d'eau se sont formées à l'intérieur du bocal.

Pourquoi ? La chaleur du soleil a chauffé l'air dans le bocal et les mouvements des molécules d'eau se trouvant à l'intérieur ont commencé à s'accélérer. L'eau s'est alors évaporée dans l'air du bocal, mais cette humidité n'avait aucun moyen d'en sortir, si bien qu'elle s'est rassemblée en gouttelettes sur les parois plus froides du bocal. On appelle cela la condensation. Le couvercle du bocal a agi à la manière d'une serre où se produit l'effet de serre. C'est également ainsi que se comporte le gaz carbonique produit par notre propre énergie ou par l'usage de combustibles fossiles dans les industries. La couche de gaz agit comme un couvercle posé sur la Terre et empêche la chaleur produite de s'échapper dans l'espace.

230 Une serre : une affaire de fermeture et d'ouverture

Refais l'expérience précédente, mais cette fois en ne posant pas le couvercle sur le bocal. Effectue l'expérience avec des récipients de tailles différentes (avec ou sans couvercle) et avec différentes quantités d'eau. Est-ce que la chaleur qui entraîne la formation de vapeur intervient plus tôt ou plus tard ?

Quelles différences observes-tu ? Que t'enseigne cette expérience au sujet de ce qui se passe pour la Terre ? Les résultats obtenus te suggèrent-ils des façons de se protéger contre l'effet de serre ?

231 Préchauffage

Mesurer l'énergie calorifique contenue dans un récipient en verre nous montre une fois de plus comment fonctionne l'effet de serre et quels effets il a sur nous. Il faudra réaliser cette expérience un jour ensoleillé.

MATÉRIEL

2 thermomètres
un bocal à large ouverture avec son couvercle
2 petites pierres
2 bandes de papier noir ou de tissu noir de 5 cm sur 15 cm
du papier
un crayon

Que faire ? S'assurer que, dans les mêmes conditions, les deux thermomètres indiquent bien la même température. Trouver un endroit extérieur bien ensoleillé et y poser le bocal, en position couchée. Placer une petite pierre de chaque côté du bocal pour l'empêcher de rouler.

Prendre une des bandes de papier, y poser un des thermomètres et placer le tout dans le bocal. Fermer le couvercle avec soin, sans faire bouger le thermomètre.

Placer le second thermomètre sur la seconde bande de papier noir à côté du bocal. Noter les températures indiquées par les deux thermomètres, attendre 10 minutes, et noter à nouveau les températures.

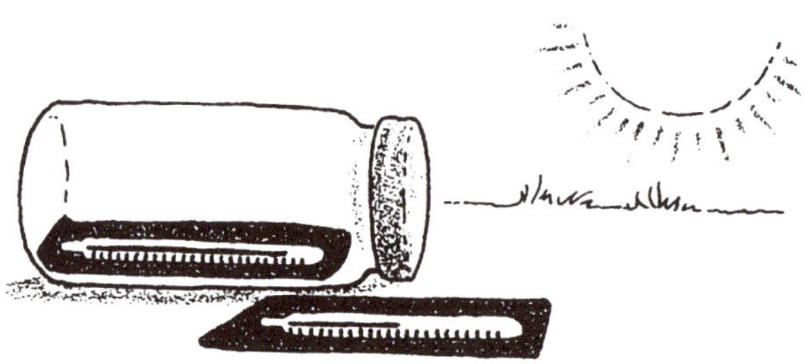

Que se passe-t-il ? Le thermomètre dans le bocal fermé enregistre une température plus élevée que celui qui se trouve à l'air libre.

Pourquoi ? Cette expérience en vase clos te montre les effets des énormes quantités de gaz carbonique (CO_2) répandu dans l'atmosphère terrestre. Le CO_2 agit comme le verre du bocal, en emprisonnant la chaleur. Alors que la lumière solaire tombe également sur les deux bandes de papier, qui l'absorbent et produisent la même quantité d'énergie calorifique, la chaleur ne peut pas se répandre à cause de la barrière que constitue le verre.

Le CO_2 est produit par notre respiration, mais la plus grande part provient des industries brûlant des combustibles fossiles (fumées d'usines) ainsi que des moteurs de voitures, entraînant pollution et élévation de la température dans l'atmosphère. Cet enfermement de la chaleur causé par l'augmentation des quantités de CO_2 dans l'atmosphère porte le nom d'effet de serre.

232 Un peu de fraîcheur

Refais l'expérience précédente, mais sans utiliser les bandes de papier noir. Cela fait-il une différence ? Emmène à l'intérieur le bocal contenant le thermomètre (sans l'ouvrir) et laisse l'autre thermomètre à l'extérieur.

Note les températures affichées par les deux thermomètres. Est-ce qu'il y a des différences dans le temps qu'ils ont mis l'un et l'autre pour baisser de niveau ? Est-ce que l'un d'eux a baissé plus vite que l'autre et à quelle vitesse ?

233 Oh, oh ! Ozone !

MATÉRIEL
un chewing-gum
une bouteille de soda
de l'eau très chaude
une loupe

Fabrique un modèle de couche d'ozone, cette fine pellicule de gaz située dans la haute atmosphère qui nous protège des rayons ultraviolets nocifs envoyés par le Soleil. Informe-toi au sujet des chlorofluorocarbones, ces matières chimiques qui rendent la vie meilleure et plus facile, mais qui causent également bien des dommages (en détruisant les molécules d'ozone). Ensuite, observe ton modèle de couche d'ozone qui se perce, qui diminue peu à peu et finit par disparaître tout à fait !

Que faire ? Mâcher le chewing-gum pour le ramollir. Lorsque c'est fait, le sortir de la bouche et l'aplatir entre les doigts pour former un petit disque. Il servira de bouchon étanche à la bouteille.

Ensuite, remplir sous le robinet la bouteille avec de l'eau très chaude. Prendre le disque de chewing-gum et le placer sur le goulot de la bouteille pour la sceller. S'assurer de ne pas faire de trou dans le bouchon, qui doit être en contact avec l'eau dans la bouteille. Observer ce qui se passe à l'aide de la loupe.

Que se passe-t-il ? Le bouchon de chewing-gum, en contact avec l'eau chaude, perd de son élasticité, ou capacité à être étiré. De petits trous se forment. Le bouchon de chewing-gum finit par disparaître.

Pourquoi ? Dans ton modèle, la bouteille représente la Terre, alors que le chewing-gum fait office de couche d'ozone. L'eau chaude touchant la gomme agit comme les CFC (chlorofluorocarbones), ces produits chimiques qui abîment les molécules d'ozone. On trouve des CFC dans les systèmes à air conditionné et les réfrigérateurs, ainsi que dans les emballages en mousse de plastique utilisés dans certains restaurants fast-food. Ces produits chimiques sont libérés dans l'atmosphère sous forme de gaz de chlore, qui lui-même cause la destruction de l'ozone.

234 Veiller au grain

De quelle manière réduire la quantité de CFC dans l'atmosphère terrestre ? Bien évidemment, tu ne pourras pas y arriver seul, mais tu as néanmoins un rôle à jouer. Achète moins de produits contenants des CFC, utilise moins souvent l'air conditionné, et garde à l'esprit tes autres responsabilités envers Mère Nature. Travailler ensemble est la seule manière de sauver notre planète.

À présent, refais l'expérience précédente, mais au lieu de remplir complètement la bouteille, arrête-toi lorsqu'elle sera à moitié pleine. Est-ce que le bouchon de chewing-gum montre des signes de faiblesse ? Est-ce qu'il y a une différence ? Tu constates maintenant à quel point répandre moins de CFC dans l'air (ou mieux encore, pas du tout) peut être important pour la couche d'ozone protégeant la Terre.

235 Un vrai système solaire

MATÉRIEL

265 cm de tuyau pour aquarium (acheté dans un magasin spécialisé)
un élastique
un bocal de petite taille mais à large ouverture
une feuille de papier d'aluminium
un plat de cuisson
une grande bouteille de soda
de l'eau

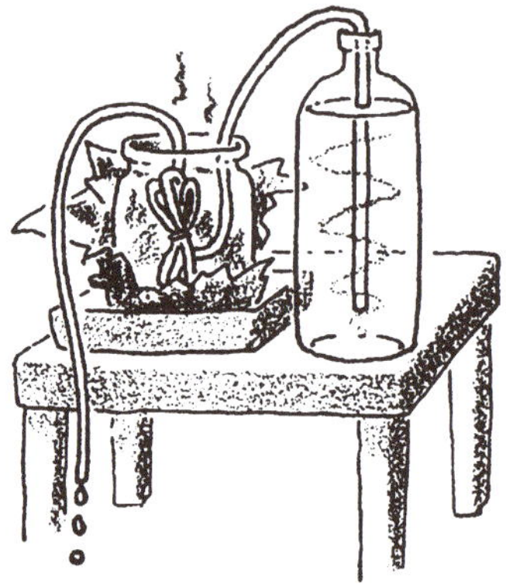

Nous ne parlons pas du Soleil, de la Lune et des autres planètes, mais bien d'un système de chauffage solaire. Dans les régions les plus chaudes du globe, un ensemble de panneaux peuvent être aperçus sur les toits des immeubles et des maisons. Ces panneaux captent les rayons du soleil et utilisent cette énergie pour chauffer l'eau.

C'est le moment de fabriquer ton propre capteur solaire pour chauffer l'eau. L'affaire est simple et amusante, et elle ne demande pas d'équipements coûteux. Cette expérience devra cependant s'effectuer à l'extérieur, dans un endroit chaud où les rayons du soleil pourront tomber directement sur ton capteur. Le meilleur moment pour agir se situe entre 13 et 14 heures, lorsque le Soleil est le plus fort. Il est important de préchauffer la bouteille du capteur en la laissant au soleil pendant 30 à 60 minutes avant d'entreprendre l'expérience.

Que faire ? Replier le tuyau de plastique sur lui-même, en accordéon, en laissant de part et d'autre 50 centimètres de tuyau libre. Placer l'élastique autour du tuyau en accordéon et glisser ensuite le tout dans le bocal. Couvrir l'ouverture du bocal avec la feuille de papier aluminium, en laissant passer les deux extrémités de tuyau libres. Poser le bocal dans le plat et installer le tout au soleil pour un préchauffage d'une heure environ.

Poursuivre l'expérience en remplissant la grande bouteille avec de l'eau froide du robinet, la poser sur la table à côté du bocal et glisser une des extrémités du tuyau dans la bouteille. L'autre extrémité devra pendre librement au bord de la table.

Ensuite, pour amener l'eau à circuler dans le tuyau et passer dans le capteur (constitué par le bocal), aspirer doucement par l'extrémité libre du tuyau, comme on le ferait avec une paille. Cela va entraîner la circulation de l'eau, qui partira de la bouteille, pour passer ensuite dans le capteur, avant de s'écouler par l'extrémité libre du tuyau. L'eau va s'écouler du tuyau lentement mais sûrement.

Que se passe-t-il ? L'eau qui s'écoule lentement du tuyau et tombe sur le sol se révèle légèrement mais indubitablement plus chaude que celle qui se trouve dans la bouteille.

Pourquoi ? Ton chauffage solaire est une version miniature des grands panneaux solaires installés sur les toits. Comme ces vastes capteurs, ta réplique capte l'énergie solaire et chauffe l'eau qui passe dans ses tuyaux. La température atteinte par l'eau qui transite par ton capteur dépend de plusieurs facteurs : l'époque de l'année, l'heure du jour, la température extérieure, l'endroit où est installé le capteur, la vitesse avec laquelle l'eau transite par le système, et combien de temps a duré le préchauffage du capteur, avant que l'eau ne le traverse.

236

La chaleur sous le col

MATÉRIEL
un capteur solaire (expérience 235)
une bouteille de soda
de l'eau

Quelle est donc la température sous le col d'aluminium qui ferme le bocal ? C'est le moment de l'apprendre. Au cours de cette expérience, tu auras non seulement appris la manière de fabriquer un capteur solaire, mais tu auras également fait appel à un siphon, système utilisé pour faire passer les liquides d'un endroit élevé à un endroit plus bas. Un siphon fonctionne grâce à une force naturelle capitale, la gravité !

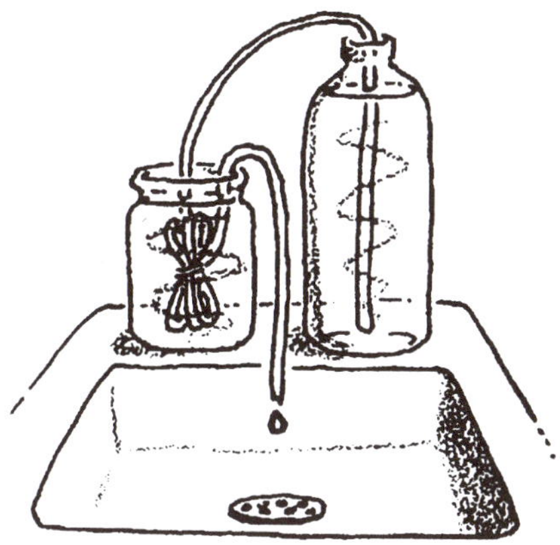

Que faire ? Enlever la feuille d'aluminium du bocal capteur. Laisser le tuyau comme il est et remplir le bocal avec de l'eau très chaude au robinet. Remplir ensuite la bouteille avec de l'eau très froide, toujours au robinet.

Placer la grande bouteille à côté du capteur sur le rebord d'un évier ou sur une petite table à l'extérieur.

Glisser une des extrémités libres du tuyau dans la bouteille remplie d'eau froide. L'autre extrémité devra pendre dans l'évier ou vers le sol (si l'on est dehors). Une fois encore, aspirer dans cette extrémité libre pour permettre à l'eau de circuler dans le système.

Qu'observe-t-on ? Est-ce que l'eau qui sort du tuyau est plus chaude que celle qui s'écoulait du capteur lors de la première expérience ? Quelles variables ont affecté la température de l'eau qui sort du système ? Peux-tu trouver un objet que tu possèdes certainement chez toi et qui fonctionne de la même manière ? Pense à un chauffage à eau.

Folies fossiles

Il y a des centaines de millions d'années, de grandes plantes comme les mousses et les fougères croissant dans les marais sont mortes et se sont empilées les unes sur les autres. Ces couches se sont transformées en tourbe, matière végétale pourrissante. Ce phénomène s'est poursuivi au cours des siècles jusqu'à ce que de vastes étendues de plantes pourrissantes se soient constituées en couches, qui furent recouvertes par de la vase, des roches et des sédiments. Comprimées par des poids considérables, ces couches ont vu leur composition chimique se transformer, sous l'effet de la chaleur naturelle et de la pression, et sont devenues des gisements de carbone pur (le charbon) ou de gaz naturel, constitué pour une large part d'un gaz des marais appelé méthane.

Du pétrole brut s'est également formé de la même manière, par modification chimique des restes de petits animaux et végétaux marins, sous l'effet de la chaleur et des hautes pressions. Cette compression a transformé les restes d'animaux et de végétaux marins en pétrôle. Une grande partie de ces transformations chimiques ont eu lieu au fond de mers anciennes dont la plupart ont disparu de nos jours.

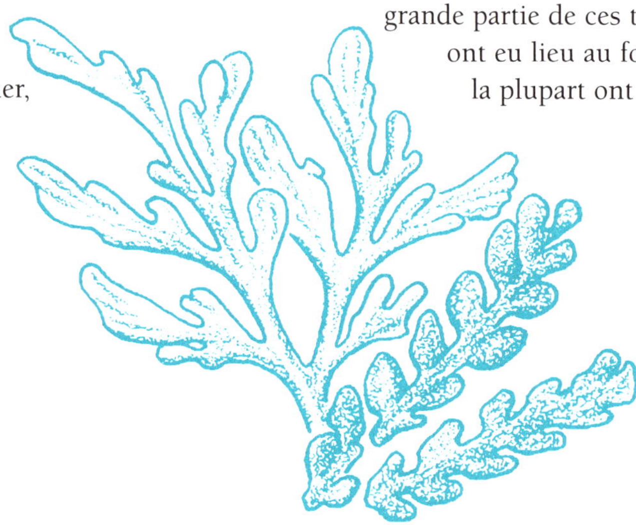

237

Un test épicé

Tu peux réaliser un test acide-base pour mesurer le degré d'acidité d'un produit. Dans ce test, des liquides sont mis en présence de bandes de papier réactif. Le changement de couleur qui en résulte est comparé à la bande de pH pour déterminer à quel point la substance testée est acide ou basique (alcaline).

L'échelle des pH est une suite de chiffres et de couleurs. Le chiffre 1 est extrêmement acide, tandis que le chiffre 14 correspond à un alcalin puissant, qui neutralise les acides. Le chiffre 7 est considéré comme valeur neutre.

À présent, tu vas fabriquer ton propre papier réactif en te servant d'une épice appelée le curcuma. Le curcuma liquide pouvant tacher, il faudra couvrir l'endroit de l'expérience avec du papier journal.

Ensuite, dans un petit récipient, tu mélangeras 1 cuillérée à soupe de curcuma avec 5 cuillérées à soupe d'eau chaude du robinet, pour obtenir, après avoir mélangé doucement, une pâte de curcuma.

Découpe ensuite de petites bandes dans d'épaisses serviettes en papier. Plonge ces bandelettes dans la pâte de curcuma. Il faut que les bandelettes soient bien couvertes de pâte. Celle-ci risque de tacher tes doigts. Laisse ensuite sécher les bandelettes d'un jaune doré sur le papier journal.

Lorsque les bandelettes auront séché, teste-en une avec du vinaigre, une autre avec de l'eau savonneuse, et d'autres encore dans une solution de bicarbonate de soude, de jus de citron, et d'eau avec du détergent. Si le produit est très acide, la bandelette va virer au jaune. S'il est alcalin, elle prendra une teinte rouge-brun. Tu peux également tester ainsi l'eau du robinet, l'eau des lacs et des rivières, ou même le sol.

Après avoir effectué les essais, laisse sécher tes bandelettes en notant sur chacune d'elles quelles substances elles ont testées.

La pluie qui tue

Les pluies acides sont-elles responsables de la destruction progressive des forêts du globe ? Peut-être pas directement, mais de nombreux scientifiques tombent d'accord pour dire que toutes les conditions qui affectent les plantes et les arbres sont importantes pour leur santé et leur survie.

Les pluies acides sont constituées d'acides nitriques et sulfuriques et entraînent la formation de poisons métalliques naturels, comme le mercure, qui peuvent attaquer végétaux et animaux. Elles contaminent les minéraux souterrains dont les plantes ont besoin pour se nourrir et détruisent les plantes dont nous nous servons nous-mêmes comme nourriture.

Les composants sulfurés et azotés des pluies acides et des poussières acides (appelées dépôts acides) ont également une action sur les immeubles, les voitures, les statues et les autres objets inanimés, causant bon nombre de dégâts au fil des ans.

Ces pollutions acides se retrouvent au sein des pluies, de la neige, du brouillard et de l'humidité de l'air partout dans le monde, dans des proportions variables selon les régions. Sais-tu que certaines villes d'Europe subissent des pluies aussi acides que du jus de citron (2,3 sur l'échelle des pH) ? Comment est donc la pluie chez toi ? Il te suffit de tenter l'expérience suivante.

238 Fabriquer du papier

MATÉRIEL

du papier d'aluminium
une paire de ciseaux
un crayon
du papier journal
un gros bocal avec son couvercle
de l'eau chaude du robinet
une cuillère en bois
un plat en métal
3 cuillérées à soupe de Maïzena (farine de maïs)
des marqueurs, crayons de couleur et pinceaux

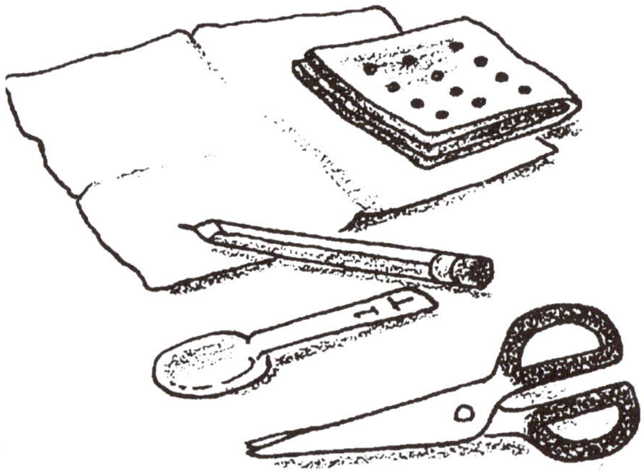

Le papier est généralement fabriqué à partir de petits fragments de bois et d'eau, mélangés pour former une boue pulpeuse. Celle-ci est alors étendue sur un cadre et mise à sécher. Tu vas pouvoir fabriquer ton propre papier, et tu n'auras même pas à te servir d'un mélangeur pour obtenir le bon mélange.

La « recette » te donnera 4 feuilles carrées de 15 cm sur 15 cm. Cette expérience est salissante, il est donc conseillé de réaliser le mélange sur le plan de travail de la cuisine et de terminer les opérations à l'extérieur, sur une table qui pourra ensuite être nettoyée. Fabriquer du papier est un long processus. Cette expérience pourra te prendre toute une journée.

Que faire ? Découper quatre feuilles de papier d'aluminium et les replier pour former 4 carrés de 15 cm de côté. On s'en servira pour constituer un cadre qui retiendra le mélange et lui permettra de sécher. Percer des trous à l'aide du crayon dans chacune des feuilles, en longueur et en largeur, à des intervalles d'environ 1 cm.

Ensuite, découper des bandes longues et fines dans le papier journal et les déchirer ensuite en petits morceaux. Il faudra obtenir environ 1 bonne tasse et demie de morceaux de papier.

Placer les morceaux de papier dans le bocal et le remplir ensuite aux trois quarts d'eau chaude du robinet. Mettre le couvercle en place et laisser reposer le mélange pendant trois bonne heures, en remuant de temps à autre le bocal et en l'ouvrant pour mélanger les morceaux de papier à l'aide de la cuillère en bois. Plus on mélangera avec énergie et plus le mélange deviendra pâteux, crémeux et homogène. Ajouter de l'eau aussi longtemps que le papier parvient à l'absorber.

Lorsque le mélange est pâteux et crémeux, le verser dans le plat. Ajouter un peu d'eau, si nécessaire. Mélanger une fois encore le tout à l'aide de la cuillère et s'assurer que l'ensemble du papier s'est désagrégé. Ensuite, mélanger les 3 cuillérées à soupe de Maïzena dans 1 tasse d'eau chaude. Verser la solution dans la pâte à papier et mélanger soigneusement.

Il est conseillé d'entreprendre la suite de l'activité à l'extérieur, dans un endroit qui pourra être nettoyé

en fin d'expérience. Déposer le plat avec la pâte et placer un carré d'aluminium à la surface.

Avec la paume des mains, appuyer sur le carré d'aluminium jusqu'à ce que la pâte le recouvre entièrement. Retirer ensuite le carré et le poser sur la table. De la pâte à papier se sera collée au carré d'aluminium. Le presser à plat sur la table avec les mains pour en chasser l'eau. Répéter l'opération avec les autres carrés d'aluminium.

Étaler quelques feuilles de papier journal dans un endroit ensoleillé et y laisser sécher les carrés d'aluminium avec leur pâte. À mesure que le papier sèche, continuer de presser les carrés pour en chasser l'eau. Tout en exécutant cette opération, repérer tous les petits trous qui pourraient s'être formés dans le papier et les refermer.

Au bout de 3 heures, décoller délicatement la feuille de papier de son support d'aluminium et découper les bords pour former une feuille bien nette.

Avec les crayons ou la peinture, les marqueurs, les pinceaux ou la craie, rédiger et décorer une splendide carte postale en papier recyclé. L'envoyer à une de tes connaissances. Un jeune défenseur de la nature sera un destinataire idéal pour cette carte tout spécialement fabriquée pour lui.

Et ensuite ? Ton papier recyclé ressemble davantage à du carton d'emballage à œufs qu'à du papier normal. Mais qu'arriverait-il si tu te servais d'autres matières que du papier journal pour le fabriquer ? Récolte donc des échantillons de papier blanc usagé et recycle-les comme tu l'as fait avec le papier journal. Quelle différence obtiens-tu dans la texture et la couleur du papier ?

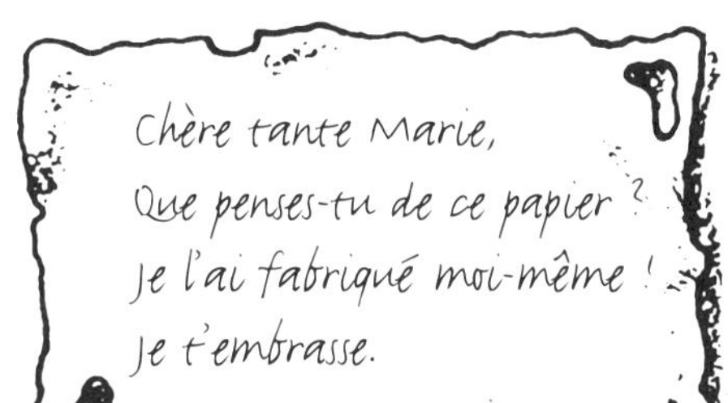

LE TEMPS

Pourquoi le pôle Nord est-il plus froid que l'équateur ? Pourquoi le Soleil se couche-t-il ? Qu'est-ce qui cause le tonnerre et les éclairs ? Grâce aux expériences contenues dans les quatre chapitres suivants, tu vas comprendre tout cela ainsi que bon nombre des mystères qui entourent le climat et le temps qu'il fait. Le climat est le temps moyen qu'une région connaît sur une longue période. Le temps concerne les changements quotidiens survenant dans la partie basse de l'atmosphère, masse d'air qui entoure la Terre.

Climat et temps sont provoqués par l'interaction de la Terre et du Soleil. Tous deux ont à voir avec la chaleur, le vent, et l'eau. Les expériences des chapitres qui suivent vont te faire voir comment et pourquoi.
Tu apprendras ainsi pourquoi certaines régions et certaines saisons sont plus chaudes que d'autres. Tu seras sans doute surpris d'apprendre que la proximité du Soleil n'est pas la vraie raison ! Tu sauras ce qui donne naissance au vent et pourquoi il lui arrive d'être si destructeur. Tu découvriras pourquoi l'air froid apporte normalement avec lui des « hautes pressions » et du beau temps, alors que l'air chaud entraîne souvent des « basses pressions » et des vents puissants.

Tu en arriveras à comprendre la neige, la grêle, les éclairs et le tonnerre. Tu seras capable de fabriquer ta propre station météo, d'assembler les instruments nécessaires pour déterminer les températures, la pression de l'air, la direction du vent et sa vitesse, l'humidité et les averses.

Tu peux commencer par n'importe quelle expérience de ces 4 chapitres, mais il est conseillé de prendre ces chapitres dans l'ordre et de réaliser ces expériences les unes après les autres.

Pour certaines de ces expériences, il te faudra utiliser des allumettes ou un réchaud, et c'est pourquoi elles portent la mention « CHAUD » ! Tu pourras les repérer au premier coup d'œil et demander alors de l'aide pour les effectuer, si c'est la règle en vigueur dans ta famille.

Certaines expériences sont de vrais tours dont tu pourras te servir pour épater tes amis, comme toi-même. Mais ce qui compte davantage, c'est qu'il s'agit d'expériences pratiques qui vont te montrer les principes qui régissent le temps, et te les faire comprendre par la même occasion.

Réchauffement

Qu'est-ce qui chauffe notre planète ? Pourquoi certaines régions sont-elles chaudes et d'autres froides ? Pourquoi existe-il des déserts à proximité de l'équateur et des toundras gelées près des pôles ? Qu'est-ce qui provoque les saisons ? En quoi consiste l'effet de serre ?

Réalise les expériences simples que contient ce chapitre et découvre la réponse à toutes ces questions – ainsi qu'à bien d'autres !

Les records de température sur la Terre

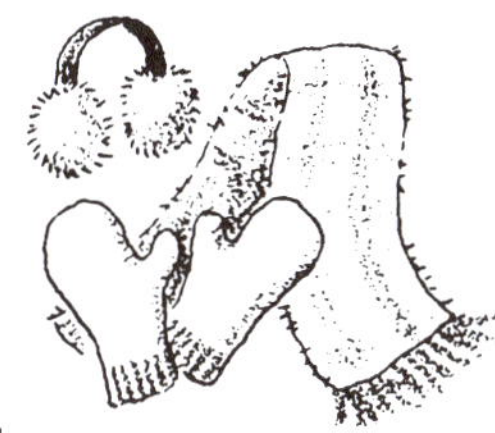

Température la plus élevée : 57,7 °C
Endroit : Azizia, Tripolitania, Libye.
Date : 13 septembre 1922

Plus longue période de chaleur : 38°C pendant 162 jours consécutifs
Endroit : Martin Bar, Australie occidentale
Date : du 31 octobre 1923 au 7 avril 1924

Plus haute température annuelle moyenne : 34,4°C
Endroit : Dallol, Éthiopie.
Date : 1960-1966.

Période de plus grande chaleur : 48,8°C et plus, pendant 43 jours consécutifs
Endroit : Vallée de la Mort, Californie
Date : du 6 juillet au 17 août 1917.

Température la plus basse : - 89°C
Endroit : Vostok, Antarctique.
Date : 21 juillet 1983.

Température la plus basse dans un lieu habité : - 68°C
Endroit : Oymyakon, Sibérie, Russie.
Date : 3 février 1933.

Plus basse température moyenne annuelle enregistrée : - 56,6°C
Endroit : Station Pleasteau, Antarctique.

239 Qu'est-ce qui nous chauffe ?

MATÉRIEL
une fenêtre ensoleillée

Nous nous servons de charbon, de pétrole, de gaz ou d'électricité pour chauffer et éclairer les maisons et les lieux de travail. Mais d'où proviennent chaleur et lumière à l'extérieur ? Qu'est-ce qui chauffe la Terre et les objets qui s'y trouvent ?

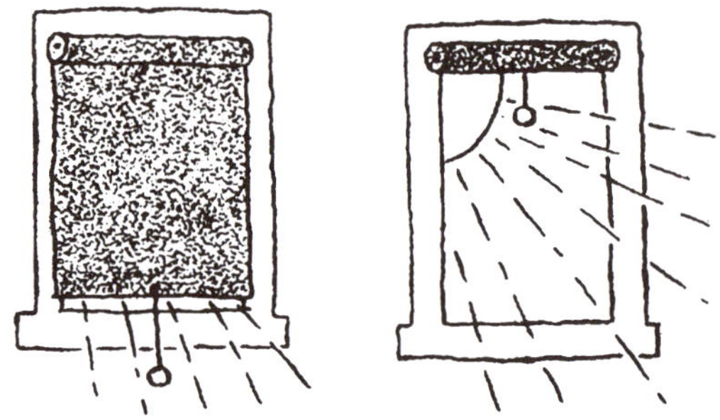

Que faire ? Un jour ensoleillé, tenir une main derrière une fenêtre protégée par un rideau (ou autre chose). Soulever le rideau. Remettre la main à proximité de la vitre.

Que se passe-t-il ? Instantanément, ta main perçoit la chaleur.

Pourquoi ? Sans rien toucher, tu perçois la chaleur. Elle provient du Soleil, étoile qui se trouve à 149 600 000 kilomètres de nous.

Comme les autres étoiles, le Soleil est une grosse boule de gaz très chauds qui libère d'énormes quantités de chaleur et de lumière, en plus d'autres énergies. Seule une infime portion de cette énergie nous atteint. Mais elle est suffisante pour éclairer et pour chauffer la Terre.

Au sujet du Soleil

Le Soleil est une étoile de taille moyenne, une boule de gaz, chaude et énorme. Il n'est qu'une étoile parmi les milliards qui composent notre galaxie. Même si la distance de la Terre au Soleil varie de 144 millions de kilomètres en hiver à 153,6 millions en été, c'est lui qui reste l'étoile la plus proche de la Terre.

Le Soleil possède un diamètre de 1 400 000 kilomètres – 108 fois celui de la Terre. Le Soleil fabrique sa propre lumière et sa propre chaleur – et fournit lumière et chaleur à la Terre – selon un procédé qui ressemble à celui d'une bombe à hydrogène.

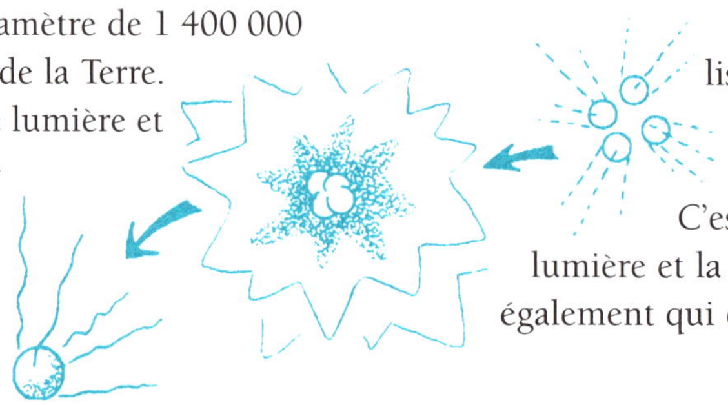

La chaleur extrême du Soleil (des millions de degrés en son centre) oblige les atomes d'hydrogène à se déplacer à de telles vitesses qu'ils se heurtent les uns aux autres. Les noyaux de ces atomes fusionnent, en groupes de quatre, pour donner naissance à des atomes plus lourds, d'un élément appelé hélium. Les chocs résultants de ces collisions sont si grands qu'une partie de ces atomes est transformée en énergie.

C'est cette énergie qui fournit la lumière et la chaleur à la Terre. C'est elle également qui est responsable des saisons.

240 Vague de chaleur

MATÉRIEL
un ruban de 20 cm de long

Comment la chaleur émise par le Soleil nous atteint-elle ?

Que faire ? Tenir le ruban par une extrémité et l'agiter dans l'air.

Que se passe-t-il ? Les mouvements effectués se propagent sur toute la longueur du ruban, comme des vagues.

Pourquoi ? L'énergie passe souvent d'un lieu à un autre sous forme de vagues, également appelées ondes. Les ondes courtes transportent la lumière et la chaleur, du Soleil jusqu'à la Terre. Les ondes longues transportent d'autres formes d'énergie. Lorsqu'une énergie se déplace sous forme d'ondes, on l'appelle énergie radiante.

241 Le printemps est parfois en retard

MATÉRIEL
un plat à four en Pyrex
une lampe avec l'ampoule apparente
une tasse de terre noire
une tasse de sable clair
2 thermomètres
un crayon
du papier

Pourquoi le printemps tarde-t-il dans certaines régions ? Cette expérience te l'explique.

Que faire ? Placer le plat sous l'ampoule. Remplir une moitié du plat avec le sable et l'autre moitié avec la terre. Plonger un thermomètre de chaque côté.
Noter la température affichée des deux côtés. Allumer l'ampoule et laisser en place pendant 30 minutes. Noter ensuite les températures atteintes des deux côtés du plat et les comparer aux températures de départ.

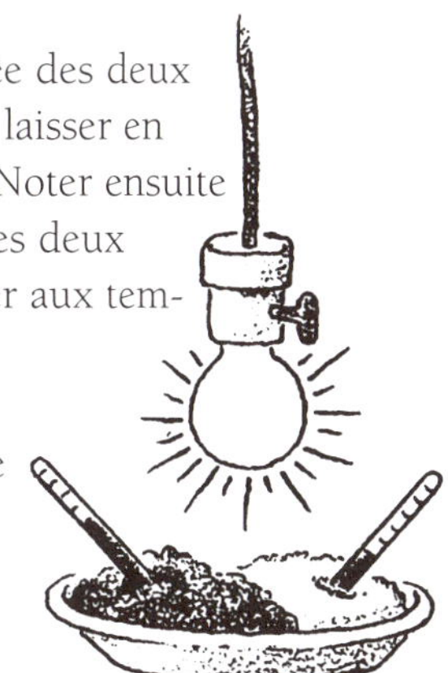

Que se passe-t-il ? Le côté contenant la terre est devenu plus chaud.

Pourquoi ? Le sable clair renvoie l'énergie lumineuse avant qu'elle ait pu se changer en énergie calorifique. La terre sombre absorbe la lumière et la convertit en chaleur.

C'est ce qui se passe lorsque les rayons du soleil touchent la Terre. Les zones sombres absorbent les rayons et se réchauffent rapidement. Les zones plus claires reflètent les rayons et restent froides.

La Terre ne se réchauffe pas uniformément. L'air autour des terres sombres se réchauffe plus vite qu'aux environs des sables ou des montagnes couvertes de neige. Et c'est pourquoi le printemps arrive plus tard dans les régions enneigées.

242 Noir, blanc et brillant

MATÉRIEL

3 boîtes de conserve vides
de la peinture noire et de la peinture blanche (acrylique de préférence)
de l'eau chaude
un thermomètre
du papier
un crayon
des fiches cartonnées
un plateau
de l'eau froide

Voici une autre façon de comprendre comment couleurs et surfaces différentes sont affectées par la chaleur.

Que faire ? Peindre une des boîtes en blanc, intérieur et extérieur, et la deuxième en noir. Laisser la troisième boîte avec son éclat métallique. Remplir les trois boîtes d'eau chaude, à la même température. Noter cette température.

Couvrir chaque boîte d'une fiche cartonnée et les placer sur un plateau, dans un endroit frais. Noter les températures de l'eau dans les trois boîtes à des intervalles de 5 minutes, pendant 20 minutes.

Vider les boîtes, les essuyer avec soin, puis les remplir d'eau très froide. Noter la température de l'eau dans chacune des boîtes. Les couvrir avec les fiches et les placer dans un endroit chaud, ou au soleil. Noter la température de l'eau dans les boîtes, à des intervalles de 5 minutes, pendant 20 minutes.

Que se passe-t-il ? Dans les deux cas, l'eau de la boîte noire est plus chaude, et celle de la brillante se réchauffe le moins.

Pourquoi ? Le noir absorbe mieux la lumière et la change en chaleur. Les autres couleurs reflètent ou repoussent la lumière avant qu'elle ait pu se transformer en chaleur.

Laisser tomber la neige 243

MATÉRIEL

une feuille de papier d'aluminium
un carré de tissu noir

Pense à cette expérience un jour où il aura neigé.

Que faire ? Après une chute de neige, lorsque le Soleil brille, placer la feuille d'aluminium et le carré de tissu noir sur la neige. Les y laisser pendant 1 heure, au soleil. Observer ensuite lequel se sera le plus enfoncé dans la couche de neige.

Que se passe-t-il ? Le carré de tissu noir s'est enfoncé plus profondément dans la neige que la feuille d'aluminium parce qu'il a absorbé davantage de chaleur.

Pourquoi ? La matière noire absorbe la lumière, qui se transforme en chaleur – qui à son tour fait fondre la neige. L'aluminium reflète la lumière avant qu'elle ait pu se changer en chaleur.

244 L'eau contre la terre

MATÉRIEL

2 tasses en plastique
½ tasse d'eau
½ tasse de terre
un thermomètre

Qu'est-ce qui s'échauffe le plus, l'eau ou la terre ?

Que faire ? Verser l'eau dans une des tasses en plastique et la terre dans l'autre tasse. Placer les deux tasses au réfrigérateur pendant 10 minutes. Puis placer les deux tasses au soleil pendant 15 minutes. Enregistrer les températures atteintes par l'eau et la terre et les noter.

Que se passe-t-il ? La terre s'est réchauffée, alors que l'eau est restée froide.

Pourquoi ? Au soleil, la terre se réchauffe plus vite que l'eau. Non seulement parce qu'elle est plus sombre que l'eau et qu'elle retient ainsi plus de chaleur, mais aussi parce que, dans l'eau, la chaleur pénètre plus profondément et se répand partout. La terre maintient la chaleur en surface. Si tu creuses la surface d'une plage chaude, tu vas découvrir que le sable en dessous est resté froid car les rayons du soleil ne peuvent pas pénétrer jusque-là. En contrepartie, la surface devient très chaude.

En outre, la chaleur spécifique de l'eau est élevée. Cela signifie qu'il faut davantage de chaleur externe pour élever la température de l'eau que pour élever celle de la même quantité de terre.

Voici les raisons pour lesquelles, les jours de soleil, la terre donne une sensation de chaleur plus grande que l'eau.

245 L'eau contre l'air

MATÉRIEL

un verre vide
un verre plein d'eau

Pourquoi fait-il plus chaud en été et plus doux en hiver à proximité des océans qu'au milieu des terres ?

Que faire ? Placer les deux verres au réfrigérateur pendant 15 minutes.

Que se passe-t-il ? Le verre rempli d'eau paraît plus chaud que le verre vide.

Pourquoi ? Le verre « vide » est bien sûr rempli d'air. L'air et le verre perdent plus rapidement leur chaleur que l'eau. Le verre rempli d'eau ne laisse pas pénétrer l'air froid, et l'eau garde plus longtemps la chaleur dans celui-ci.

C'est la raison pour laquelle les océans aident à conserver la chaleur émise par le Soleil. En hiver, les océans refroidissent moins vite que la Terre, et une ville construite à proximité d'un océan reste plus chaude qu'une ville bâtie au milieu du continent.

Les océans se réchauffent également moins vite en été, et les villes côtières connaissent donc des étés plus doux.

246 Le temps, c'est le Soleil

MATÉRIEL
un morceau de papier noir et épais

Pourquoi fait-il plus chaud en été qu'en hiver ? Cette expérience va te le montrer.

Que faire ? Placer le papier noir au soleil, pendant 1 minute. Le toucher. Puis le replacer au soleil, pour 5 minutes cette fois. Le toucher à nouveau.

Que se passe-t-il ? Plus le papier reste au soleil longtemps, plus il devient chaud.

Pourquoi ? La quantité de chaleur augmente, parce qu'elle est absorbée et retenue.

Une des raisons pour lesquelles l'été est plus chaud que l'hiver tient au fait que le Soleil brille 15 heures pas jour en juillet, mais 9 heures seulement en décembre – puisque, chaque jour qui passe, le Soleil se lève un peu plus tard et se couche un peu plus tôt. Le Soleil brille davantage en juillet et beaucoup moins en décembre. Dans l'hémisphère Sud, c'est l'inverse.

247 Pourquoi l'été est-il plus chaud que l'hiver ?

MATÉRIEL
2 couvercles de boîtes de conserve
de la peinture noire

Voici la preuve que les rayons solaires qui tombent en ligne droite sont plus chauds que ceux qui tombent en oblique.

Que faire ? Peindre les deux faces des deux couvercles avec de la peinture noire et laisser sécher. Incliner un des couvercles de manière à ce que les rayons du soleil le touchent en ligne droite. Poser l'autre couvercle sur le sol de manière à ce que les rayons l'atteignent en oblique.

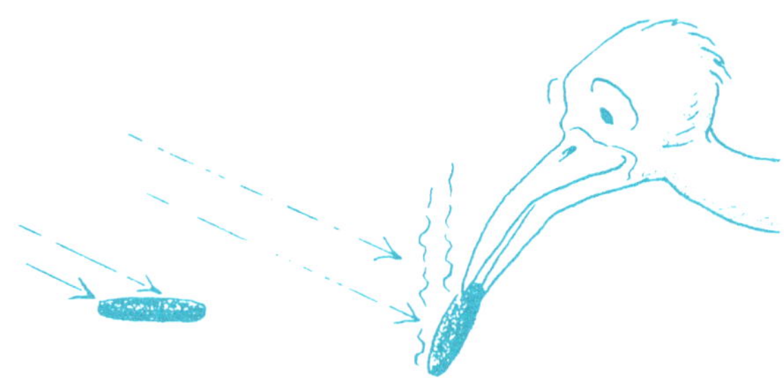

Laisser les deux couvercles dans cette position pendant 10 minutes, et les toucher après ce laps de temps.

Que se passe-t-il ? Le couvercle faisant face au Soleil est devenu plus chaud que celui que les rayons atteignent en oblique.

Pourquoi ? En été, les rayons du soleil frappent la Terre en ligne plus droite qu'en hiver. C'est une des raisons pour lesquelles il fait plus chaud en été qu'en hiver.

248 Pourquoi l'équateur est-il plus chaud que le pôle Nord

MATÉRIEL
une lampe torche
une feuille de papier

Voici pourquoi les rayons directs du Soleil sont plus chauds que les rayons obliques.

Que faire ? Diriger le rayon de la lampe droit sur la feuille de papier. Puis incliner la lampe de manière à ce que le rayon frappe le papier en oblique, comme indiqué sur l'illustration.

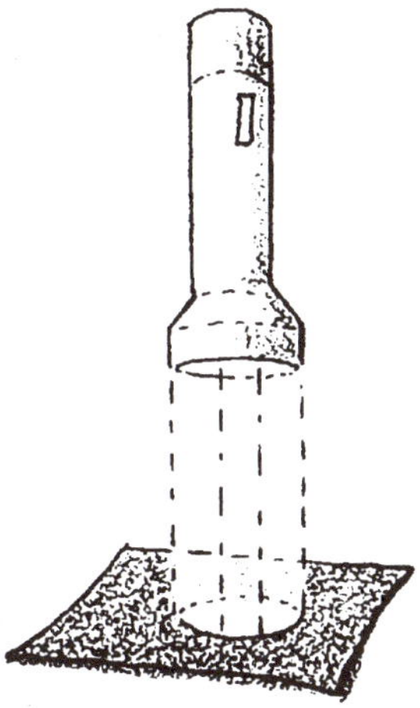

Que se passe-t-il ? Lorsqu'on pointe le rayon en ligne droite, il dessine une petit cercle sur le papier.

Quand on incline la lampe pour que son rayon atteigne le papier en oblique, il dessine un ovale plus large et moins brillant.

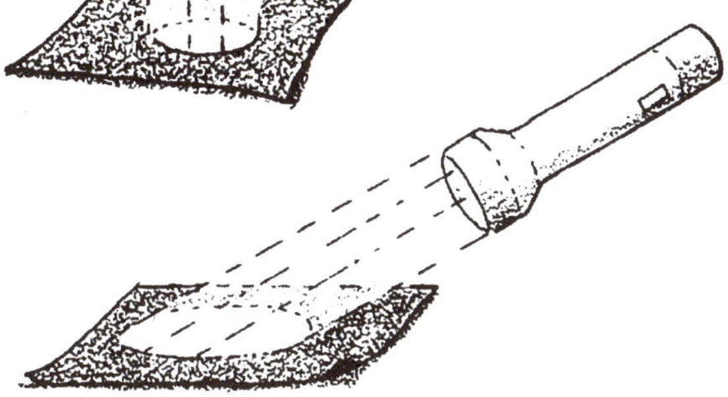

Pourquoi ? L'ovale et le cercle sont produits par la même source de lumière (la lampe torche). De ce fait, l'ovale reçoit la même quantité de lumière que le cercle. Mais l'ovale étant plus étendu, la lumière qui le dessine doit s'étaler sur une plus vaste surface.

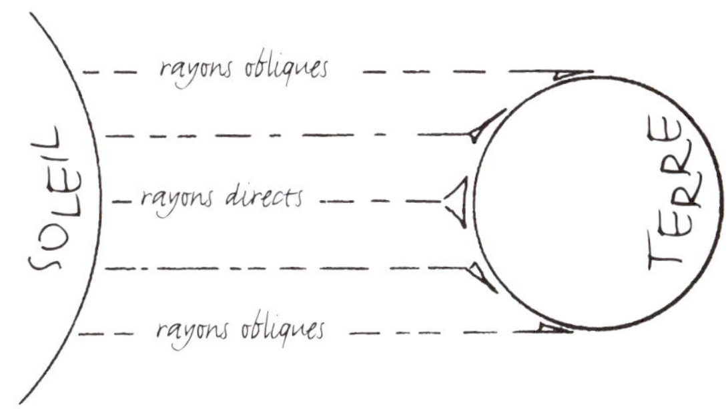

De la même manière, un rayon de soleil oblique s'étale à la surface de la Terre plus largement qu'un rayon qui tombe en ligne droite. Comme les rayons transportent la même quantité de chaleur depuis le Soleil, la chaleur apportée par le rayon oblique est plus largement étalée et moins intense.

C'est pourquoi les régions proches de l'équateur – là où les rayons sont les plus droits – reçoivent deux fois et demie plus de chaleur que les pôles Nord et Sud, où les rayons tombent en oblique.

249 Un thermomètre à ombre

MATÉRIEL
un réverbère, un piquet de clôture ou un arbre
un mètre ruban
un carnet
un crayon

Plus le Soleil se trouve haut dans le ciel, plus les rayons qui arrivent sur terre sont droits et chauds. Une manière simple de déterminer la position du Soleil dans le ciel est de mesurer la longueur des ombres qu'il projette.

Que faire ? Choisir un réverbère, un piquet ou un arbre dont on pourra mesurer l'ombre. En commençant un jour d'automne, mesurer la longueur de cette ombre à midi, chaque semaine.
Constituer un diagramme qui reprendra toutes les longueurs mesurées, en s'assurant de bien noter les dates.

Que se passe-t-il ? L'ombre est plus longue à chacune de tes mesures.

Pourquoi ? Plus le Soleil se trouve haut dans le ciel à midi et plus l'ombre qu'il projette est courte. Plus le Soleil est bas et plus les ombres sont longues.

À mesure que l'automne avance vers l'hiver, le déplacement apparent du Soleil dans le ciel se fait plus bas et plus loin vers le sud, chaque jour qui passe. Ses rayons frappent la terre selon une oblique de plus en plus forte. Et cela a pour résultat qu'il chauffe la terre de moins en moins. Les rayons solaires sont plus droits en été et plus obliques en hiver.

Bien évidemment, si tu entames cette expérience en hiver ou au printemps, au lieu de s'allonger, l'ombre va progressivement raccourcir à mesure que le Soleil grimpe dans le ciel et projette ses rayons sur la terre en lignes de plus en plus droites.

250 La longueur contre la hauteur

MATÉRIEL
2 crayons
une bobine de fil
une feuille de papier blanc
une lampe torche
un mètre ruban

Voici une manière facile de voir comment change la longueur d'une ombre quand la source de lumière change de position.

Que faire ? Placer un des crayons au centre de la bobine de fil, posée sur la feuille de papier. Obscurcir la pièce et braquer la lampe torche sur le crayon, selon des angles différents. Noter la longueur de chacune des ombres formées.

Que se passe-t-il ? Lorsque la lampe est juste au-dessus du crayon, l'ombre est courte. Lorsque la lampe se trouve plus bas et son rayon oblique, l'ombre est longue.

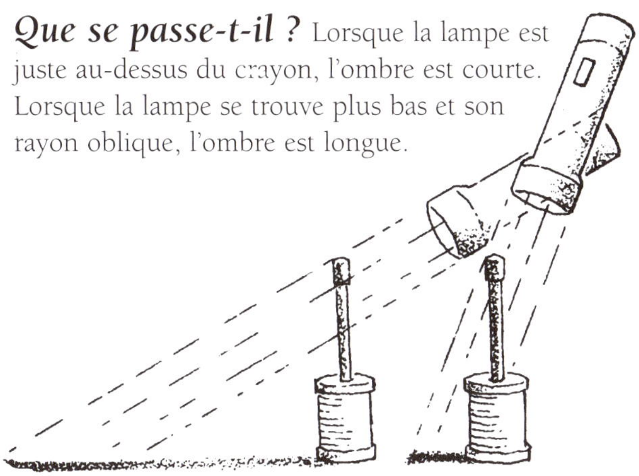

251 La maison bouge !

Sors de chez toi un soir de beau temps et observe le mouvement de la Terre !

Que faire ? Lors d'une soirée, par temps clair, s'asseoir sur une chaise placée à l'extérieur, ou se coucher sur le sol, face au sud, un coin de sa maison sur la droite. Choisir une étoile proche du bord du mur de la maison et l'observer sans la quitter des yeux.

Que se passe-t-il ? En l'espace d'une minute ou deux, l'étoile aura disparu derrière la maison.

Pourquoi ? Même si c'est le ciel qui donne l'impression de bouger, c'est bien la maison elle-même qui se déplace – en tant qu'objet se trouvant sur la Terre qui pivote sur son axe.

252 Le Soleil se lève-t-il le matin ?

MATÉRIEL
une lampe avec l'ampoule apparente
une orange
une aiguille à tricoter

Qu'est-ce qui cause la nuit et le jour ? Nous savons qu'en dépit de ce que nous montrent nos yeux, le Soleil ne se lève pas le matin pour se coucher le soir. Voici une façon de saisir ce qui se passe effectivement.

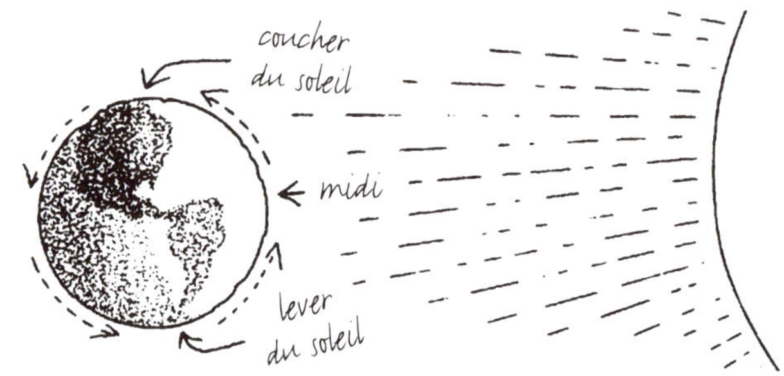

Que faire ? Placer la lampe au milieu de la pièce. L'ampoule représentera le Soleil. Allumer la lampe. Introduire l'aiguille à tricoter dans l'orange, en perçant le centre. L'orange jouera le rôle de la Terre.

Tenir l'orange par l'aiguille, la faire tourner dans le sens inverse des aiguilles d'une montre, tout en tournant autour de la lampe, dans le même sens.

Que se passe-t-il ? Différentes zones de l'orange sont tour à tour éclairées et chauffées par la lampe.

Pourquoi ? Il est évident que la lampe ne bouge pas, c'est l'orange qui tourne. Tout comme le Soleil ne bouge pas dans le ciel, ni quand il se lève le matin ni quand il se couche le soir, c'est la Terre qui tourne. Les régions de la surface terrestre sont exposées au soleil puis s'en écartent, à mesure que la Terre tourne sur son axe, en direction de l'est.

Lorsqu'on se trouve sur la partie de la Terre qui est dans l'ombre, il fait nuit. Lorsque cette partie est au soleil, c'est le jour.

La Terre effectue un tour complet sur son axe en 24 heures. C'est en raison de cette rotation que le soleil semble se coucher, quand nous nous éloignons de lui, et se lever, quand nous nous en rapprochons.

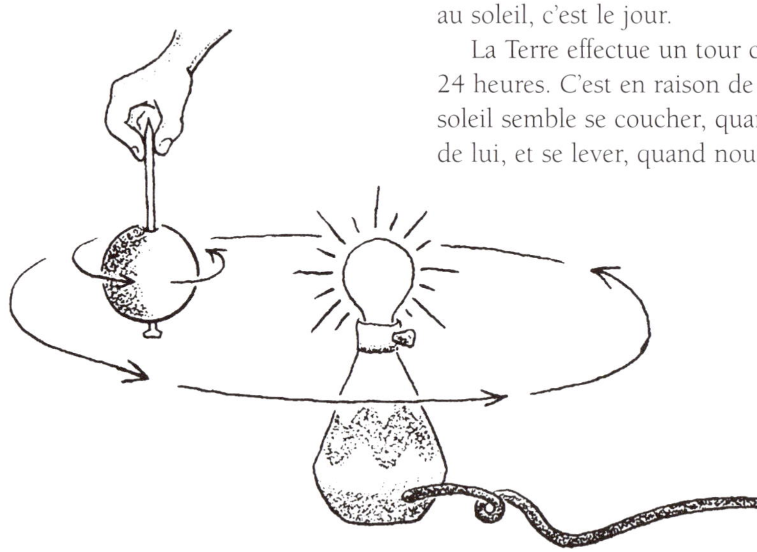

253 Le pendule de Foucault

MATÉRIEL

une aiguille à tricoter
une balle
3 m de fil de pêche en nylon
ou de fil solide
du ruban adhésif
une grande fiche cartonnée
un pastel

Pour démontrer la rotation de la Terre, tu peux refaire une expérience qui fut pratiquée en 1851 par un physicien français du nom de Léon Foucault. Il a suspendu un pendule de 60 mètres de long au Panthéon, un des monuments de Paris. Le poids de ce pendule a dessiné dans le sable répandu sur le sol les mouvements de la Terre.

Tu peux dans ton salon dessiner les mêmes tracés à l'aide d'un pendule de taille plus modeste. Et tu n'auras pas besoin de sable.

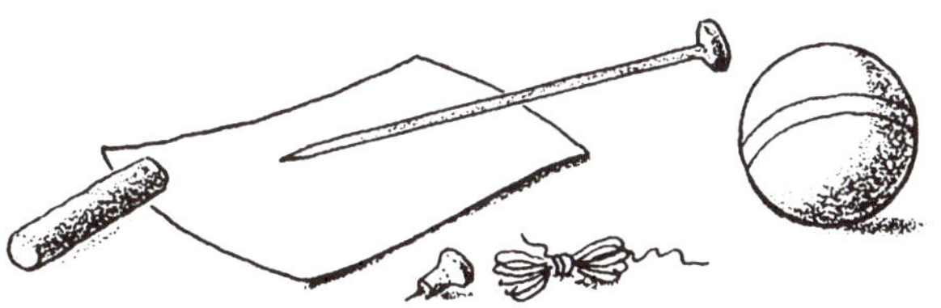

Que faire ? Piquer la balle avec l'aiguille à tricoter et attacher ensuite le fil à l'extrémité de l'aiguille. Fixer ce « pendule » au plafond, à l'aide de ruban adhésif, de manière à ce qu'il puisse évoluer librement.

Avec le pastel, tracer une ligne sur le carton et fixer ensuite le carton juste sous le pendule, avec le ruban adhésif.

Commencer à faire se balancer le pendule, dans un mouvement de va-et-vient, juste au-dessus de la ligne tracée sur le carton. Observer ce qui est advenu au bout de 2 heures.

Que se passe-t-il ? Alors que le pendule est toujours en mouvement sur sa trajectoire d'origine, il ne passe plus au-dessus de la ligne dessinée sur le carton.

Pourquoi ? Son inertie maintient le pendule en mouvement sur la même trajectoire. Mais il ne passe plus au-dessus de la ligne de pastel parce que la pièce a bougé ! Elle s'est déplacée en suivant la rotation de la Terre.
Un grand pendule démontrant la rotation de la Terre est toujours en mouvement dans l'immeuble des Nations unies à New York.

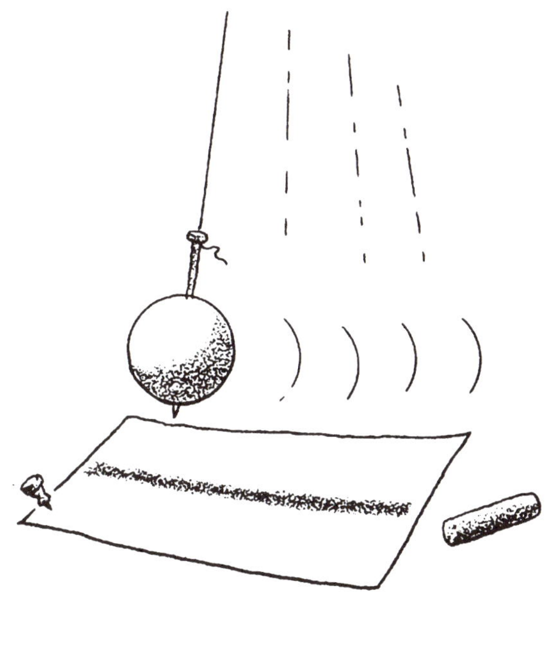

254 Pourquoi voit-on encore le Soleil alors qu'il s'est couché ?

MATÉRIEL
une bouteille remplie d'eau et bien fermée
des livres
une lampe avec une ampoule apparente

On continue à voir le Soleil deux ou trois minutes après qu'il est descendu sous l'horizon et qu'il s'est couché ! Et on le voit quelques minutes avant qu'il se lève ! Voici pourquoi.

Que faire ? Placer la bouteille couchée sur la table, à côté de la pile de livres. Poser la lampe de l'autre côté de la table. Empiler les livres de façon à ce que l'ampoule ne soit pas visible de l'endroit où on se trouve. Placer ensuite la bouteille devant les livres empilés, de la manière indiquée sur l'illustration ci-contre.

Que se passe-t-il ? On peut voir la lumière alors qu'elle se trouve plus bas que le livre du haut de la pile.

Pourquoi ? Le côté arrondi de la bouteille joue le rôle de l'atmosphère terrestre. Il dévie les rayons lumineux et transporte l'image de la lumière jusqu'à tes yeux. Il donne naissance à un mirage, pareil à ceux que l'on voit parfois dans le désert, en mer, ou sur les pavés chauds, ainsi que dans le ciel.

La lumière du Soleil levant et couchant passe au travers d'une épaisseur d'atmosphère terrestre plus grande que celle que doivent traverser les rayons solaires à midi. Cette couche dévie les rayons. C'est pourquoi, au lever du Soleil, on peut voir une image de l'astre à l'horizon avant qu'il ait effectivement atteint cette position. Et au coucher, on continue à voir une image du Soleil deux ou trois minutes après qu'il a effectivement disparu.

255 Comment tourne le monde ?

Pendant des siècles, les hommes ont cru que le Soleil tournait autour de la Terre. Nous savons à présent que non seulement la Terre pivote sur son axe, mais qu'elle tourne également autour du Soleil. Tout ce qu'il te faudra pour effectuer cette expérience, c'est une chaise éclairée.

Que faire ? Placer la chaise au centre de la pièce. Tourner autour d'elle.

Que se passe-t-il ? En tournant autour de la chaise, celle-ci se trouve tour à tour alignée avec différents objets que contient la pièce.

Pourquoi ? Les objets se trouvant dans la pièce donnent l'impression de bouger, même si l'on sait bien qu'ils restent immobiles.

De la même façon, le Soleil nous donne l'impression de bouger, mais c'est la Terre qui, en tournant autour, nous donne cette illusion.

La Terre effectue son tour complet de 965 millions de kilomètres autour du Soleil en un peu moins de 365 jours, en se déplaçant à la vitesse de 29,76 kilomètres par seconde. Elle suit une trajectoire ovale, appelée ellipse. Il lui arrive d'aller un peu plus vite, ou un peu moins vite. Plus elle se trouve proche du Soleil et plus elle se déplace rapidement.

256 Du soleil dans la chambre

MATÉRIEL

un morceau de craie
un crayon ou un pinceau

Voici une preuve supplémentaire que la Terre bouge. Elle est fournie par une expérience simple mais dont l'exécution te demandera néanmoins plusieurs mois !

Que faire ? Marquer d'un trait de craie sur le sol ou le mur l'endroit où le Soleil brille dans la chambre. Prendre note de l'endroit et du moment précis, heure, jour et mois.

Une semaine plus tard, à la même heure, tracer une seconde ligne. Une fois encore, noter l'endroit et le moment précis.

Répéter l'opération chaque semaine, pendant toute l'année.

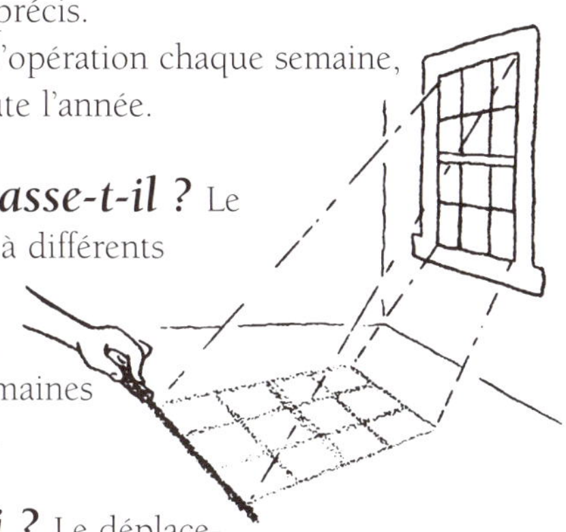

Que se passe-t-il ? Le Soleil brille à différents endroits de la chambre, selon les semaines qui passent.

Pourquoi ? Le déplacement de la Terre autour du Soleil entraîne le changement de position de la ligne, de semaine en semaine, et de mois en mois.

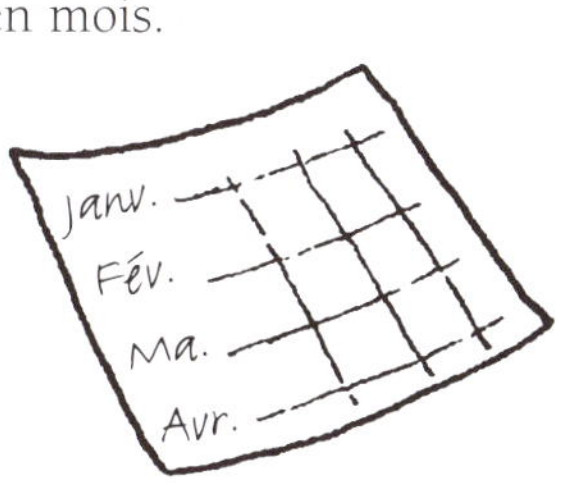

257 Pourquoi y a-t-il des saisons ?

À proximité de l'équateur, il fait chaud tout au long de l'année. Aux pôles Nord et Sud, il fait toujours froid. Mais, dans la plupart des régions du globe, il existe quatre saisons. Pourquoi donc ?

MATÉRIEL
une orange
une aiguille à tricoter
un morceau de carton
une lampe (ampoule apparente)
un marqueur

Que faire ? Planter l'aiguille dans l'orange, pour représenter la Terre et son axe imaginaire, comme sur l'illustration.

Avec le marqueur, dessiner sur le carton une ellipse (voir l'expérience suivante) de 25 cm de diamètre environ, pour figurer l'orbite ovale de la Terre. Indiquer les quatre points cardinaux, nord, sud, est et ouest.

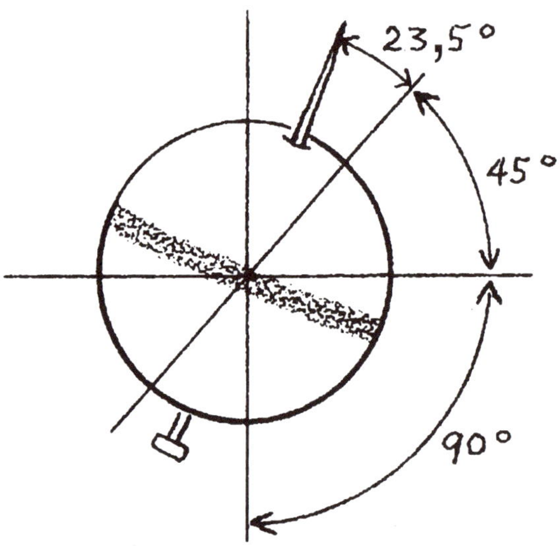

Placer la lampe au centre du carton, pour jouer le rôle du Soleil.

1. En tenant l'aiguille bien droite, placer l'orange au-dessus des points cardinaux, en passant de l'un à l'autre. Observer quelle partie de l'orange est éclairée dans chacune des positions.

2. Incliner ensuite l'orange, de manière à ce que son axe forme un angle de 23,5 ° avec la verticale (voir l'illustration). Placer à nouveau l'orange au-dessus des points cardinaux, l'un après l'autre, en maintenant l'aiguille penchée de la même manière. Observer la partie éclairée de l'orange dans chacune des positions et quelle zone de l'orange reçoit les rayons en ligne droite, quelle zone les reçoit en oblique.

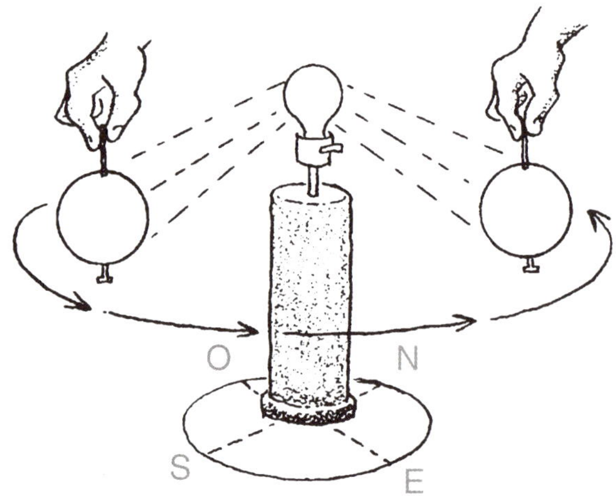

Que se passe-t-il ?

1. Lorsque l'aiguille est tenue bien droite à la verticale, c'est la même partie de l'orange qui est éclairée, quelle que soit la position de l'orange par rapport à la source de lumière.

2. Lorsque l'aiguille est inclinée de 23,5 °, la quantité de lumière dépend de la position prise par l'orange, vers la lumière ou à l'écart de la lumière.

Pourquoi ? Si l'axe de la Terre était à la verticale, comme celui de l'orange dans la première partie de l'expérience, il n'y aurait pas de saisons. Mais l'axe de notre planète pointe vers l'étoile Polaire selon un angle de 23,5 °. C'est cette inclinaison qui donne naissance aux changements de saison, à mesure que la Terre tourne autour du Soleil.

Lorsque la région du globe où nous vivons est inclinée vers le Soleil, nous sommes en été parce que nous recevons les rayons solaires en ligne droite. Six mois plus tard, notre partie du globe est inclinée dans l'autre sens, et c'est l'hiver, parce que les rayons tombent en oblique et nous apportent donc moins de chaleur du Soleil.

À l'équateur, les rayons tombent toujours en ligne droite. Il n'y a donc pas de saisons. Aux pôles, les rayons tombent toujours en oblique.

Comme tu peux le constater, les saisons ne sont pas causées par la distance entre la Terre et le Soleil.

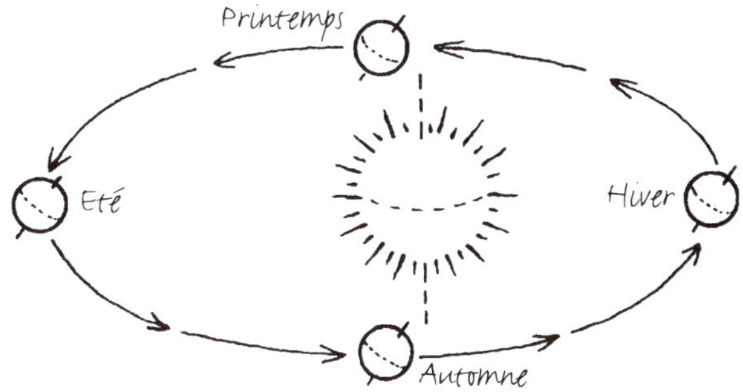

En fait, en janvier dans l'hémisphère Nord, la Terre est plus proche du Soleil qu'au mois de juin.

258 Dessiner une ellipse

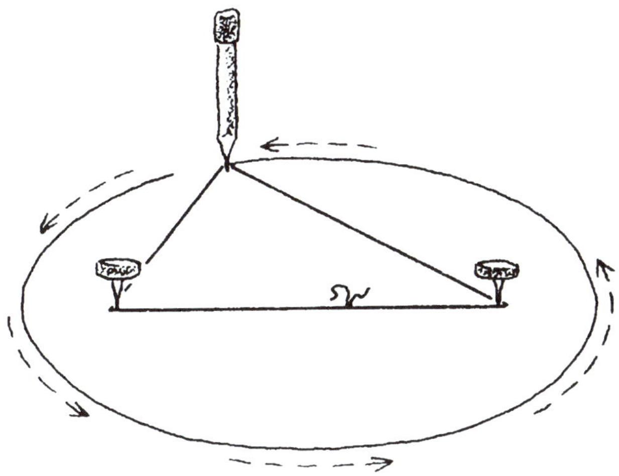

Le déplacement de la Terre autour du Soleil prend la forme d'une ellipse. Voici une manière simple de dessiner cette forme.

Place une feuille de papier sur un morceau de carton. Plante deux punaises dans le papier à environ 5 cm de distance l'une de l'autre. Attache les deux bouts d'un fil de 15 cm de long et enroule la boucle ainsi formée autour des punaises. Place la pointe d'un crayon dans la boucle et tire pour tendre le fil. En maintenant le fil tendu, pose la pointe du crayon sur le papier et fais bouger le crayon autour des punaises pour dessiner une ellipse.

259 L'effet de serre

MATÉRIEL
un sachet en plastique transparent
2 thermomètres

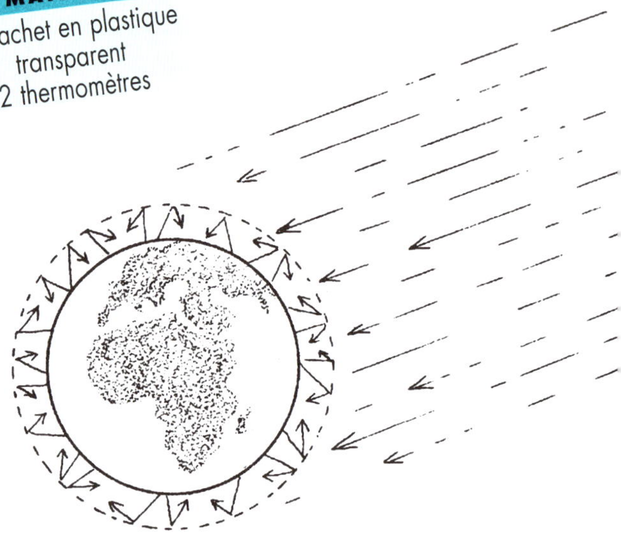

La Terre entière est réchauffée par un phénomène appelé effet de serre. De quoi s'agit-il ? L'expérience qui suit devra être réalisée un jour ensoleillé.

Que faire ? Placer un des thermomètres dans le sachet en plastique. Fermer le sachet et poser le tout sur un appui de fenêtre ensoleillé. Placer le second thermomètre à côté du sachet.
Après 10 minutes, observer la température affichée par les thermomètres.

Que se passe-t-il ? Le thermomètre enfermé dans le sachet affiche plusieurs degrés de plus que l'autre.

Pourquoi ? Les rayons du soleil traversent le sachet sans problème. À l'intérieur, cependant, ils se transforment en chaleur. Celle-ci ne peut pas s'échapper facilement, et c'est ainsi que la température augmente dans le sachet. Celui-ci se comporte

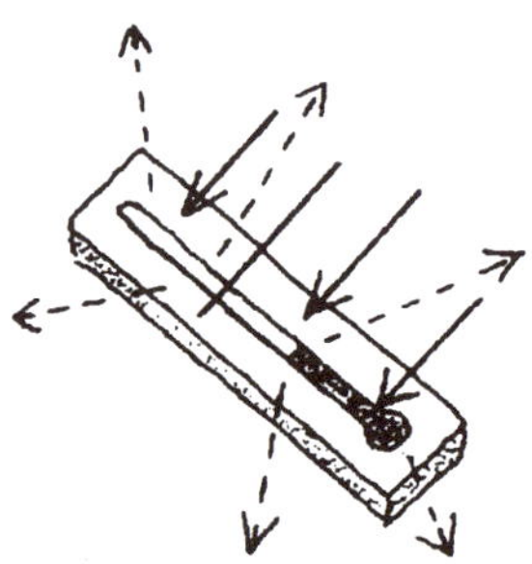

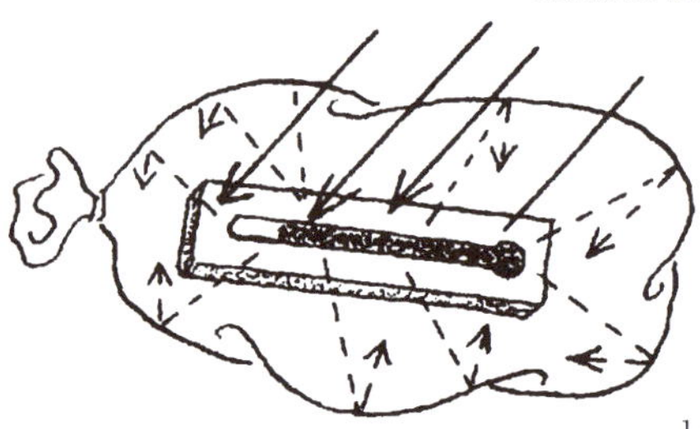

comme les serres, dans lesquelles les jardiniers font pousser les plantes.

Les rayons du soleil passent au travers de l'atmosphère terrestre de la même manière. Et lorsqu'ils se sont transformés en chaleur, ils ne peuvent plus en sortir facilement. Ils sont absorbés par la surface de la terre et la réchauffent comme si elle se trouvait dans une énorme serre.

Certains scientifiques craignent que le gaz carbonique, rejeté par les industries qui brûlent des combustibles comme le charbon et le pétrole, ne vienne augmenter l'effet de serre. Le gaz carbonique absorbe les rayons de chaleur, qui sont alors renvoyés vers la terre, au lieu de s'échapper dans l'espace. Ces scientifiques estiment que cela va provoquer un réchauffement de la planète et entraîner la fonte des glaces aux pôles Nord et Sud. Ils craignent que les mers montent et ne viennent submerger les terres, changeant le climat par la même occasion et créant de nombreux problèmes.

D'autres scientifiques pensent, au contraire, que la tendance est au refroidissement et estiment que la pollution de l'air va retenir davantage de rayons en provenance du Soleil et empêcher ainsi l'aggravation de l'effet de serre.

VENTS FORTS ET DOUCES BRISES

Nous vivons au fond d'un océan d'air appelé « l'atmosphère ». La plupart des évolutions climatiques ont lieu dans les 5 kilomètres inférieurs de cette atmosphère. Et la plupart d'entre elles sont dues au vent, qui répand la chaleur du Soleil, des zones chaudes vers les régions froides.

Le vent n'est que de l'air en mouvement. Mais qu'est-ce que l'air ? Pourquoi se déplace-t-il ? Et pour quelles raisons peut-il se montrer si destructeur ?

Les records de vent

Plus grande vitesse atteinte en surface par le vent : 370 km/h
Endroit : Mont Washington, New Hampshire
Date : 12 avril 1934

Lieu le plus venteux : avec des rafales de vent atteignant les 320 km/h
Endroit : baie Commonwealth, Antarctique

Vent d'ouragan le plus rapide : 457 km/h
Endroit : Wichita Falls, Texas
Date : 2 avril 1958

Pire tornade du monde : ayant entraîné la mort de 792 personnes
Endroit : les États du centre des États-Unis
Date : 18 mars 1925

Vent d'ouragan le plus rapide au centre d'une tempête : plus de 118 km/h

Ouragan avec les rafales les plus rapides : 280 à 288 km/h
Endroit : Central Keys et sud-ouest des côtes de la Floride
Date : du 29 août au 13 septembre 1960

Pire ouragan du monde : ayant entraîné la mort d'un million de personnes
Endroit : Bangladesh
Date : 1970

260

L'air occupe l'espace

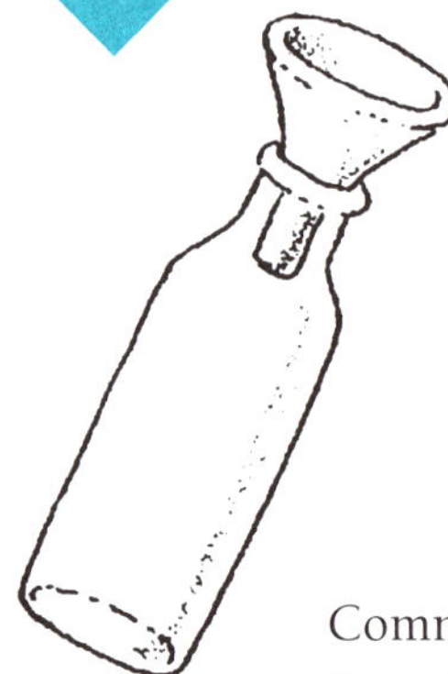

MATÉRIEL
un entonnoir
une bouteille de soda
de la bande adhésive large, ou de la pâte à modeler
de l'eau

Comment pouvons-nous être sûr que l'air est bien là ?

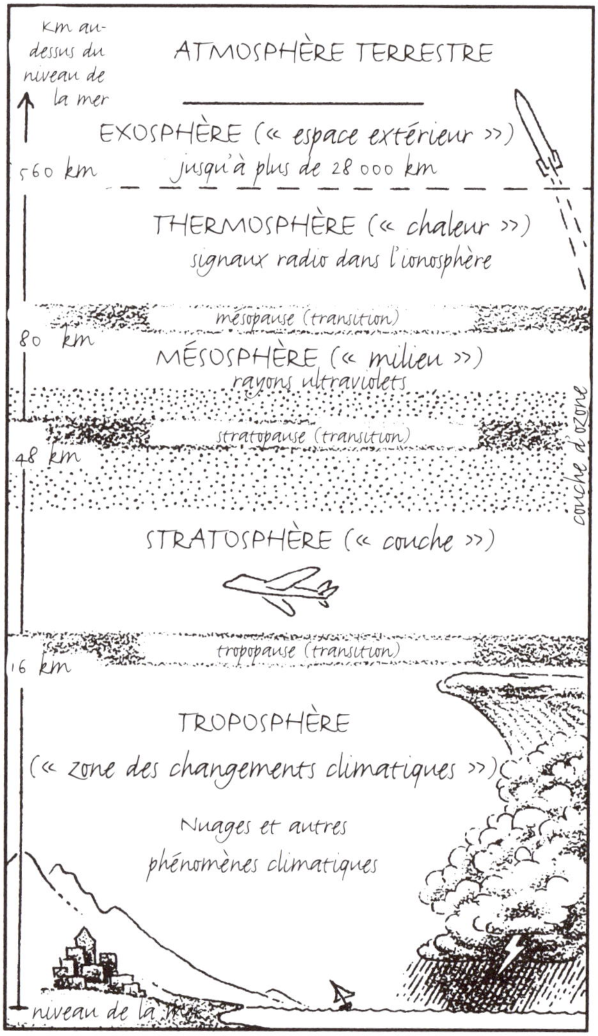

Que faire ? Placer l'entonnoir dans le goulot de la bouteille vide. Enrouler la bande adhésive autour de l'entonnoir et du goulot ou placer la pâte à modeler, de manière à ce qu'il n'y ait plus d'espace entre l'entonnoir et le goulot.

Verser de l'eau dans l'entonnoir.

Que se passe-t-il ? L'eau reste dans l'entonnoir. Elle ne coule pas dans la bouteille.

Pourquoi ? La bouteille « vide » est en fait remplie d'air. Il occupe l'espace et empêche l'eau d'y pénétrer.

Si l'on enlève la bande adhésive ou la pâte à modeler, le résultat se révélera totalement différent car l'air aura alors la possibilité de s'échapper de la bouteille !

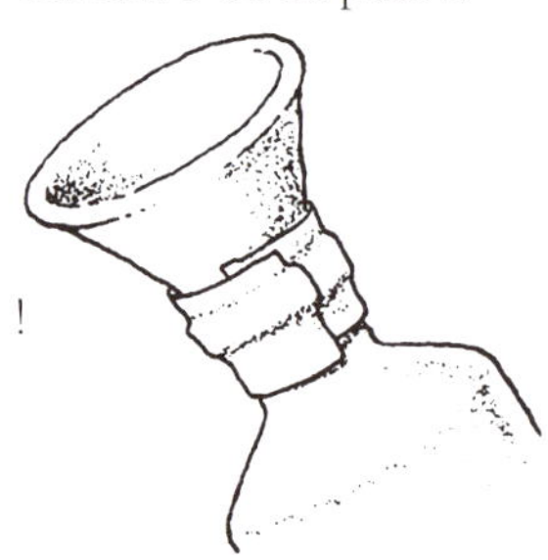

261 L'air a un poids

MATÉRIEL
une règle
1 cintre
2 ballons
du ruban adhésif
du fil

L'air est une véritable matière. Non seulement, il occupe l'espace, mais il possède également un poids. En voici la preuve.

Que faire ? Attacher le fil à la règle, de manière à ce qu'elle reste suspendue par son centre. Fixer l'autre bout du fil au cintre. Fixer ensuite les deux ballons aux deux extrémités de la règle, à l'aide du ruban adhésif. S'assurer que la règle reste bien en équilibre, avec les deux ballons à la même distance du centre.

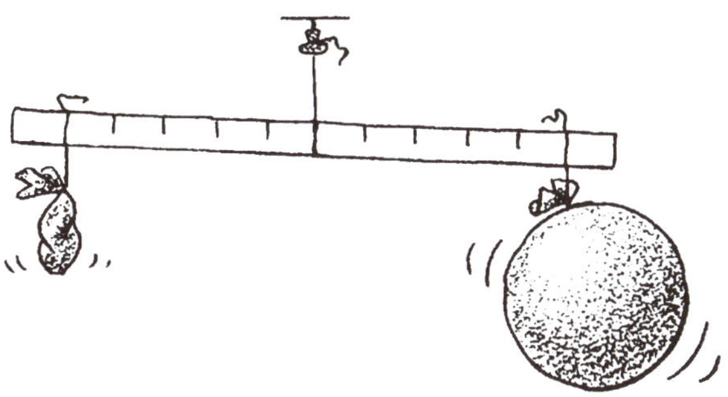

Enlever alors l'un des ballons et le gonfler. Faire un nœud pour le fermer. Le remettre à l'endroit qu'il occupait en bout de règle.

Que se passe-t-il ? Le ballon gonflé d'air fait pencher la règle de son côté.

Pourquoi ? Le ballon rempli d'air est devenu plus lourd que l'autre. L'air a du poids. Il est même presque lourd. Au niveau de la mer, l'air pèse plus de 1 kg par cm^2. Au sommet des montagnes, l'air est sensiblement moins dense et pèse moins lourd.

262 Pas mal d'air chaud

MATÉRIEL
un ballon
une bouteille de soda
un poêlon d'eau chaude

Pourquoi l'air chaud occupe-t-il plus d'espace que l'air froid.

Que faire ? Étirer légèrement le ballon et le placer autour du goulot de la bouteille.

Poser la bouteille dans le poêlon d'eau chaude et attendre 5 minutes.

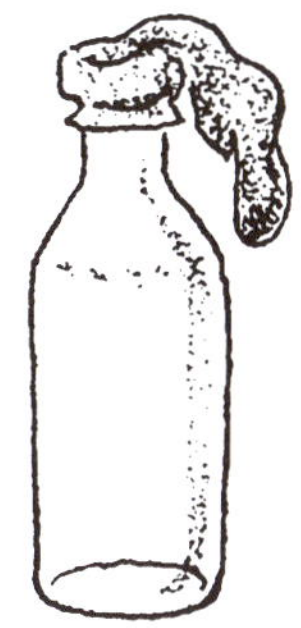

Que se passe-t-il ? Le ballon commence à gonfler.

Pourquoi ? L'air à l'intérieur du ballon se dilate quand il est chauffé. Les molécules bougent plus rapidement et s'écartent les unes des autres. C'est ce qui fait gonfler le ballon.
Et c'est pour la même raison que l'air chaud sort du ballon. L'air chaud est moins dense que l'air froid. Il occupe plus d'espace qu'une même quantité d'air froid et pèse moins que la quantité d'air froid occupant le même espace.

263 Vents et courants d'air

MATÉRIEL
du talc, un tissu
une lampe avec
l'ampoule apparente

Tu peux provoquer un courant d'air – et voir ce qu'il fait.

Que faire ? Saupoudrer le talc sur le tissu et secouer ensuite légèrement celui-ci au-dessus de l'ampoule éteinte. Observer ce qui se passe.

Allumer la lampe. Après quelques minutes d'attente, lorsque l'ampoule est chaude, secouer à nouveau le tissu pour en faire tomber un peu de talc.

Que se passe-t-il ? Avec la lampe éteinte, la poudre tombe lentement dans l'air. Lorsque l'ampoule est chaude, la poudre monte.

Pourquoi ? L'air, chauffé par l'ampoule allumée, s'élève, en entraînant la poudre de talc. L'air plus froid et plus dense descend.

C'est ce qui se passe également dans la nature. L'air chaud a tendance à s'élever en raison de sa densité plus faible, tandis que l'air froid se ramasse pour occuper moins d'espace.

L'air qui se déplace vers le haut ou vers le bas (à la verticale) est appelé courant d'air. Le vent est quant à lui de l'air qui se déplace à l'horizontale.
La vitesse des courants d'air et du vent dépend de la différence de température existant entre deux zones.
La direction du vent dépend quant à elle de la position de ces deux zones.

264 Combien d'oxygène y a-t-il dans l'air ?

MATÉRIEL
un crayon
de la paille de fer
propre et sans savon
de l'eau
une assiette remplie
d'eau
un pichet gradué

L'air est un mélange de gaz invisibles et insipides, dont fait partie l'oxygène. Mais combien d'oxygène y a-t-il dans l'air ?

Que faire ? Planter un bout du crayon dans la paille de fer mouillée. Poser le crayon à la verticale sur l'assiette, la paille en l'air. Couvrir avec le verre, en gardant le crayon en équilibre. Laisser reposer 3 jours.

Que se passe-t-il ? La paille de fer a rouillé et le niveau de l'eau a monté jusqu'au cinquième de la hauteur du pichet gradué.

Pourquoi ? Le processus de corrosion consomme l'oxygène de l'air, à l'intérieur du verre, en provoquant du même coup une zone de basse pression. L'eau s'élève dans le verre pour prendre la place de l'oxygène.
L'oxygène entrant pour environ un cinquième dans la composition de l'air, l'eau s'élève donc plus ou moins d'un cinquième de la hauteur du verre.
Le reste de l'air est composé essentiellement d'azote, en plus de traces d'autres gaz, parmi lesquels le CO_2.

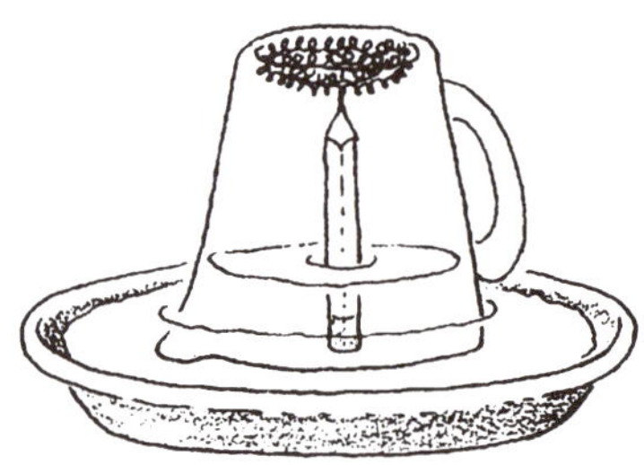

265 Qu'est-ce qui provoque une inversion d'air ?

MATÉRIEL

2 bocaux de verre
de l'eau chaude
de l'eau froide
une fiche cartonnée
une allumette
un bout de ficelle

Que se passe-t-il au cours d'une inversion d'air ? Il te faudra l'aide d'un adulte pour réaliser cette expérience.

Que faire ? Rincer un des bocaux avec de l'eau très froide, et le second avec de l'eau chaude. Les sécher soigneusement.

En glissant la fiche de carton entre les deux bocaux, les disposer l'un sur l'autre, ouverture contre ouverture.

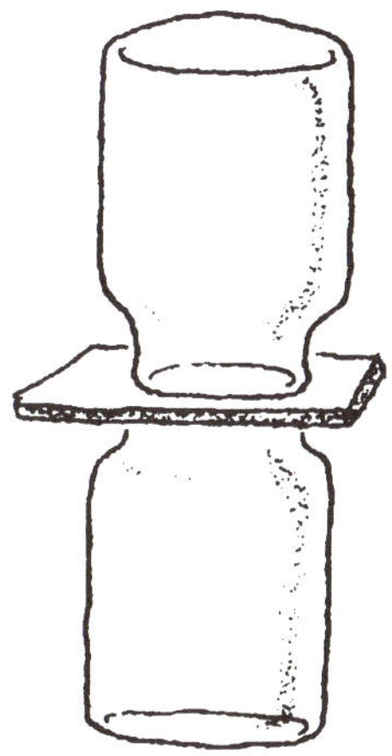

Demander à un adulte d'enflammer une des extrémités de la ficelle de manière à ce qu'elle fume. Faire pénétrer cette fumée dans le bocal du bas, en soulevant la fiche de carton. Lorsque la fumée a rempli le bocal, enlever la fiche et reposer le bocal du haut.

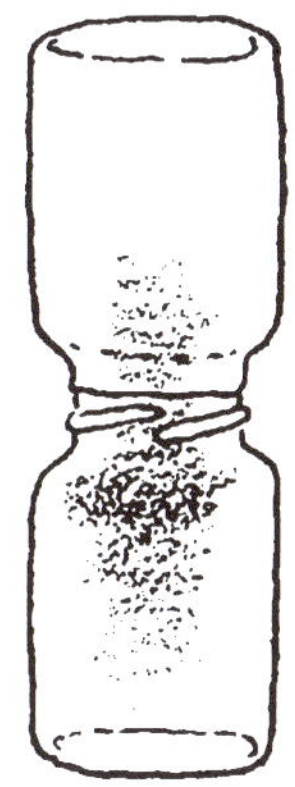

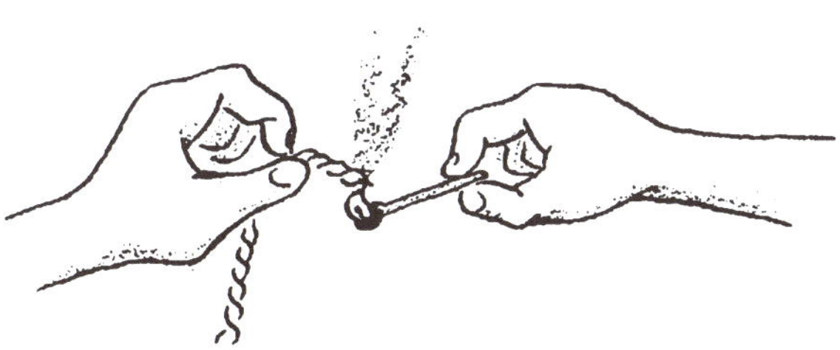

Faire l'expérience avec le bocal froid en haut et le bocal chaud en bas. Qu'advient-il dans ce cas-là ?

Que se passe-t-il ? Quand le bocal chaud est au-dessus, la fumée monte du bas vers le haut. Si l'air froid se trouve dans le bas, la fumée y reste et ne peut pas s'élever.

Pourquoi ? La fumée monte en même temps que l'air chaud, tandis qu'elle reste avec l'air froid plus dense. Quand l'air chaud est emprisonné sous l'air froid, la fumée se retrouve elle aussi emprisonnée.

C'est ce qui se passe dans l'atmosphère terrestre, quand une couche d'air chaud pousse vers le bas les particules de poussière. On appelle cela une « inversion d'air ». Si cet air est pollué, tes yeux peuvent se mettre à piquer, tu peux également tousser et avoir la respiration difficile.

266 Ton air est-il pollué ?

MATÉRIEL
une grande boîte
une feuille de papier blanc
une loupe

Pas besoin d'instruments compliqués pour savoir si l'air qui t'entoure est pollué !

Que faire ? Garnir la boîte avec la feuille de papier. Placer le tout à l'extérieur pendant 1 semaine. Prendre ensuite la boîte et ôter délicatement le papier. L'examiner à l'aide de la loupe.

Que se passe-t-il ? De la poussière et de petits débris se sont déposés sur le papier.

Pourquoi ? Des impuretés pénètrent dans l'air en provenance des pots d'échappement des voitures, des cheminées d'usines et d'autres sources de pollution. Ces impuretés polluent l'air et restent en suspension si aucun vent ne souffle pour les emmener ailleurs, ou si une couche d'air chaud se trouvant au-dessus d'elles ne se comporte pas comme une couverture pour les pousser vers le sol, comme dans l'expérience précédente. Il arrive que cette poussière en suspension dans l'air entraîne la formation d'une brume, qu'il devient difficile de percer du regard.

267 Vents tourbillonnants

MATÉRIEL
une aiguille à tricoter
une balle
un crayon

Pourquoi les vents tournent-ils dans le sens inverse des aiguilles d'une montre à l'équateur et dans l'autre sens en dessous de cette ligne ?

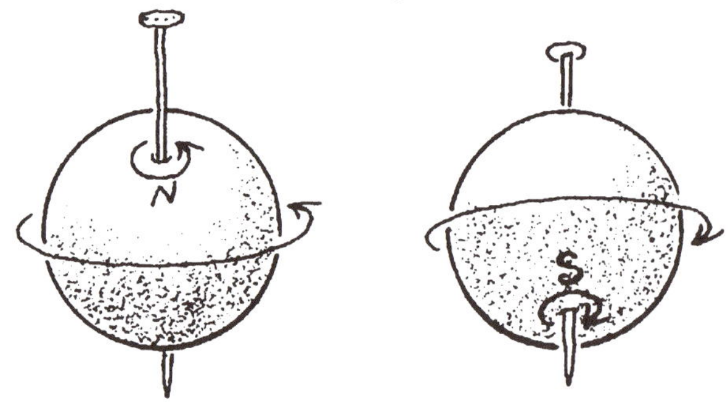

Que faire ? Percer la balle avec l'aiguille à tricoter. Tracer un « N » au-dessus de la balle, pour indiquer le pôle Nord, et un « S » au-dessous, pour indiquer le pôle Sud.

Tenir la balle de sorte que le N se trouve en haut et faire pivoter la balle sur elle-même, d'ouest en est. Observer le mouvement du N.

Tenir ensuite la balle au-dessus de la tête et la faire à nouveau pivoter d'ouest en est.

Que se passe-t-il ? Au pôle Nord, le globe tourne dans le sens inverse des aiguilles d'une montre, mais la région au sud de l'équateur pivote, elle, dans le sens des aiguilles d'une montre !

268 Les vents dominants

MATÉRIEL

1 bille
1 table pivotante (ou un plateau tournant)

La Terre tourne – pivote – d'ouest en est. Cela affecte la direction dans laquelle soufflent les vents. Voici une expérience simple qui te permettra d'expliquer pourquoi certains vents soufflent la plupart du temps dans la même direction.

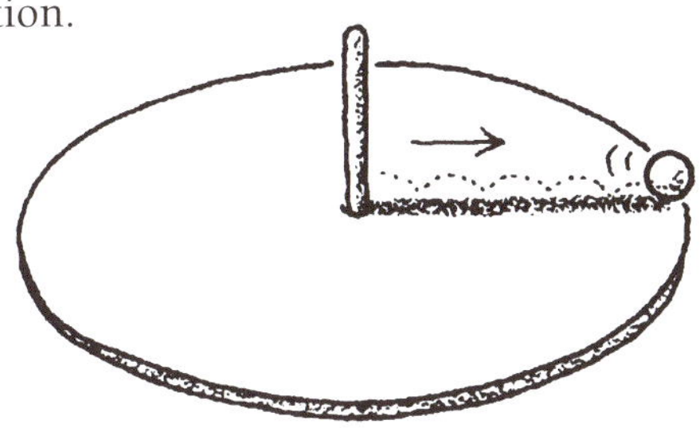

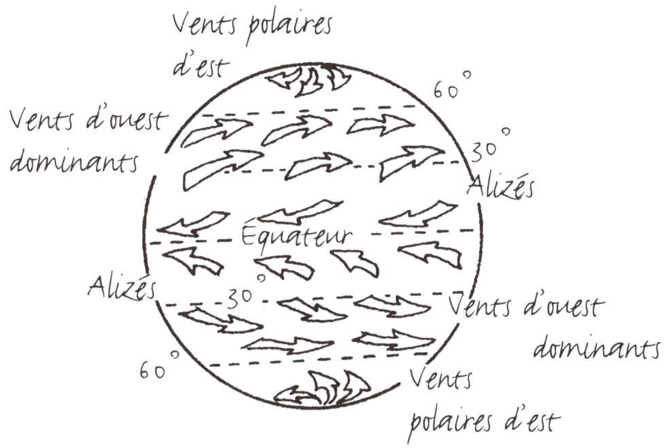

Que faire ? Faire rouler la bille sur la table (ou le plateau), du centre vers le bord. Observer ce qui se passe.

Faire ensuite tourner la table sur elle-même. Faire rouler la bille du centre vers le bord.
Après quoi, essayer de faire rouler la bille du bord vers le centre.

Que se passe-t-il ? Lorsque la table est immobile, la bille roule en ligne droite du centre vers le bord. Mais lorsque la table pivote sur elle-même, la bille semble dévier de sa course en roulant, qu'elle parte du centre ou du bord.

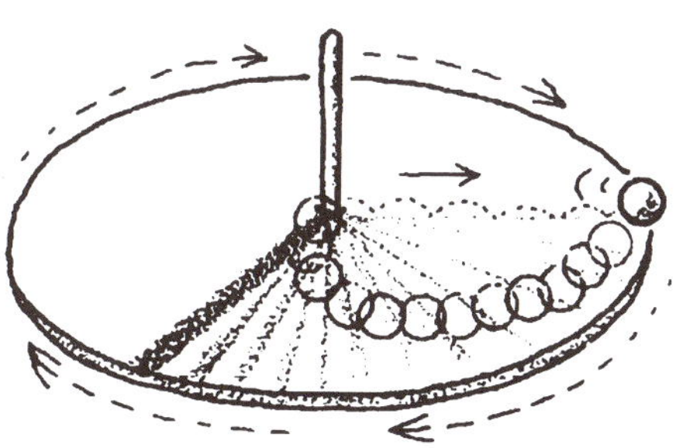

Pourquoi ? Lorsque la table ne bouge pas, il est clair que la bille va y rouler en ligne droite. Mais, même si ce n'est pas ce que l'on voit, lorsque la table tourne, la bille se déplace toujours en ligne droite ! La bille s'arrête à différents endroits sur la table en mouvement, et c'est pourquoi sa course nous apparaît tordue ou courbe. Mais elle passe d'un point à un autre, parce que le mouvement de la table la force à s'éloigner. Ce phénomène porte le nom d'effet de Coriolis.

De la même manière, c'est la rotation de la Terre sur son axe qui fait que les vents se déplacent et tournent d'une certaine façon. Cette rotation donne naissance à un système de vents étendu à la planète entière, appelés « vents dominants », des vents qui soufflent dans la même direction la plupart du temps. Une large part des conditions climatiques dépend de ce système de vents soufflant dans des directions définies.

Vents locaux

Certains vents ne surviennent que de temps à autre, sont limités dans le temps et ne provoquent pas de dégâts. D'autres peuvent ne durer que quelques minutes, mais ont assez de puissance pour nuire aux gens et aux choses. Dans certaines régions, des vents reviennent avec régularité chaque année, parfois des mois durant, ce qui pousse les habitants de ces régions à s'organiser en fonction d'eux.

Les brises marines sont des vents qui soufflent depuis des zones froides et de haute pression, au-dessus de la mer, vers des zones plus chaudes et de basse pression, sur la terre.

Les vents de montagne partent des sommets et soufflent vers les vallées, ou bien montent à l'assaut des sommets à partir des vallées. Le long des flancs de collines, ils sont souvent plus modestes.

Les foehns, vents chauds et secs, soufflent de temps à autre du sommet d'une montagne, le long d'un flanc montagneux situé à l'écart des vents, dit côté sous le vent. Dans les montagnes Rocheuses, un fœhn réussit parfois à faire fondre une cinquantaine de centimètres de neige en une seule nuit. Il porte le nom de chinook, un mot indien signifiant mangeur de neige. En Amérique du Sud, un fœhn soufflant de l'ouest et descendant des Andes est appelé zonda, tandis qu'un autre, le puelche souffle de l'est.

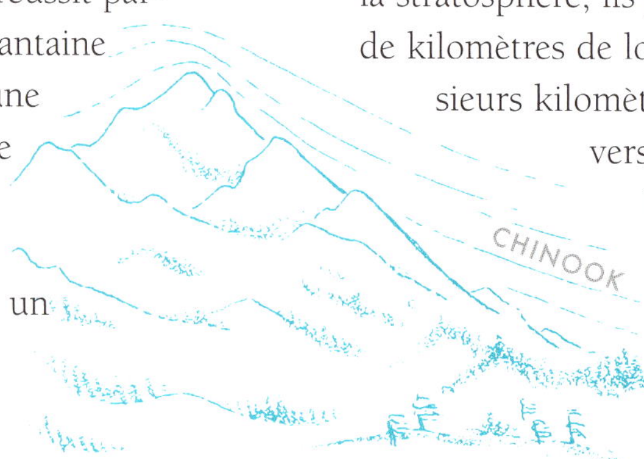

Une bourrasque souffle des rafales d'air froid, peut ne durer qu'une minute ou deux, et est habituellement accompagnée d'énormes nuages noirs et d'une averse violente. Certaines d'entre elles ont pourtant réussi à retenir en leur sein des centaines de navires, au cours de leur brève existence. En Alaska, les bourrasques portent le nom de williwaw.

Le mistral est un vent froid et sec qui souffle des Alpes et qui traverse le sud de la France au cours de l'hiver. La mousson, vent saisonnier soufflant sur l'océan Indien et l'Asie, apporte avec elle des pluies torrentielles au cours de l'été. Le simoun, vent chaud et sec du Sahara et des déserts d'Arabie, entraîne des tempêtes de sable étouffantes et peut durer quelques minutes comme plusieurs jours.

Les jet-streams sont des vents rapides à une hauteur de 5 ou 6 kilomètres dans l'atmosphère. Provoqués par la différence de température entre l'air de la troposphère et celui de la stratosphère, ils peuvent avoir des milliers de kilomètres de long et être larges de plusieurs kilomètres. Il leur arrive de filer vers la haute atmosphère ou bien, de piquer vers la terre, en formant des tempêtes.

Les pilotes d'avion aiment beaucoup profiter de ces courants ascendants.

269 Des masses d'air et des fronts

Une masse d'air peut faire des milliers de kilomètres de large et être constituée d'air à une température plus ou moins identique, au même degré d'humidité. Comment se forme-t-elle ? Pour le savoir, tout ce qu'il te faudra c'est un radiateur ou un appareil de chauffage, ainsi qu'un réfrigérateur.

Que faire ? Se placer d'abord face au radiateur ou à l'appareil de chauffage, pendant 2 minutes. Se placer ensuite devant le réfrigérateur ouvert, pendant 2 minutes également.

Que se passe-t-il ? Placé devant le radiateur ou l'appareil de chauffage, on sent l'air chaud. Quand on se place face au réfrigérateur ouvert, on sent l'air froid.

Pourquoi ? Le radiateur allumé fait chauffer l'air autour de lui. Le réfrigérateur refroidit l'air tout autour quand il est ouvert. Les masses d'air agissent de la même manière. L'air qui se trouve en suspension au-dessus d'une région sans en bouger forme une masse de même température et de même degré d'humidité que cette région.

Quand une masse d'air se déplace, elle influence le climat de la région au-dessus de laquelle elle passe.

Quand une masse d'air froid rencontre une masse d'air chaud, elles ne se mélangent pas. Au lieu de quoi, elles forment une zone qui s'étend habituellement sur des centaines de kilomètres. Cette zone est appelée « front ». On parle de « front froid » quand une masse d'air froid prend la place d'une masse d'air chaud en l'obligeant à monter dans l'atmosphère. On parle de « front chaud » quand une masse d'air chaud pousse une masse d'air froid devant elle. Lorsque aucune des deux masses ne bouge, on parle alors de « front stationnaire ».

La naissance d'un front signifie un changement de conditions climatiques.

Un front froid évolue rapidement. Si l'air est sec, il va se former des nuages et la température va chuter. Si l'air est humide, un front froid va donner naissance à des tempêtes et à de la grêle, mais qui ne dureront pas longtemps.

Un front chaud se déplace plus lentement. Si l'air est sec, des nuages légers vont se former. Mais si l'air est humide, le ciel va devenir gris et la pluie ou la neige qui suivront risquent de durer plusieurs jours. Lorsque les fronts se sont déplacés, s'en suit généralement une période de beau temps, chaud si c'est la masse d'air chaud qui est restée, froid si c'est la masse d'air froid.

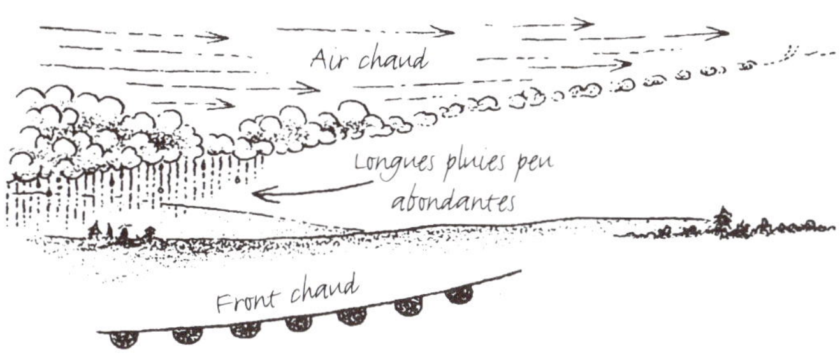

270 Pression atmosphérique et prévisions climatiques

MATÉRIEL
un morceau de ballon
un entonnoir
du ruban adhésif

La pression de l'air et la manière dont elle évolue permet de prédire les changements de climat et le temps qu'il va faire au cours des prochaines heures ou des jours suivants.

Que faire ? Couvrir l'ouverture large de l'entonnoir avec le morceau de ballon et le fixer soigneusement avec le ruban adhésif.

Aspirer un peu d'air par le petit bout de l'entonnoir et observer ce qui se passe avec le ballon.

Diriger l'entonnoir vers le haut et aspirer à nouveau. Tourner l'entonnoir sur le côté et aspirer une fois encore.

Que se passe-t-il ? Quand on aspire l'air, le ballon est attiré à l'intérieur, quelle que soit la position de l'entonnoir.

Pourquoi ? Quand on aspire l'air, on le fait sortir de l'intérieur de l'entonnoir. Suite à cela, la poussée de l'air à l'extérieur est plus grande que la poussée de l'air à l'intérieur, même si l'on tient l'entonnoir levé vers le ciel ou tourné sur le côté. L'air exerce une pression égale dans toutes les directions.

Tu sais déjà que l'air exerce une pression de plus de 1 kg sur chaque centimètre carré de la surface de la terre. Ce poids est appelé pression atmosphérique.

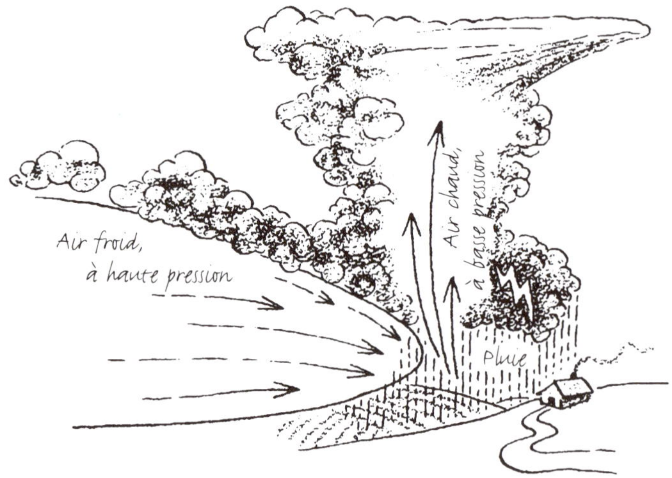

Quand de l'air froid et dense exerce sa pression sur la terre, la pression atmosphérique est habituellement élevée. L'air chaud et moins dense monte depuis la terre et, de ce fait, quand il fait chaud, la pression atmosphérique est habituellement moins élevée.

Une haute pression provoque d'ordinaire du temps clair, tandis qu'une basse pression entraîne du mauvais temps et des vents puissants. Les changements de pression donnent également naissance à des vents.

Lorsqu'il survient de grandes différences dans les pressions atmosphériques, de l'air circule rapidement des zones de hautes pressions vers les zones de basses pressions, pour les remplir. Il se forme alors des vents violents, et même extrêmement violents. Si la différence est faible, l'air circule doucement vers les zones de basses pressions et nous connaissons alors des brises légères.

271 Une boîte à malice

Il t'est conseillé de réaliser cette expérience au-dessus d'un évier ou d'une bassine.

MATÉRIEL
une boîte métallique, munie d'un bouchon à visser
un marteau
un clou
de l'eau

Que faire ? En se servant du clou et du marteau, percer un petit trou dans un des côtés de la boîte, à proximité du fond. Remplir la boîte avec de l'eau et visser rapidement le bouchon. Après quoi, ôter le bouchon.

Que se passe-t-il ? L'eau ne s'écoule pas par le trou – jusqu'à ce qu'on enlève le bouchon.

Pourquoi ? L'air exerce une pression plus forte que celle de l'eau à l'intérieur de la boîte – jusqu'à ce qu'on enlève le bouchon. L'air presse alors par le haut dans l'ouverture de la boîte, sa pression s'ajoute à celle de l'eau, et les deux conjugées sont plus fortes que la pression de l'air à l'extérieur.

272 La loi de Ballot

En se servant de la loi de Ballot, on peut déterminer les zones de hautes et de basses pressions.

Buys Ballot, un scientifique hollandais, a découvert en 1857 la relation qui existe entre les vents et les zones de basses et de hautes pressions qui en sont la cause.
Dans l'hémisphère nord, si l'on se place le dos au vent, la zone de haute pression se trouve sur la droite et la zone de basse pression sur la gauche. Dans l'hémisphère Sud, c'est évidemment le contraire. Un changement de vent entraîne souvent un changement de temps. Dans l'hémisphère nord, un vent du sud ou de l'ouest apporte du temps chaud et humide. Un vent du nord apporte du temps sec et froid, particulièrement en hiver. Les vents sont généralement nommés d'après la direction d'où ils soufflent.

273 Tornade !

MATÉRIEL

une bouteille en plastique vide et propre

Même si la plupart des dégâts causés par les tornades sont provoqués par les terribles vitesses des vents tourbillonnants, la basse pression atmosphérique est également responsable de bon nombre de dommages.

Que faire ? Enlever l'air de la bouteille en l'aspirant.

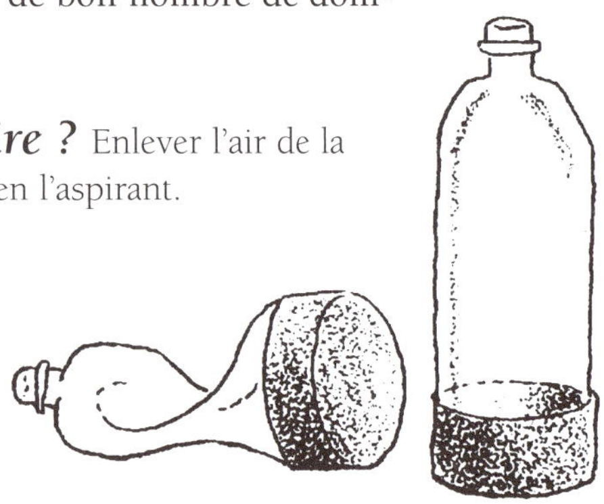

Que se passe-t-il ? La bouteille se comprime.

Pourquoi ? L'air autour de la bouteille exerce sa pression vers l'intérieur, parce qu'on a enlevé une partie de l'air qui s'y trouvait. Normalement, l'air de l'intérieur contrebalance la force exercée à l'extérieur.

La pression interne à la bouteille diminue, ainsi que cela se passe au cœur d'une tornade.

Une tornade prend naissance quand de l'air sec et froid vient de l'ouest et entre en contact avec de l'air humide venant de l'est et anormalement chaud. Le résultat est un vent de tourbillon, avec d'épais nuages noirs et des orages. De la vapeur d'eau est envoyée vers le haut, tandis que des rafales d'air froid montent en formant des spirales. Quand l'air s'est refroidi, il fait naître une torsade de nuages en forme de cheminée.

Ce nuage en cheminée tourbillonne à une vitesse terrible et entraîne avec lui les poussières, les arbres, les animaux, l'eau, les voitures, les maisons – tout ce qu'il trouve sur sa route – et les fait monter dans le ciel en tournoyant. La colonne d'air au sein de la cheminée s'élève à toute vitesse et fait baisser la pression dans cette cheminée à mesure que la tornade progresse.

Une maison peut parfaitement être écrasée par une tornade, comme la bouteille s'est comprimée – parce que la pression atmosphérique au centre de la tornade est plus basse que la pression normale à l'intérieur d'une maison.

La tornade tourbillonne, en écrasant et en détruisant tout sur son passage, jusqu'à ce que l'air chaud qui se trouve au sol ait été comprimé par l'air froid, lourd, peu mobile. L'air cesse alors de se déplacer, et la tornade meurt.

Quelques mots encore à propos des tornades

Il est rare qu'une tornade dure plus d'une heure. Elle ne couvre d'ordinaire que 150 m environ. Deux pour cent seulement des tornades sont considérées comme « violentes ».

Les tornades peuvent durer plus longtemps, avec des vents atteignant les 480 km/h, et couvrir un espace de 40 km de long sur 1,6 km de large. Elles peuvent se révéler les tempêtes les plus destructrices qui soient. La plupart des dégâts et des morts lors de tornades sont en fait provoqués par les objets volants qui sont entraînés dans le tourbillon.

Les tornades sont parfois appelées cyclones ou ouragans.

274 La loi de Bernoulli

MATÉRIEL

2 pommes
2 fils d'environ 30 cm de long
2 punaises

La pression de l'air dans une tornade est si basse que les maisons se trouvant sur sa route peuvent être détruites. Mais quelle est la cause de cette basse pression ?

Que faire ? Attacher les pommes aux fils et les suspendre à 7,5 cm d'écart l'une de l'autre.

Souffler très fort entre les pommes.

Que se passe-t-il ? Au lieu de s'écarter, les pommes se rapprochent l'une de l'autre.

Pourquoi ? En soufflant entre les pommes, vous obligez l'air qui se trouve entre elles à se déplacer. Cela fait chuter la pression de l'air entre les pommes. L'air qui se trouve de part et d'autre des pommes exerce une pression qui les pousse vers cette zone de pression plus faible.

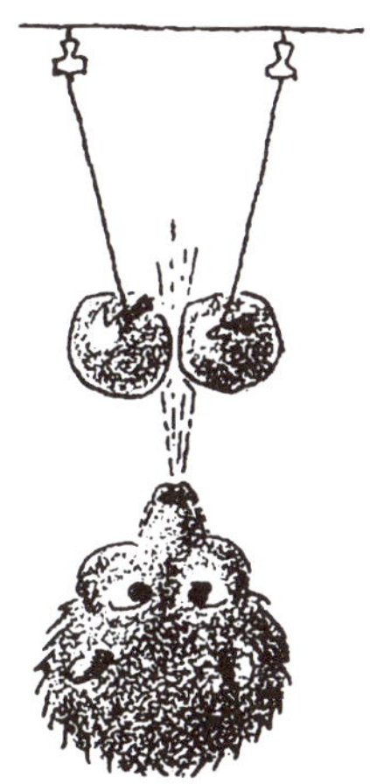

Si la vitesse de l'air augmente, la pression de l'air diminue. Plus vite l'air se déplace et plus basse est sa pression. Ce phénomène a été découvert par un physicien suisse du nom de Daniel Bernoulli.

Cette baisse de pression provoquée par le déplacement rapide de l'air est une des causes des destructions engendrées par les tornades. Les objets sont propulsés dans les tourbillons de vent par les fortes pressions exercées par l'air qui les entoure.

275

L'œil du cyclone

MATÉRIEL

un yoyo

Un cyclone ou ouragan, est une violente tempête qui se forme dans les eaux tropicales. Au centre des vents tourbillonnants du cyclone, il existe un œil où règne le calme.

Que faire ? Faire tourner le yoyo autour de soi.

Que se passe-t-il ? Le yoyo donne l'impression de vouloir s'échapper de la main en tirant sur sa ficelle. Plus on le fait tourner vite, plus il tire fort.

Pourquoi ? L'explication tient à la force centrifuge, cette force qui attire un objet vers l'extérieur lorsqu'il est entraîné dans un mouvement circulaire.

De la même façon, les vents d'un cyclone tendent à s'éloigner du centre à mesure que leur vitesse augmente. Quand ils ont atteint la vitesse requise, un trou se forme au centre, signe d'un ouragan dans toute sa puissance.

L'œil d'un cyclone est un trou sans nuage, faisant habituellement 16 kilomètres de large, au sein duquel tout est calme et paisible. Mais tout autour de cet œil, des vents tourbillonnent à la vitesse de 240 km/h, avec des rafales pouvant atteindre les 288 km/h.

Les vents d'ouragan peuvent couvrir une zone de près de 100 km de large. Ils peuvent faire rage une semaine ou davantage, et franchir des milliers de kilomètres, au-dessus des mers ou des terres.

Les cyclones se développent quand l'air humide et chaud se trouvant au-dessus des eaux tropicales s'élève à plus de 1800 m. La vapeur d'eau se condense et se change en gouttes de pluie en libérant de la chaleur, qui, à son tour, oblige des colonnes d'air à s'élever rapidement jusqu'à des hauteurs de 80.000 m, tandis que les cumulus cotonneux en forme de choux-fleurs se changent en nuages de tempête menaçants (voir l'illustration).

L'air au dehors de la tempête se précipite à l'intérieur pour remplacer l'air qui est monté. Il commence à s'enrouler sur lui-même en raison de la rotation de la terre. En tourbillonnant au-dessus de la mer, il aspire à lui de plus en plus de vapeur d'eau, entraînée dans le tourbillon, et libère davantage d'énergie à mesure que la vapeur se condense. Le tourbillon monte de plus en plus vite dans le ciel, en amenant d'énormes quantités d'air et de vapeur d'eau au sommet de la tempête, l'air se met à tournoyer de plus en plus vite autour de l'œil.

Les vents d'ouragan tournent dans le sens des aiguilles d'une montre dans l'hémisphère Sud et dans le sens inverse dans l'hémisphère Nord. Ils portent le nom de cyclones dans l'océan Indien, de typhons dans le Pacifique et de willy-willies en Australie.

Coupe dans l'œil d'un cyclone

De l'eau, partout de l'eau

Comment l'eau passe-t-elle dans l'air ? Et comment en sort-elle ? Pourquoi neige-t-il ? Quand pleut-il ? Pourquoi tombe-t-il de la grêle ? Dans le chapitre qui suit tu trouveras les réponses à ces questions et à bien d'autres encore.

Records de précipitations sur Terre

Chute de pluie la plus importante en un jour : 184 cm
Endroit : La Réunion, une île dans l'océan Indien
Date : 15 mars 1952

Chute de pluie la plus importante en 1 mois : 915 cm
Endroit : Assam, en Inde
Date : juillet 1961

Chute de pluie la plus importante en 1 an : 2602 cm
Endroit : Assam, en Inde
Date : d'août 1880 à août 1881

Chute de pluie annuelle moyenne la plus élevée : 1150 cm
Endroit : Mont Waialeale, Kauai, Hawaï

Plus grand nombre de jours d'orage : 322 jours par an
Endroit : île de Java, en Indonésie

Plus faible chute de pluie : 0,08 cm
Endroit : Arica, au Chili

Plus longue période sans pluie : 400 ans
Endroit : désert d'Atacama, au Chili

Chute de neige la plus importante en 1 jour : 189,5 cm
Endroit : Silver Lake, au Colorado

Chute de neige la plus importante au cours d'une seule tempête : 472,5 cm
Endroit : Mont Shasta, en Californie
Date : du 13 au 19 février 1959

276

L'eau qui va en l'air

MATÉRIEL
2 bocaux (un avec son couvercle)
de l'eau

L'humidité de l'air est une des phases importantes du cycle de l'eau. L'apport principal provient des cinq grands océans du globe et de tous les autres plans d'eau plus petits. Mais comment l'eau passe-t-elle dans l'air ?

Que faire ? Verser des quantités d'eau égales dans les deux bocaux. Placer le couvercle sur l'un d'eux. Placer les deux bocaux sur une table pour la nuit. Les observer le lendemain matin.

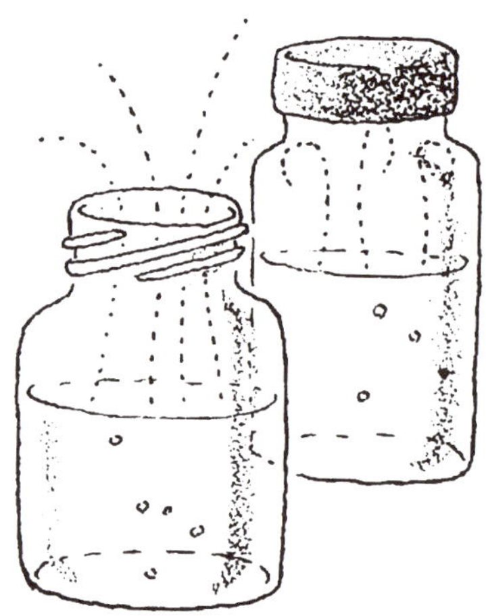

Que se passe-t-il ? Il y a moins d'eau dans le bocal qui n'a pas de couvercle.

Pourquoi ? Même à température ambiante, les petites particules qui composent l'eau, appelées molécules, se déplacent assez vite dans le bocal ouvert pour s'envoler et s'échapper dans l'air. L'eau se change en vapeur d'eau, un gaz invisible. Ce processus s'appelle l'évaporation.

Si tu t'es jamais demandé ce qu'il advient des flaques lorsque la pluie a cessé de tomber, voici l'explication. Et c'est de cette manière que l'eau passe dans l'air.

277 Course d'évaporation n°1

MATÉRIEL
une tasse à mesurer
une assiette plate
de l'eau
une bouteille à goulot étroit

Quel récipient contenant de l'eau va se vider en premier, le disque plat ou le bocal profond ?

Que faire ? Verser une égale quantité d'eau dans l'assiette et dans la bouteille. Placer les deux, sans les couvrir, sur une table pour la nuit. Observer la situation le matin venu.

Que se passe-t-il ? Il reste moins d'eau dans l'assiette que dans la bouteille.

Pourquoi ? Les molécules d'eau ne peuvent s'échapper que par la surface. L'eau s'évapore donc plus vite lorsque la surface est importante.

Une flaque large et peu profonde, de ce fait, s'asséchera plus vite qu'une petite flaque très profonde.

278 Du vent et de l'eau

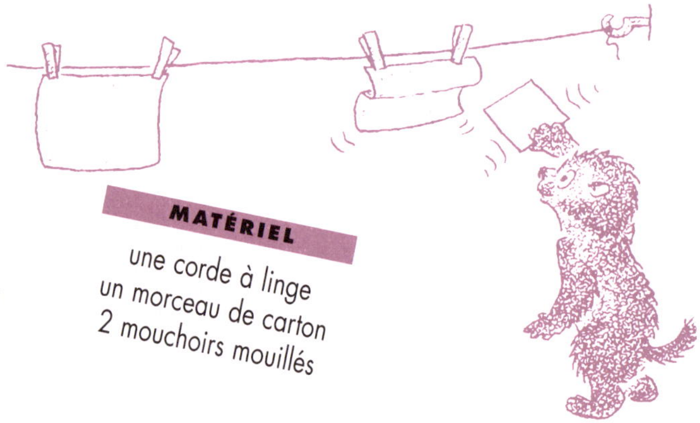

MATÉRIEL

une corde à linge
un morceau de carton
2 mouchoirs mouillés

Le vent a-t-il une action sur l'eau qui se trouve dans l'air ? Pourquoi souffler sur un tableau noir humide lui permet-il de sécher plus vite ?

Que faire ? Suspendre les deux mouchoirs mouillés à la corde pour les mettre à sécher. Agiter le carton pour éventer l'un des mouchoirs.

Que se passe-t-il ? Le mouchoir éventé sèche plus vite.

Pourquoi ? Le fait d'éventer accélère l'évaporation en remplaçant l'air humide qui entoure le mouchoir par de l'air plus sec. Le vent qui souffle agit de la même manière sur les nuages dans le ciel.

279 Course d'évaporation n°2

MATÉRIEL

2 assiettes
de l'eau

Quel rôle joue le soleil dans l'évaporation de l'eau ?

Que faire ? Remplir à moitié les deux assiettes avec de l'eau. Placer une des assiettes au soleil ou sur un radiateur, et laisser l'autre à l'ombre.

Que se passe-t-il ? L'assiette au soleil sèche plus vite.

Pourquoi ? Plus l'eau est chaude, plus les molécules passent vite dans l'air. Et donc plus l'eau s'évapore rapidement.

La majeure partie de la vapeur d'eau provient des lacs, des rivières, des océans, des feuilles de plantes et du sol mouillé. La chaleur du soleil entraîne la transformation de l'eau liquide en eau gazeuse, qui passe alors dans l'air. À mesure que la température augmente, l'air est capable d'accueillir plus d'eau. S'il refroidit, il en accepte de moins en moins.

MATÉRIEL

un thermomètre
de l'ouate
un compte-gouttes
de l'eau
du ruban adhésif

L'évaporation refroidit l'air

280

Les liquides demandent de la chaleur pour s'évaporer. C'est pourquoi l'endroit où a lieu cette évaporation devient plus froid.

Que faire ? Placer le thermomètre dans un endroit où le vent souffle. Noter la température après 30 minutes.

En se servant du compte-gouttes, humidifier un petit morceau d'ouate et l'enrouler autour du bulbe du thermomètre. Fixer l'ouate avec le ruban adhésif. Laisser le thermomètre dans le vent pendant 30 minutes encore et noter ensuite la température.

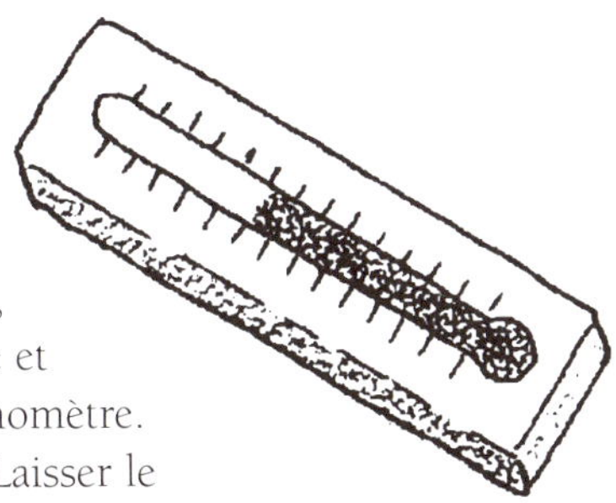

Pourquoi ? Au cours du processus d'évaporation, le thermomètre a libéré de l'énergie sous forme de chaleur. L'hygromètre, un des instruments les plus importants en météorologie, est basé sur ce phénomène (voir expérience 302).

Que se passe-t-il ? La température du thermomètre garni de l'ouate humide a baissé de plusieurs degrés.

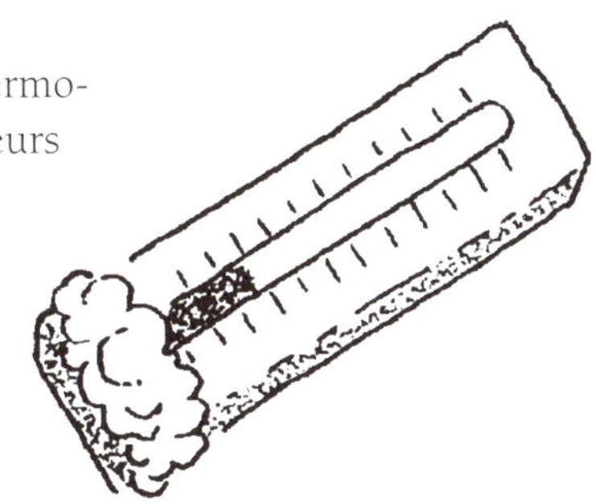

281 Devenir faiseur de pluie !

Fais pleuvoir dans la cuisine !

MATÉRIEL
une casserole à double fond
de l'eau
4 glaçons

Que faire ? Faire bouillir de l'eau dans la partie inférieure de la casserole double. Verser de l'eau froide dans la partie supérieure, ajouter les glaçons et placer le récipient au-dessus de l'eau bouillante (si tu ne disposes pas de casserole à double fond, tu peux te servir d'un petit poêlon posé au-dessus d'une casserole plus large).

Que se passe-t-il ? Il se met à pleuvoir !

Pourquoi ? La surface froide du récipient du dessus refroidit la vapeur qui monte de l'eau bouillante. La vapeur se change à nouveau en eau et forme des gouttelettes. À mesure que ces gouttes grossissent et deviennent plus lourdes, elles tombent en « pluie ».

L'eau bouillante se comporte comme l'eau chauffée par le soleil. La fumée est pareille à la vapeur qui s'évapore dans l'air. À mesure que la vapeur monte, elle se refroidit. On voit des nuages naître quand des gouttelettes se forment. Plus ces gouttelettes captent d'humidité, plus elles deviennent lourdes, jusqu'à retomber vers la terre.

282 Mesurer la taille d'une goutte de pluie

Tiens un morceau de carton et sors-le à la fenêtre au moment où il commence à pleuvoir. Tu vas ainsi pouvoir mesurer la taille d'une goutte de pluie.

Les gouttes de pluie peuvent mesurer jusqu'à 1 cm de large. Chacune d'elles est faite de millions de gouttelettes d'eau.

Les petites gouttes – moins de 0,5 mm de large – mettent une heure ou même davantage pour atteindre le sol. Les pluies légères constituées ainsi portent le nom de bruine. Elles proviennent habituellement d'une couche de nuages de moins de 2 km d'épaisseur.

Une pluie forte et soudaine, faite de grosses gouttes, appelée averse, tombe de nuages pouvant atteindre une épaisseur de 15 km, que l'on appelle cumulo-nimbus.

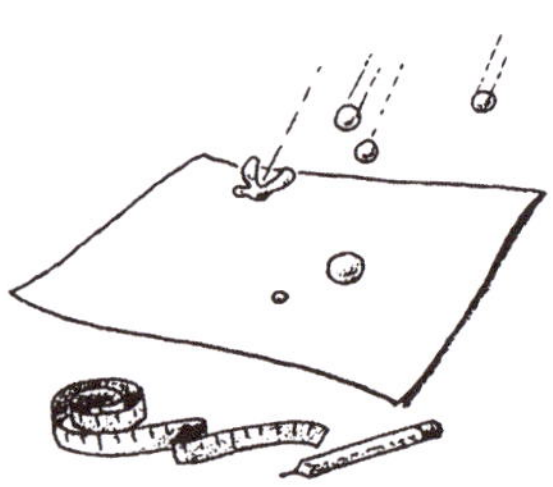

283

L'eau qui vient de l'air

MATÉRIEL
une boîte de conserve vide
des glaçons
de l'eau
du colorant alimentaire

Tu as compris comment l'eau pénètre dans l'air. Voyons à présent comment elle peut en sortir.

Que faire ? Enlever l'étiquette de la boîte de conserve, puis remplir celle-ci de glaçons. Ajouter de l'eau ainsi que quelques gouttes de colorant alimentaire. Laisser la boîte sur une table pendant 5 minutes.

Que se passe-t-il ? La boîte donne l'impression de « transpirer ». Des gouttelettes d'eau se sont formées à l'extérieur.

Pourquoi ? Les gouttes ne sont pas colorées et elles ne peuvent donc pas provenir de la glace qui aurait fui de l'intérieur de la boîte de conserve. Cette eau doit donc venir de l'air.

La vapeur d'eau – de l'eau sous forme de gaz – se trouve dans l'air entourant la boîte et a été refroidie par la glace.

Les molécules d'air ralentissent en se refroidissant. Elles se rapprochent les unes des autres et prennent une forme liquide. Ce phénomène est appelé la « condensation ». De grandes quantités d'eau s'évaporent sans cesse dans l'air, sous l'effet du soleil qui chauffe les eaux des océans, des rivières et des lacs. En une journée, quand l'humidité est élevée, près de 5 pour cent de l'air peut être constitué de vapeur d'eau. Cette vapeur contribue à réchauffer l'air qui enveloppe la planète. Parce qu'il est moins dense que l'air froid, cet air plus chaud a tendance à monter. Il s'élève dans des couches de plus en plus froides. Lorsqu'il atteint une couche de température assez basse, la vapeur d'eau se transforme en gouttes d'eau. L'air froid ne peut pas accueillir autant de vapeur d'eau que l'air chaud.

Une grande quantité de ces gouttelettes d'eau recueille des particules de poussière à mesure que l'air se refroidit. C'est ainsi que les nuages se forment. Les gouttes tombent sur la terre sous forme de neige ou de pluie lorsqu'elles deviennent trop lourdes pour être maintenues en suspension dans l'air par la pression atmosphérique.

Le mouvement de l'eau par évaporation et condensation est appelé le cycle de l'eau.

284 Un nuage dans la maison

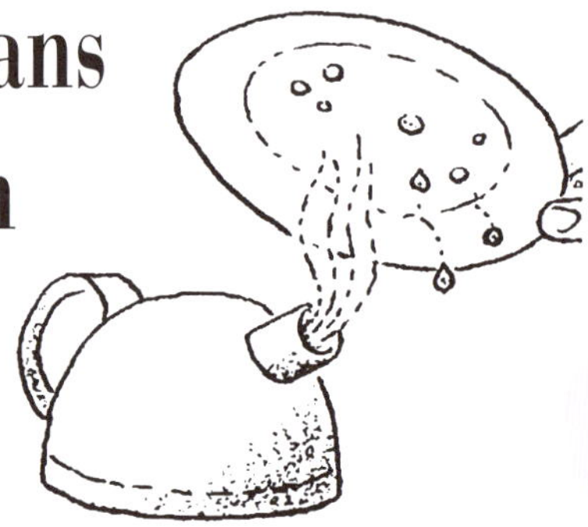

MATÉRIEL
une bouilloire remplie d'eau
une assiette en métal

Tu formes un nuage dans ta cuisine chaque fois que tu fais bouillir de l'eau !

Que faire ? Faire chauffer l'eau dans la bouilloire. Lorsqu'elle commence à bouillir, tenir l'assiette sous le dégagement de vapeur.

Que se passe-t-il ? Quand l'eau bout, un « nuage » blanchâtre se forme devant le bec de la bouilloire. Lorsqu'on la tient devant ce nuage, des gouttelettes d'eau apparaissent sur l'assiette.

Pourquoi ? Les nuages se forment de la même manière dans le ciel. L'air chaud contient de la vapeur d'eau invisible et monte. En s'élevant, il se refroidit. La vapeur d'eau se condense en millions de minuscules gouttelettes d'eau qui forment un nuage.

Lors d'une belle journée d'été, le Soleil chauffe le sol rapidement. Le sol réchauffe l'air à proximité. Puisque l'air chaud est moins dense que l'air froid, il monte. En s'éloignant du sol chaud, il se refroidit. Lorsqu'il s'est élevé assez haut et s'est suffisamment refroidi, la vapeur d'eau dans l'air se condense – se change en gouttelettes. Des millions de gouttelettes s'assemblent pour former l'un des nuages cotonneux que l'on voit dans le ciel. Ces gros nuages pelucheux s'appellent des cumulus.

Pourquoi les nuages sont-ils blancs ?

La lumière blanche du soleil est en réalité un mélange de toutes les couleurs. Lorsque le Soleil pénètre une goutte d'eau, il se divise en plusieurs longueurs d'onde, alors perçues comme rouge, orange, jaune, vert, bleu, indigo et violet. Une partie de cette coloration est reflétée par un des bords externes de la goutte et en est éjectée.

La couleur bleue du ciel provient de la façon dont les petites particules de poussière et la vapeur dans l'air brisent les rayons lumineux. Les rayons de faible longueur d'onde (les bleus et les violets) sont envoyés sur un éventail plus large que les rayons de grande longueur d'onde (les rouges et les jaunes).

Trop de poussière, en particulier sous la forme de grosses particules, provoque l'éclatement de beaucoup de rayons – et plus seulement les bleus. Le ciel prend alors un aspect blanchâtre ou brumeux. Lorsque les nuages se forment, il n'y a plus grande différence vu l'éparpillement des différentes longueurs d'onde de lumière. Nous voyons le mélange des différentes couleurs du spectre et les nuages nous apparaissent blancs.

Le ciel se teinte de rouge au lever et au coucher, lorsque les longueurs d'onde les plus grandes (rouges et jaunes) sont dispersées de manière plus large. C'est parce que le Soleil est proche de l'horizon. Dans ce cas, sa lumière brille selon un angle proche de la surface et traverse une plus grande couche d'atmosphère, de poussière et de gouttelettes d'eau.

285 Le brouillard ?

MATÉRIEL

une bouteille avec un goulot large
une allumette

Le smog est la combinaison du brouillard – petites gouttelettes d'eau dans l'air – et de la pollution atmosphérique. Voyons comment cela se passe. Il te faudra l'aide d'un adulte pour réaliser cette expérience.

Que faire ? Souffler avec force dans la bouteille et écarter rapidement les lèvres du goulot. Demander à un adulte d'allumer une allumette. Souffler la flamme. Pendant que l'allumette fume encore, la laisser tomber dans la bouteille, pour que la fumée y pénètre. Souffler à nouveau dans la bouteille et écarter rapidement les lèvres du goulot.

Que se passe-t-il ? Du smog se forme.

Pourquoi ? Quand tu as cessé de souffler la première fois, la chute brutale de la pression a entraîné un refroidissement. Cela a permis à une petite quantité de vapeur d'eau de se condenser – se changer en gouttelettes. Quand tu as ajouté la fumée, les gouttelettes se sont mélangées aux particules de cendre de celle-ci pour donner naissance au smog.
Les jours de vent, quand il fait sec, la fumée et les gaz qui sortent des cheminées et des tuyaux d'échappement s'envolent dans le ciel où ils s'éparpillent. Mais les jours froids et humides, sans vent, en suspension dans l'air, ils forment le smog.

286 Un temps de réfrigérateur

MATÉRIEL

du givre (pris dans le congélateur) ou de la neige (recueillie dehors)
un morceau de papier noir ou de tissu noir
une loupe
un glaçon
une grande cuillère

Pour apprendre la différence entre neige et grêle, et si ton réfrigérateur dégèle automatiquement, attends qu'il neige pour réaliser cette expérience, et recueille tes spécimens à l'extérieur.

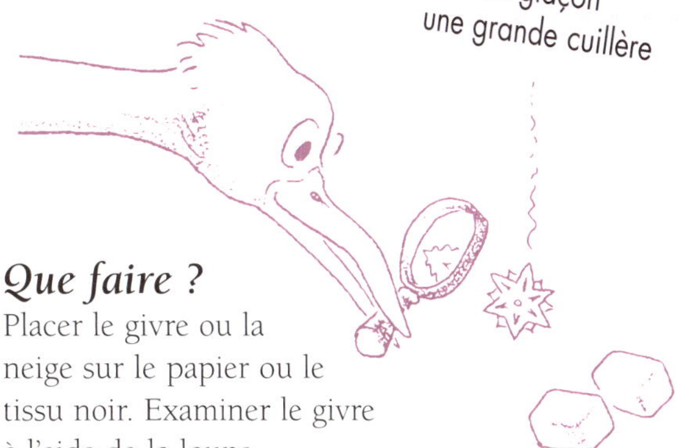

Que faire ?
Placer le givre ou la neige sur le papier ou le tissu noir. Examiner le givre à l'aide de la loupe.

Découper un petit éclat de glace et placer le fragment sur le tissu. L'examiner lui aussi avec la loupe.

Que se passe-t-il ? Dans le givre ou la neige, tu vois des cristaux en forme d'étoiles à six branches. Dans la glace, tu ne vois rien.

Pourquoi ? Le givre du réfrigérateur et les flocons de neige se forment de la même manière. La vapeur d'eau dans les nuages – comme dans le réfrigérateur – se refroidit tellement qu'au lieu de se changer en eau, elle forme des flocons et gèle.
Les glaçons se forment de la même manière que la grêle. Ils se présentent d'abord sous forme d'eau, et gèlent ensuite. La grêle commence sous forme de gouttes de pluie. En passant au travers de couches d'air très froid, elles gèlent et forment de petits morceaux de glace.

287 Disséquer un grêlon

MATÉRIEL
un grêlon
un marteau
une feuille de papier journal

Si tu as dejà vu une pluie de grêlons, tu sais à quel point cela peut être violent. En 1981, dans l'Ohio, on a trouvé un grêlon qui pesait près de quinze kilos ! Mais qu'est-ce qui cause la grêle ? Les grêlons sont faits de gouttes de pluie gelées, mais leur formation est plus compliquée que cela.

Que faire ? Fendre le grêlon en deux sur la feuille de journal. Compter le nombre d'anneaux que l'on peut voir à l'intérieur.

Que se passe-t-il ? On peut déterminer combien de voyages le grêlon a effectué dans l'air froid avant de tomber sur terre.

Pourquoi ? Les vents violents captent les gouttes de pluie et les envoient vers le haut, là où l'air est assez froid pour les transformer en petits morceaux de glace. S'ils tombent alors sur terre, ils y arrivent sous forme de neige fondante. Mais parfois, au lieu de les laisser arriver au sol, les vents les font remonter. Dans les couches d'air très froid, une nouvelle couche de glace se forme autour des petits morceaux. Ils retombent ensuite avant d'être renvoyés vers le haut une fois encore. Finalement, lorsqu'ils sont devenus trop lourds, ils viennent frapper la terre sous forme de grêle.

Les grêlons sont parfois plus gros que des balles de golf, et il arrive qu'ils causent des dégâts aux bâtiments et aux cultures.

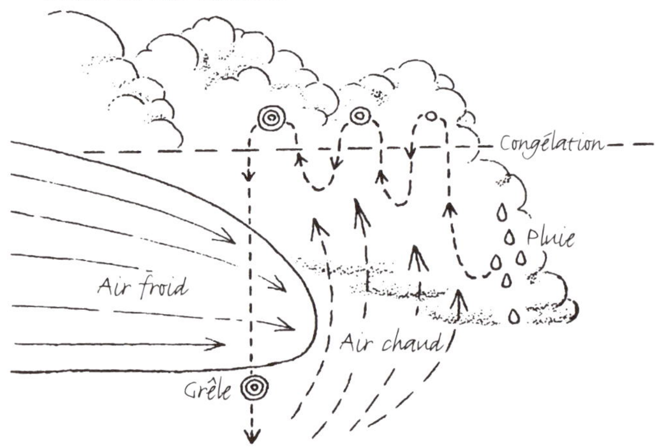

L'ozone

L'ozone, principal constituant du smog, est de l'oxygène comportant trois atomes. Il se forme quand des produits chimiques comme des hydrocarbures et des composés azotés – libérés par les usines et les moteurs – sont mis en présence de chaleur et de lumière solaire.

L'ozone dans la basse atmosphère peut rendre les gens malades. Lorsque l'indice de qualité de l'air dépasse 200, on conseille de ne pas sortir de chez soi, si possible. Dans la stratosphère, entre 16 et 50 km au-dessus de la terre, une couche d'ozone se forme naturellement et protège la planète des rayons solaires ultraviolets et nocifs. Mais on a maintenant la preuve qu'existe un trou dans celle-ci, au-dessus de l'Antarctique. Il a été causé par l'usage de chlorofluorocarbones et de composés similaires. On utilise ces produits dans les réfrigérateurs et les systèmes de conditionnement d'air, pour le nettoyage des appareils électroniques, dans la fabrication de mousses plastiques ainsi que dans les vaporisateurs sous pression. Si le trou dans la couche d'ozone s'élargit, les scientifiques prédisent que nous pourrions subir un accroissement des maladies provoquées par le rayonnement ultraviolet, comme les cancers de la peau.

288 Qu'est-ce qu'un éclair ?

MATÉRIEL

un peigne
de la laine
une poignée de porte en métal

Fabrique ton propre éclair ! Ne t'inquiète pas, les éclairs domestiques ne sont pas dangereux. Tu en as déjà provoqué beaucoup sans le savoir.

Que faire ? Frotter le peigne avec un peu de laine. Approcher le peigne d'une poignée de porte en métal.

Que se passe-t-il ? Tu provoques une petite étincelle.

Pourquoi ? En frottant le peigne sur la laine, tu l'as chargé d'électricité. L'étincelle naît quand la charge saute vers la poignée de porte qui n'est pas chargée. L'étincelle est provoquée par le passage d'une charge électrique d'un objet vers un autre.

On peut voir des étincelles semblables quand on passe sur un petit tapis avant de prendre en main une poignée de porte. On peut également entendre un léger crépitement en se coiffant les cheveux ou en caressant un chat. Ce sont des exemples d'électricité statique.

Un éclair est une énorme étincelle provoquée par le saut des charges d'un nuage vers un autre nuage ou vers le sol. Même si les éclairs libèrent une fantastique quantité d'énergie, ils ne durent pas assez longtemps pour qu'on puisse la capturer et s'en servir. Les jours d'été humides, lorsque l'air chaud s'élève rapidement, l'humidité de l'air se condense pour former des milliards de petites gouttelettes et de cristaux de glace. Ceux-ci captent des charges électriques en se déplaçant dans l'air. Les courants d'air violents dans les nuages d'orage font se déplacer des gouttes et des particules de poussière de tailles différentes, à des vitesses différentes. Ceux qui ont la même taille et sont chargés de la même quantité d'électricité se rassemblent dans une partie du nuage. Une très grande charge d'électricité positive se forme habituellement dans les régions les plus élevées et les plus froides, tandis que près du sol, les nuages d'orage sont souvent chargés négativement. La grande différence entre les charges au sommet et au bas des nuages donne naissance à un puissant voltage, ou pression électrique. Cette poussée envoie un éclair de lumière qui traverse les nuages pour passer d'une charge électrique à une autre.

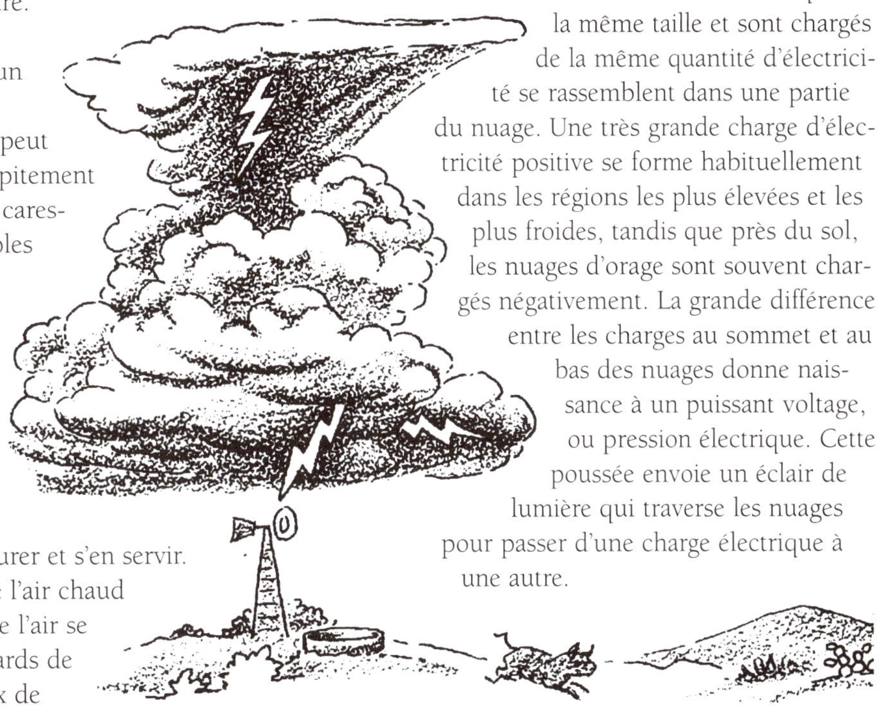

La foudre peut-elle tomber deux fois au même endroit ?

Contrairement à ce que prétendent certains dictons, la foudre peut frapper plusieurs fois un même endroit ou une même personne. L'organisme de surveillance du climat des États-Unis fait état du cas d'un gardien de parc national américain qui a été frappé à sept reprises !

Prévention des tempêtes

Un orage d'été nettoie l'atmosphère et son passage nous laisse une sensation de fraîcheur. Le grondement et le rugissement du tonnerre ne sont que du bruit et ne font aucun mal ; le temps qu'on les entendent, tout danger est habituellement déjà écarté. Mais les éclairs peuvent se révéler dangereux. Ils peuvent provoquer des incendies, faire tomber des arbres et blesser ou même tuer des personnes.

Les éclairs empruntent le chemin le plus court. Ils frappent les objets les plus élevés, un grand arbre, une tour, une personne se tenant debout au milieu d'un champ. Les gratte-ciel modernes, cependant, sont construits de manière à ce que la foudre puisse les frapper sans leur causer de dommage.

Voici les conseils que donnent les services météorologiques lorsqu'une tempête approche.

Si tu te trouves à l'extérieur : rentre, si possible, dans une maison ou un grand immeuble. Si ce n'est pas possible, essaie d'entrer dans une voiture (pas une décapotable !). Ne te réfugie pas dans une cabane de métal ou de bois.

Ne reste pas à proximité d'un poteau téléphonique. Éloigne-toi de tout arbre isolé. Ne reste pas au sommet d'une colline. Évite de te retrouver plus haut que ce qui t'entoure. Trouve refuge au bas d'arbres de petites dimensions. Si tu es en plein champ, agenouille-toi et penche-toi en avant.

Écarte-toi des canalisations métalliques, des rails, des grilles de métal et des lignes électriques. Ne transporte aucun objet métallique. Ne roule pas à bicyclette ni en vélomoteur. Si tu es en groupe, que tout le monde s'éparpille. Restez écartés de quelques mètres les uns des autres.

Éloigne-toi de l'eau. Si tu nages, sors de l'eau. Ne reste pas dans une embarcation ou sous un parasol.

Si tu te trouves à l'intérieur : éloigne-toi des fenêtres et des portes. Écarte-toi des robinets, des éviers, des baignoires, des réchauds, de tout objet pouvant conduire l'électricité. Ne te sers pas des appareils électriques, tels que téléviseur, fer à repasser, grille-pain, mixeur.

Ni du téléphone, sauf en cas d'urgence.

289 Pourquoi le tonnerre ?

MATÉRIEL
un ballon ou un sachet de papier

On entend un crépitement quand on provoque une étincelle. Mais qu'est-ce qui cause ce bruit et d'où vient le grondement du tonnerre ?

Que faire ? Gonfler le ballon ou le sachet de papier. Le fermer solidement avec du ruban adhésif ou du fil. Placer une main sur le dessus du ballon, une dans le bas, et pousser pour le faire éclater.

Que se passe-t-il ? On entend un petit coup de tonnerre.

Pourquoi ? Tu as déclanché le tonnerre en forçant une petite quantité d'air à se déplacer rapidement. Un objet produit du bruit quand il vibre. Les êtres humains ne perçoivent que le bruit des objets qui vibrent au moins 16 fois par seconde, et pas plus de 2000 fois.

Quand un éclair traverse l'atmosphère, il chauffe l'air environnant et l'oblige à se dilater extrêmement vite. C'est ce déplacement qui provoque le bruit. Un court grondement est causé par un éclair assez bref. Les roulements du tonnerre surviennent quand les éclairs couvrent une vaste zone, ou quand les nuages, les montagnes ou des constructions leur font écho.

290 À quelle distance se trouve l'orage ?

Quand tu vois l'éclair, commence à compter les secondes de la manière suivante : « Et un, et deux, et trois... », en continuant ainsi jusqu'à ce que tu entendes le grondement du tonnerre. Divise le chiffre obtenu par 3. Cela te donnera une estimation approximative de la distance à laquelle se trouve l'orage.

Pourquoi ? Les éclairs et le tonnerre se produisent au même endroit, mais la lumière et le bruit voyagent à des vitesses différentes et ne nous atteignent donc pas en même temps. La lumière se déplace à 300 000 km par seconde et ne met qu'une fraction de seconde à nous atteindre. Nous voyons l'éclair au moment même où il se produit.

Il faut 3 secondes au son pour franchir 1 kilomètre.

Quand un orage est proche, le coup de tonnerre est puissant et aigu. Lorsqu'il est lointain, c'est un grondement sourd. Habituellement, on ne peut pas entendre le tonnerre à plus de 16 à 24 kilomètres de distance. Si tu vois l'éclair au moment même où tu entends le tonnerre, c'est que tu es au cœur de l'orage.

291 Fais ton arc-en-ciel personnel

MATÉRIEL
un verre d'eau
une feuille de papier blanc

Après l'orage, vient l'arc-en-ciel. Voici la manière d'en produire un lors d'une journée ensoleillée.

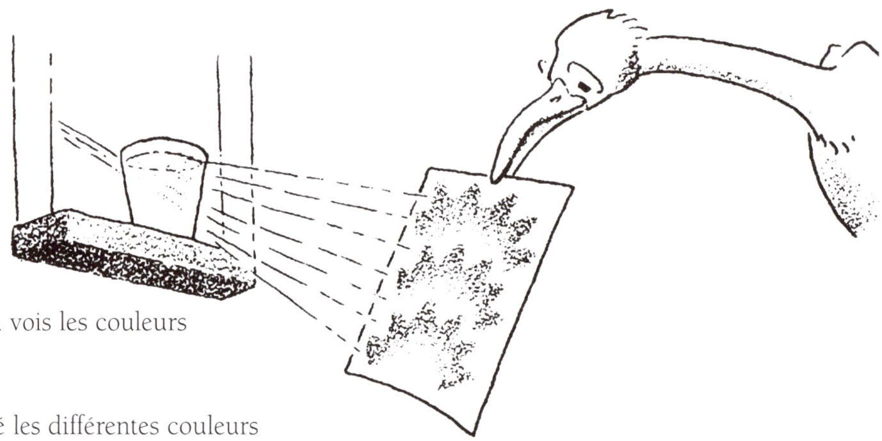

Que faire ? Poser le verre d'eau sur un appui de fenêtre se trouvant en plein soleil. Placer la feuille de papier sur le sol.

Que se passe-t-il ? Tu vois les couleurs de l'arc-en-ciel sur le papier.

Pourquoi ? Tu as partagé les différentes couleurs qui constituent la lumière blanche et qu'on appelle le spectre. Lorsque la lumière passe de l'air dans l'eau selon un certain angle, les rayons changent de direction, ils ont « réfracté ». Chaque couleur part dans une direction différente : le violet s'incline davantage et le rouge beaucoup moins. Lorsque la lumière sort du verre d'eau, les différentes couleurs partent dans des directions légèrement divergentes et viennent frapper la feuille à des endroits différents.

C'est la même chose pour l'arc-en-ciel. Il s'agit simplement d'un spectre arrondi, causé par le passage du soleil au travers de gouttes d'eau selon un angle de 40 à 42 degrés au-dessus de l'horizon. Les gouttes d'eau dévient les rayons du soleil.

Le Soleil doit se trouver derrière toi si tu veux apercevoir l'arc-en-ciel qui se forme. Tu ne verras donc un arc-en-ciel que le matin, quand le Soleil brille à l'est et que la pluie tombe à l'ouest, ou en fin d'après-midi, quand le Soleil brille à l'ouest et que la pluie tombe à l'est.

L'arc que tu vois tomber sur le sol n'est qu'une partie de l'arc-en-ciel. Tu ne pourras voir le cercle complet de l'arc-en-ciel que si tu te trouves en avion.

Construire une station météo

À l'aide d'ustensiles familiers, tu peux confectionner les instruments nécessaires pour enregistrer les températures, la pression atmosphérique, la direction et la vitesse du vent, le taux d'humidité et les précipitations.

Ne sois pas désespéré si tes prédictions ne se révèlent pas toujours justes. Les météorologues, les personnes qui prédisent le temps, n'ont pas toujours raison, eux non plus, même avec l'aide des satellites, des radars, des ballons météo et des ordinateurs superpuissants qui les assistent !

Enregistrement des données

Les cartes du temps sont basées sur les informations recueillies par les stations météo locales. Tu pourras vérifier les données quotidiennes collectées par ta station personnelle en les comparant aux informations fournies par les météorologues de la radio ou de la télévision locales, ainsi qu'avec celles publiées par le journal de ta région.

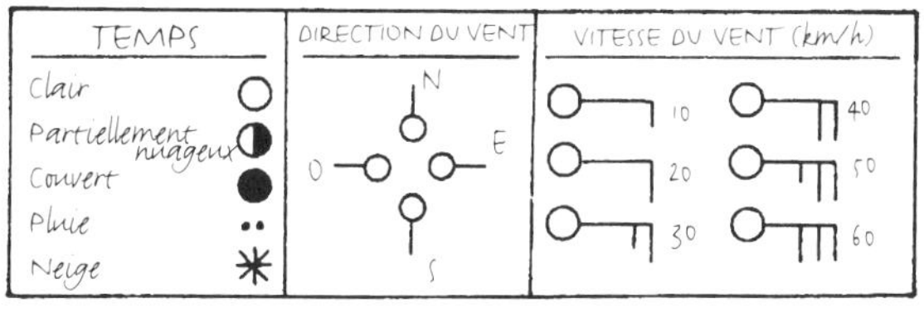

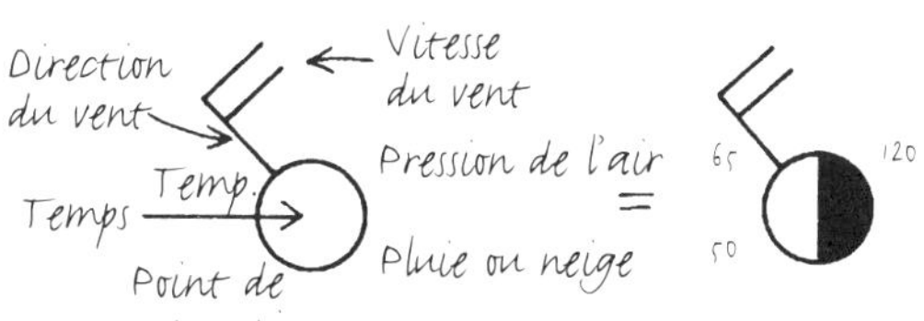

Tu peux collecter et enregistrer tes mesures de différentes manières.

Lorsque tu mesures les différentes conditions climatiques, en te servant d'instruments et d'observations, réalise un diagramme reprenant tes mesures, comme celui dessiné sur cette page.

Tu voudras peut-être aussi rédiger ton propre rapport météo. C'est une manière pratique de présenter les mêmes informations. Elle fait appel à une série de symboles qui peuvent facilement être inscrits sur une carte. Tu peux adapter les symboles présentés ci-contre, grâce auxquels tu pourras enregistrer et comparer tes relevés quotidiens. L'exemple du bas correspond à une journée partiellement nuageuse avec des vents du nord-ouest, de 32 km/h et une température de 18,5°C, un point de saturation de 10°C. La pression atmosphérique est mesurée en millibars.

292 Une paille thermomètre

Comment fonctionne un thermomètre ?
Fabrique le tien et tu le sauras.

MATÉRIEL

un flacon à médicament ou un petit bocal
un bouchon de liège pour fermer le flacon
un clou
un tube en verre (le tube d'un compte-gouttes)
de l'eau
du colorant alimentaire
un stylo feutre

Que faire ? Percer un trou dans le bouchon à l'aide du clou et y faire passer le tube de verre.

Remplir le flacon avec de l'eau teintée par deux ou trois gouttes de colorant et placer le bouchon avec précaution. Avec le stylo feutre, indiquer l'endroit où l'eau arrive dans le tube de verre.

Noter la hauteur à laquelle l'eau monte à température ambiante, ainsi qu'à différents moments et lorsque la flacon est placé dans différents endroits, un appui de fenêtre ensoleillé, dans le réfrigérateur, dans une casserole d'eau.

Que se passe-t-il ? L'eau monte dans le tube quand la température est élevée et descend quand la température est basse.

Pourquoi ? La température est fonction des changements qui surviennent. Elle mesure la quantité de chaleur qu'un objet absorbe d'un autre objet ou celle qu'il lui transmet.

Les liquides se dilatent lorsqu'ils sont chauffés et se contractent avec le froid. Le liquide du thermomètre absorbe la chaleur. Il se dilate lorsqu'il entre en contact avec quelque chose de plus chaud que lui et se contracte lorsqu'il touche quelque chose de plus froid. Le mercure et l'alcool coloré sont les produits les plus utilisés dans les thermomètres, parce qu'ils réagissent très rapidement.

Les fabricants de thermomètres se servent de tubes de verre scellés, dont une extrémité forme un petit bulbe. Ils graduent l'échelle du thermomètre en plaçant le bulbe au contact de glace fondante. L'endroit atteint par le liquide est marqué 0°C. Après quoi, le bulbe est placé dans de la vapeur d'eau bouillante. Le niveau du liquide est marqué 100°C.

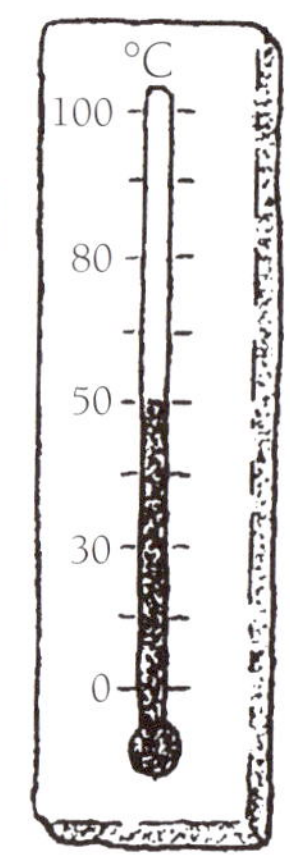

Tu peux ainsi constituer une échelle pour ton thermomètre en comparant les niveaux qu'il indique avec ceux d'un thermomètre normal.

Gabriel Fahrenheit, physicien allemand, a imaginé la première échelle de température en 1714. Une trentaine d'années plus tard, Anders Celsius, astronome suédois, a créé l'échelle centigrade, aussi connue sous le nom d'échelle Celsius.

Le premier thermomètre avait été inventé en 1593 par le physicien italien, Galilée.

293 Conversion de température

° Fahrenheit		° Celsius
212	ébullition de l'eau	100
194		90
176		80
158		70
140		60
136	température la plus élevée jamais enregistrée sur Terre	57,7
122		50
104		40
98,6	température du corps humain	37
86		30
68		20
50		10
32	congélation de l'eau	0
14		–10
–4		–20
–22		–30
–40		–40
–58		–50
–76		–60
–94		–70
–112		–80
–129	température la plus froide jamais enregistrée sur Terre	–89
–130		–90

Pour convertir les F° en C°, enlève 32° et multiplie ensuite par 5. Divise le résultat par 9.
Pour une estimation rapide des Celsius, enlève 30 et divise par 2.
Pour convertir les C° en F°, multiplie par 9. Divise le résultat par 5. Ajoute ensuite 32.
Pour une estimation rapide des Fahrenheit, multiplie par 2 et ajoute 30.

294 Pour lire un baromètre

Au niveau de la mer, le mercure d'un baromètre s'élève jusqu'à 1013,2 millibars. Lorsque le temps est froid et sec, le niveau du mercure grimpe. Par temps chaud et humide, il descend, exactement de la même manière que l'eau monte ou descend dans le baromètre que tu pourras toi-même construire grâce à l'expérience suivante.

Les instituts officiels préfèrent se servir de baromètres au mercure plutôt que de baromètres anéroïdes (qui ne comportent pas de liquide), parce que les premiers sont plus fiables. Ils estiment également qu'il est plus pratique de mesurer la pression atmosphérique en millibars. Les relevés en millibars inscrits sur les cartes météo ne comportent ni les deux premiers chiffres ni la virgule, si bien que la pression moyenne de 1013,2 millibars est notée 132.

La pression atmosphérique la plus basse jamais enregistrée a été de 870 millibars, le 12 octobre 1979, à environ 450 kilomètres à l'ouest de Guam, dans l'océan Pacifique, au cours d'un ouragan. La pression la plus élevée jamais enregistrée a été de 1083,8 millibars, à Agata, en Sibérie, le 31 décembre 1968.
La pression atmosphérique est généralement plus basse les jours d'orage que les jours de temps clair et sec. C'est pourquoi, lorsque la pression est en baisse, cela signifie souvent qu'une tempête se prépare. Un changement de 4 ou 5 millibars ou plus en l'espace de six heures est le signe d'une évolution rapide des conditions climatiques.

295 La bouteille baromètre

MATÉRIEL
une soucoupe
de l'eau
une bouteille de soda en plastique
une fiche cartonnée
du ruban adhésif

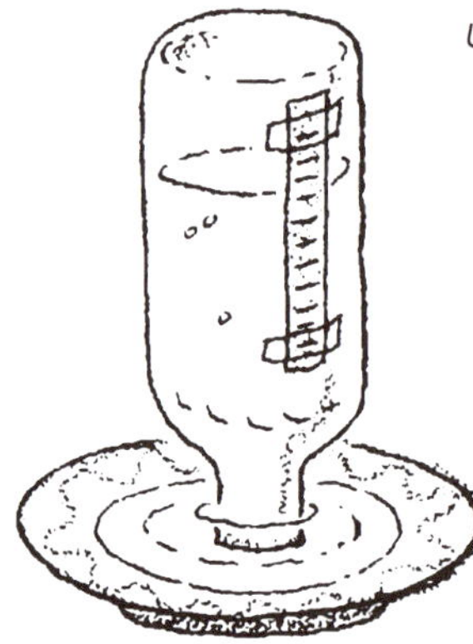

Tu sais déjà que la couche d'air qui entoure la terre exerce une pression de plus de 1 kg par centimètre carré.

Il y a plus de trois cents ans, un physicien italien appelé Evangelista Torricelli, fut le premier à imaginer une façon de mesurer la pression atmosphérique. Il a mis en rapport une colonne de mercure avec une colonne d'air. Tu peux fabriquer un baromètre avec une simple bouteille d'eau qui fonctionnera selon le même principe.

Que faire ? Remplir la soucoupe avec de l'eau jusqu'à mi-hauteur. Verser de l'eau dans la bouteille jusqu'aux trois quarts de la hauteur. En maintenant le pouce sur le goulot de la bouteille, la retourner. Enlever rapidement le pouce et placer aussitôt le goulot de la bouteille dans la soucoupe emplie d'eau. À l'aide du ruban adhésif, coller une bande de carton à l'extérieur de la bouteille, comme montré sur l'illustration.

Fais un trait sur le carton à l'endroit où le niveau de l'eau s'est stabilisé et tu pourras ensuite voir si l'eau monte ou descend dans la bouteille. Une hausse de la pression atmosphérique va faire monter l'eau. Une baisse de pression va la faire descendre. Si le niveau de l'eau baisse, tu peux t'attendre à une amélioration du temps et à une élévation de la température.

Que se passe-t-il ? L'eau ne s'écoule pas de la bouteille. Au lieu de quoi, son niveau descend légèrement avant de s'immobiliser. Puis, il monte ou descend selon les changements de pression atmosphérique.

Pourquoi ?
L'air exerce sa pression sur l'eau pour l'empêcher de s'écouler. Elle cesse de descendre lorsque sa propre pression est égale à la pression de l'air.

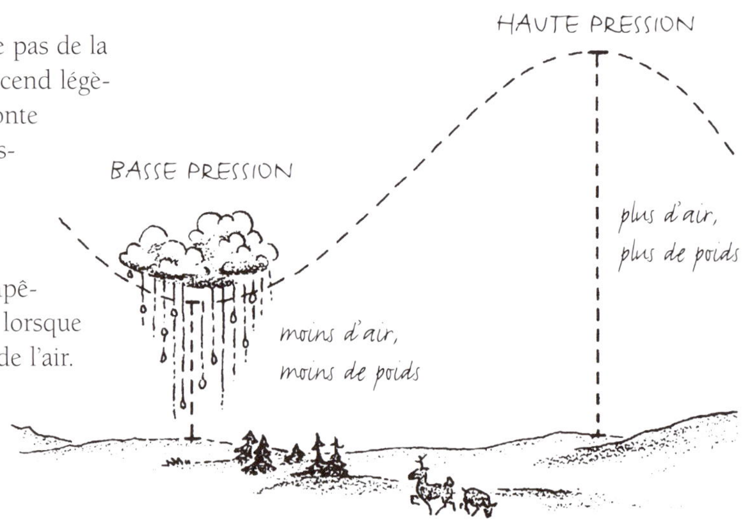

296 Le ballon baromètre

Ce baromètre de fortune t'indiquera également tout changement de pression atmosphérique.

MATÉRIEL

un ballon
une bouteille à goulot étroit
un élastique ou un morceau de fil
de la colle
une paille
une épingle
une fiche cartonnée

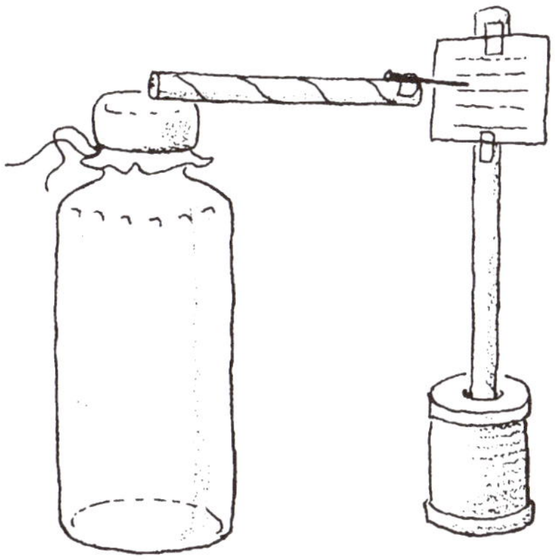

Que faire ? Placer le ballon sur le goulot de la bouteille. L'attacher à l'aide de l'élastique ou du fil. Coller ensuite la paille sur le ballon, à l'horizontale, à partir du centre, pour qu'elle s'étende vers l'extérieur en dépassant le goulot de la bouteille, comme indiqué sur l'illustration.

Attacher l'épingle à l'extrémité de la paille. Installer le carton devant l'épingle de manière à pouvoir suivre ses déplacements.

Que se passe-t-il ? La pointe de l'épingle monte ou descend selon les moments.

Pourquoi ? Lorsque la pression atmosphérique augmente, la pression dans la bouteille devient moins forte que celle de l'air extérieur. Le caoutchouc du ballon est poussé dans le goulot et la pointe de l'aiguille monte. Quand la pression atmosphérique diminue, l'air dans la bouteille pousse davantage que l'air extérieur. Le caoutchouc est repoussé au-dehors et l'aiguille descend.

Si ton aiguille descend, il est à craindre que du mauvais temps se prépare. La pression atmosphérique baisse généralement quand un orage va survenir. Si la pression atmosphérique augmente, c'est habituellement le signe que le beau temps approche.

Ton baromètre à ballon fonctionne d'une certaine manière comme les baromètres anéroïdes. Une partie flexible de ces appareils avance ou recule, selon les changements de pression atmosphérique, et fait se déplacer une aiguille sur l'échelle se trouvant sur la face de l'instrument.

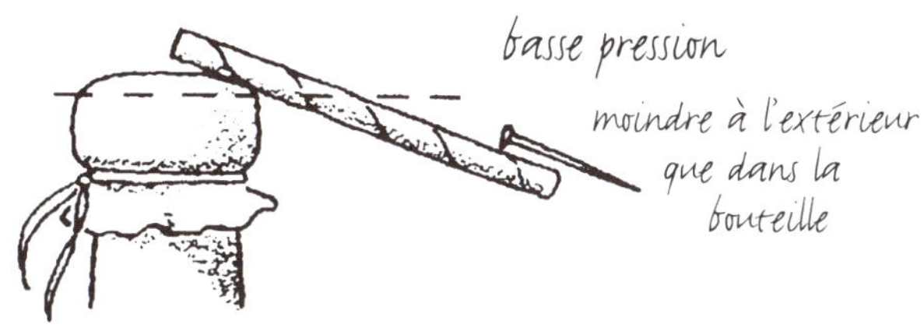

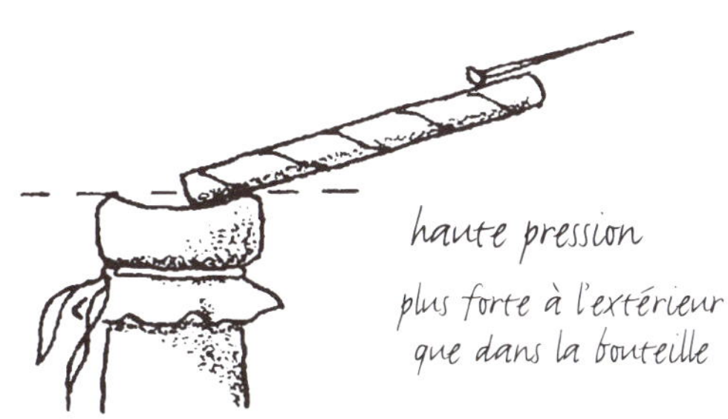

297

La girouette

MATÉRIEL

une paille
une paire de ciseaux
une fiche cartonnée ou un morceau de carton léger
une épingle
un crayon muni de sa gomme
un feutre ou un crayon rouge
une boussole
du fil de fer mince
un petit pot de fleur rempli de terre ou de pâte à modeler

Quand on connaît la direction d'où vient le vent, on peut parfois localiser un système de basse pression et prédire le mauvais temps qui menace sans doute. Une girouette permet de déterminer la direction du vent.

Que faire ? Faire une incision verticale de 2,5 cm de long à un bout de la paille. Dans la fiche ou le morceau de carton, découper un empennage de flèche, comme indiqué sur l'illustration. Glisser celui-ci dans la fente de la paille et la coller. Marquer l'autre extrémité de la paille avec le feutre rouge ou le crayon. Piquer l'épingle dans la paille à 5 cm environ de l'empennage. Planter la pointe de l'épingle dans la gomme du crayon. S'assurer que la paille peut bouger librement.

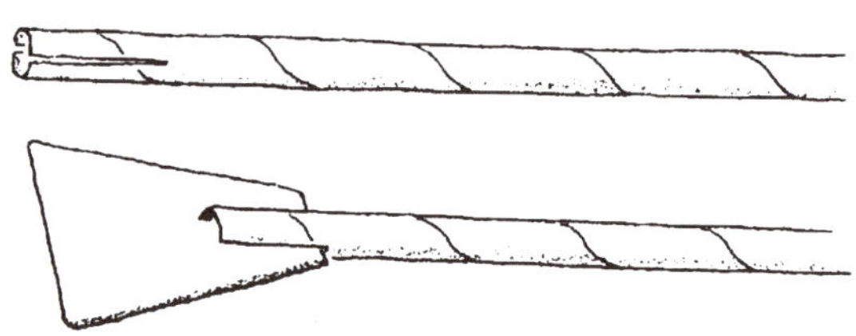

Former les lettres N, S, E et O avec des morceaux de fil de fer. Les attacher au crayon, à 1 cm sous la gomme. Planter la pointe du crayon dans la terre ou la pâte à modeler, au centre du pot de fleur.
Placer la girouette à l'extérieur, là où le vent n'est pas arrêté par des immeubles. Se servir de la boussole pour disposer correctement les quatre lettres figurant les points cardinaux.

Que se passe-t-il ? Lorsque le vent souffle, la girouette se met à bouger.

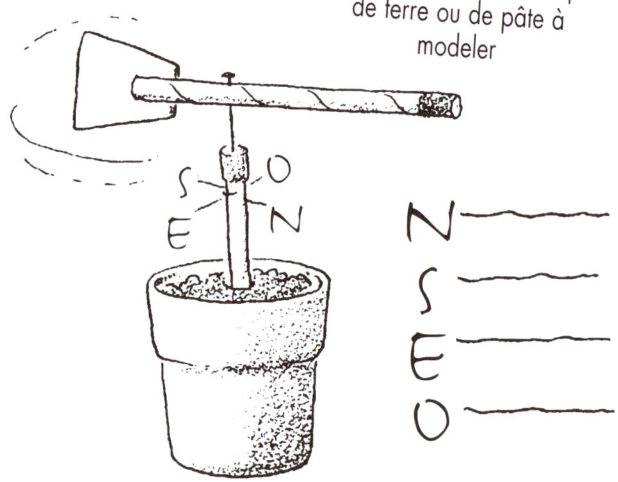

Pourquoi ? Lorsque le vent souffle, il repousse les surfaces larges (comme l'empennage de carton). Du même coup, l'autre extrémité indique la direction du vent, c'est-à-dire celle d'où il souffle.

Dans l'hémisphère Nord, un vent qui tourne dans une direction inverse des aiguilles d'une montre apporte souvent avec lui des basses pressions, ce qui signifie qu'un temps orageux est à prévoir. Les vents d'est apportent habituellement de la pluie, les vents d'ouest une amélioration. Les vents du nord signifient du temps froid, et les vents du sud de la chaleur. Dans l'hémisphère Sud, c'est exactement le contraire.

298

Un anémomètre

MATÉRIEL

2 morceaux de carton épais
une paire de ciseaux
des agrafes ou des punaises
4 petits moules à gâteaux en aluminium
de la peinture
un clou mince et pointu
une grande aiguille
un crayon muni de sa gomme
une bobine de fil
de la pâte à modeler
de la colle
un bloc de bois ou une pierre plate

Comment peut-on mesurer la vitesse du vent ? Une des méthodes est de se servir d'un anémomètre à coupe. Cet instrument possède trois ou quatre petits moules de métal qui tournent autour d'un axe métallique et qui captent le vent. L'allure à laquelle ils tournent correspond à la vitesse du vent. Notre anémomètre ressemble d'assez près au véritable instrument. Mais alors que les vrais anémomètres comptent électriquement le nombre de tours effectués, il te faudra les compter toi-même.

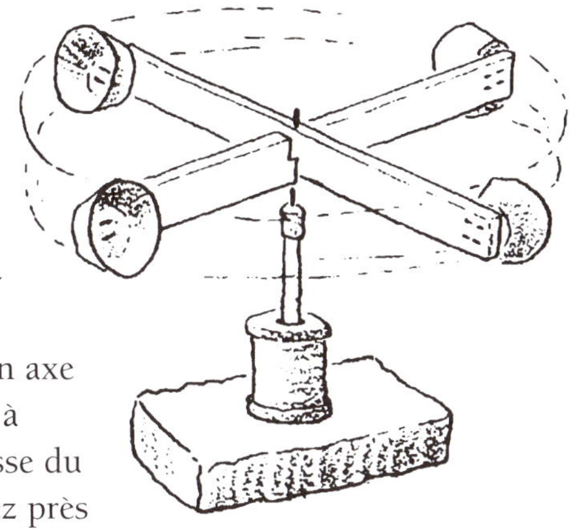

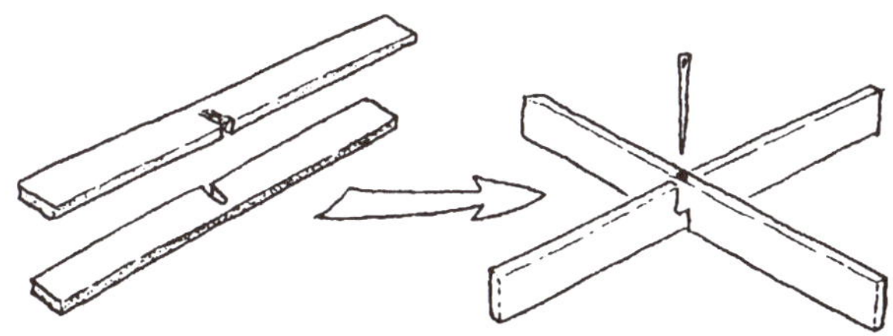

Que faire ? Découper deux bandes de carton épais de 5 cm sur 45 cm environ. Ménager une fente au centre de chacune d'elles, de manière à pouvoir les assembler en forme de croix.

Agrafer ou coller un moule en aluminium au bout de chacune des branches de la croix. Si tu ne disposes pas de moules comme ceux-là, tu peux les fabriquer à partir de feuilles d'aluminium épais, ou simplement en découpant le fond de gobelets en papier. Peindre l'un des moules d'une couleur vive. Percer un trou au centre de la croix à l'aide du clou ou d'une grande aiguille.

Pour constituer un socle, planter la pointe de l'aiguille dans la gomme du crayon. Introduire la pointe du crayon dans le trou de la bobine (peut-être faudra-t-il ajouter un peu de pâte à modeler dans le trou pour empêcher le crayon de pencher). Coller la bobine sur le bloc de bois ou sur la pierre plate.

Fixer la croix à son support en faisant passer l'aiguille dans le trou au centre de la croix. Souffler sur les moules. Si la croix ne tourne pas facilement, élargir le trou au centre de la croix avant de remettre le tout en place.

Placer l'appareil à l'extérieur sur une boîte, à environ 1 m du sol. Compter le nombre de tours effectués en 1 minute. On y arrive facilement en comptant simplement le nombre de passages du moule coloré.

Que se passe-t-il ? L'anémomètre tourne parfois très vite. À d'autres moments, il ne bouge quasiment pas.

Pourquoi ? Les petites coupes en demi-sphères captent une grande part de la force du vent. C'est ce qui les fait bouger. Plus il y a de tours en une minute et plus la vitesse du vent est grande. Une accélération rapide de cette vitesse annonce l'arrivée de la pluie, de la neige ou de la tempête.

299 L'échelle de Beaufort

L'échelle de Beaufort a été imaginée par Francis Beaufort, un amiral britannique, au début du XIXe siècle, pour faciliter la marche des navires. Elle concerne la vitesse du vent sur la mer, mais elle a été adaptée aux usages terrestres. Les organismes météorologiques officiels, même s'ils mesurent la vitesse du vent grâce à des anémomètres, communiquent encore leurs relevés exprimés suivant l'échelle de Beaufort.

Une des façons les plus efficaces d'apprécier la vitesse d'un vent – quels que soient le lieu et le moment – consiste à observer les objets qu'il déplace. Mémoriser ce qui suit te permettra d'impressionner les gens grâce à la pertinence de tes observations.

0 : Calme

La fumée monte tout droit
Vitesse du vent : moins de 1 km/h

1 : Très légère brise

La fumée suit la direction du vent
Vitesse du vent : de 1 à 5 km/h

2 : Légère brise

Impression de vent sur le visage ; les feuilles frémissent ; les drapeaux tremblent ; les girouettes tournent
Vitesse du vent : de 6 à 11 km/h

3 : Petite brise

Feuilles et petites branches constamment agitées ; drapeaux légers déployés
Vitesse du vent : de 12 à 19 km/h

4 : Jolie brise

Le vent soulève la poussière et les feuilles de papier, les branches s'agitent, les drapeaux flottent
Vitesse du vent : de 20 à 28 km/h

5 : Bonne brise

Les arbustes en feuilles commencent à se balancer ; les drapeaux ondulent
Vitesse du vent : de 29 à 38 km/h

6 : Vent frais

Grandes branches agitées, les drapeaux claquent, les parapluies se retournent
Vitesse du vent : de 39 à 49 km/h

7 : Grand frais

Arbres agités ; drapeaux complètement déployés
Vitesse du vent : de 50 à 61 km/h

8 : Coup de vent

Branches cassées ; la marche est difficile sinon impossible
Vitesse du vent : de 62 à 74 km/h

9 : Fort coup de vent

Légers dégâts aux habitations ; antennes TV arrachées ; tuiles arrachées
Vitesse du vent : de 75 à 88 km/h

10 : Tempête

Arbres déracinés ; dégâts importants aux habitations
Vitesse du vent : de 89 à 102 km/h

11 : Violente tempête

Très gros ravages
Vitesse du vent : de 103 à 117 km/h

12 : Ouragan

Dégâts dévastateurs
Vitesse du vent : plus de 118 km/h

300 As-tu froid ou très froid ?

La vitesse du vent influence notre sensation de froid. Le facteur d'abaissement de la température est la relation existant entre la vitesse du vent et la température de l'air. Un tableau de facteur d'abaissement nous indique la température ressentie selon une vitesse de vent et une température ambiante données. Par exemple, une température de - 6° C avec un vent de 32 km/h pendant une heure nous fait percevoir une température de - 23° C.

Température de l'air (°C)

Vitesse du vent (en km/h)	2	1	–4	–6	–9	–10	–15	–18	–20	–23	–26	–28	–31	–34	–37	–40	–42
0–6	2	1	–4	–6	–9	–10	–15	–18	–20	–23	–26	–28	–31	–34	–37	–40	–42
8	0	3	–5	–8	–11	–14	–18	–20	–23	–26	–29	–32	–35	–37	–41	–43	–46
16	–5	–8	–10	–19	–19	–23	–26	–30	–33	–36	–40	–43	–46	–50	–53	–57	–60
24	–8	–12	–17	–20	–23	–28	–31	–35	–39	–42	–46	–50	–53	–58	–61	–65	–69
32	–11	–15	–19	–23	–27	–31	–35	–39	–43	–47	–51	–55	–58	–62	–66	–70	–75
40	–13	–17	–22	–26	–30	–33	–37	–42	–46	–50	–54	–58	–63	–66	–71	–75	–79
48	–14	–19	–23	–28	–31	–36	–40	–45	–48	–53	–57	–62	–65	–69	–74	–78	–82
56	–15	–20	–24	–28	–32	–37	–42	–46	–50	–55	–58	–63	–67	–71	–76	–80	–84
64	–16	–20	–25	–29	–33	–38	–42	–47	–51	–56	–60	–64	–69	–73	–77	–81	–86
72	–17	–21	–25	–30	–34	–39	–43	–48	–52	–57	–61	–65	–69	–74	–78	–83	–87

301 As-tu chaud ou très chaud ?

S'il fait 30°C, quelle température ressens-tu vraiment ?

Eh bien, si l'humidité est de 95%, on éprouve une température de 40,5°C. Le tableau fourni par les organismes officiels nous indique quelle température on ressent en fonction de l'humidité.

À 43°C, il ne faut qu'une humidité de 50% pour que l'on ressente une température de 65°C !

Avec un hygromètre, le tableau d'humidité relative et cet indice, tu vas pouvoir déterminer quelle chaleur on ressent effectivement, à toute heure du jour.

Humidité relative (%)

Température de l'air (°C)	25	30	35	40	45	50	55	60	65	70	75	80	85	90	95	100
60																
57																
54																
52																
49	59	64														
46	52	57	61	66												
43	47	50	54	58	61	65										
40	42	45	47	50	53	57	61	65								
38	38	40	41	43	46	49	52	55	58	62						
35	34	35	36	38	40	41	43	45	48	51	54	58				
32	31	32	33	33	35	35	36	37	38	41	43	45	47	50		
29	28	29	29	30	30	31	32	32	32	34	35	36	37	39	40	42
27	25	26	26	26	27	27	27	28	28	29	30	30	30	31	32	32
24	22	23	23	23	23	23	23	24	24	24	24	25	25	26	26	27
21	18	19	19	20	20	21	21	21	21	21	21	22	22	22	22	23

302 Un hygromètre en pack de lait

L'humidité est la quantité de vapeur d'eau contenue dans l'air. Les météorologues emploient d'habitude les termes « d'humidité relative » au lieu de parler d'humidité effective. L'humidité relative est la notion qu'ils ont imaginée en comparant l'humidité de l'air à la quantité d'humidité qu'il peut accepter. Et cette quantité change en fonction de la température de l'air. Une humidité élevée combinée à de hautes températures fait que beaucoup de gens se sentent mal.

On peut avoir une idée de l'humidité relative grâce à cet hygromètre maison.

MATÉRIEL

2 thermomètres
un petit morceau de tissu ouaté
du fil
un pack de lait
des élastiques
une paire de ciseaux
de l'eau

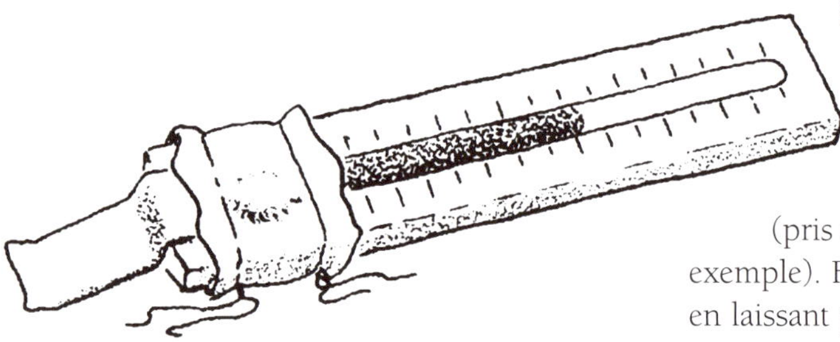

Que faire ? Vérifier que les deux thermomètres indiquent bien la même température.

Couvrir le bulbe de l'un d'eux avec une bande de 5 cm de tissu ouaté (pris dans un mouchoir en papier, par exemple). Fixer le tissu au thermomètre avec le fil, en laissant pendre une « queue », comme indiqué sur l'illustration.

À l'aide des élastiques, attacher les thermomètres sur deux côtés du pack de lait. Découper un petit trou dans le carton, juste sous le thermomètre garni de son tissu ouaté. Faire passer la queue dans le trou. Remplir le pack avec de l'eau jusqu'à hauteur du trou, de manière à ce que l'ouate reste toujours humide.

Observer les températures indiquées par le thermomètre sec et par le thermomètre humide.

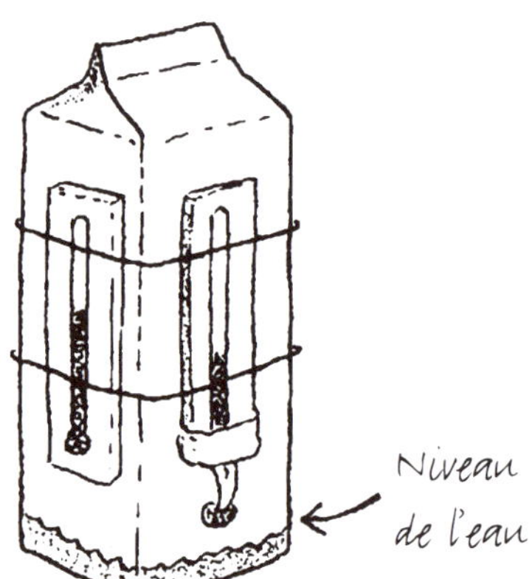

Que se passe-t-il ? La température du thermomètre humide est toujours la plus basse.

Pourquoi ? L'eau qui s'évapore du thermomètre recouvert du tissu ouaté consomme de la chaleur. C'est pourquoi la température descend.

L'eau dans le tissu qui entoure le bulbe du thermomètre humide ne s'évaporera pas tant que l'air pourra accueillir de la vapeur d'eau. L'air sec peut accueillir davantage d'humidité qu'un air déjà chargé en vapeur d'eau.

Plus l'air est sec (et l'humidité basse), plus les deux températures affichées par les deux thermomètres seront éloignées. Si les deux températures sont semblables, cela signifie que l'humidité est de cent pour cent.

Plus la température est élevée, plus l'air peut accueillir de vapeur d'eau à une température donnée. L'humidité relative est alors de cent pour cent. Dans ce cas, il y a du brouillard, de la pluie ou de la neige.

Note les températures affichées par les deux thermomètres et, en te basant sur le tableau ci-dessous, détermine le pourcentage d'humidité relative.

Tableau d'humidité relative

Différence entre les températures du thermomètre sec et du thermomètre humide

Température du thermomètre sec (°C)	1	2	3	4	5	6	7	8	9	10	11	12	14	16	18	20	22	24
-12	78	56	34	13														
-9	82	64	46	29	11													
-6	85	70	55	40	26	12												
-4	87	74	62	49	37	25	13	1										
1	89	78	67	56	46	36	26	16	6									
2	91	81	72	63	54	45	36	27	19	10	2							
4	92	83	75	68	60	52	45	37	29	22	15	7						
7	93	86	78	71	64	57	51	44	38	31	25	18	6					
10	93	87	80	74	67	61	55	49	43	38	32	27	16	5				
12	94	88	82	76	70	65	59	54	49	43	38	33	23	14	5			
15	94	89	83	78	73	68	63	58	53	48	43	39	30	21	13	5		
18	95	90	85	80	75	70	66	61	56	52	48	44	35	27	20	12	5	
21	95	90	86	81	77	72	68	64	59	55	51	48	40	33	25	19	12	6
23	96	91	86	82	78	74	70	66	62	58	54	51	44	37	30	24	18	12
26	96	91	87	83	79	75	72	68	64	61	57	54	47	41	35	29	23	18
32	96	92	89	85	81	78	74	71	68	65	61	58	52	47	41	36	31	26
37	96	93	89	86	83	80	77	73	70	68	65	62	56	51	46	41	37	33

303 Te sens-tu mal ou très mal ?

L'indice Température-Humidité (indice TH) te montre à quel point chaleur et humidité combinées peuvent entraîner des malaises chez les gens.

Si tu connais la température et l'humidité relative, tu peux te baser sur le tableau ci-dessous pour savoir si tu vas te sentir mal ou non. Par exemple, à une température de 28°C avec une humidité de 55%, l'indice TH est de 75, et la moitié des gens éprouveront un malaise. À la même température mais avec une humidité de 100%, l'indice TH monte à 80 et c'est la plupart des gens qui se sentiront mal.

Si tu aimes les mathématiques, tu peux constituer toi-même ton tableau d'indice TH.

1. Ajouter la température du bulbe humide à celle du bulbe sec.
2. Multiplier le résultat par 0,4.
3. Ajouter 15.

Si tu ne disposes pas de la température du bulbe humide, mais que tu connaisses la température ambiante et le degré d'humidité relative, tu peux estimer la température du bulbe humide à l'aide du tableau d'humidité relative de la page 255. Tout ce qu'il te faudra faire, c'est soustraire la différence de la température du bulbe sec.

Indice Température-Humidité

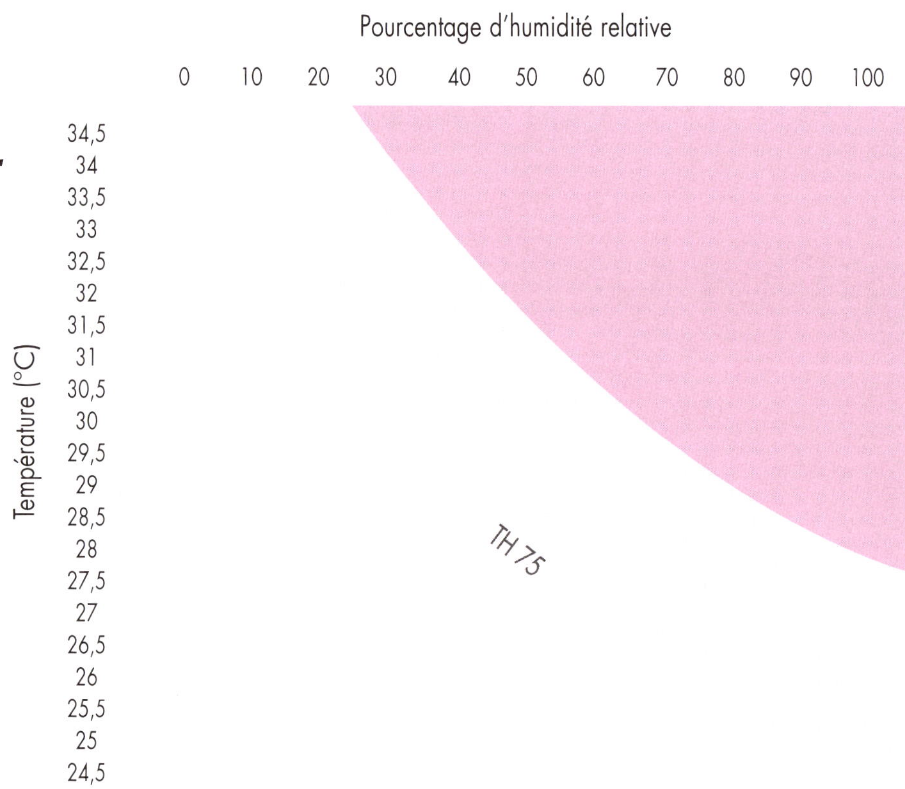

304

Point de saturation

Le point de saturation est la température à laquelle l'air ne peut plus accepter davantage de vapeur d'eau. C'est le moment où l'humidité de l'air commence à se condenser, en passant à nouveau de l'état de vapeur à celui de gouttelettes. Cette température change de jour en jour selon la température ambiante et le degré d'humidité de l'air. Plus le point de saturation de la température ambiante est proche, plus il y a de chances de subir du brouillard, de la pluie ou de la neige.

On peut déterminer le point de saturation à partir d'un matériel très simple, mais il faudra travailler à l'extérieur.

MATÉRIEL
un crayon
du papier
une boîte de conserve vide
de l'eau
un thermomètre
des glaçons

Que faire ? Noter la température ambiante. Enlever l'étiquette de la boîte. La remplir d'eau et s'assurer ensuite que l'extérieur de la boîte ne comporte pas d'humidité. Placer le thermomètre dans l'eau.

Ajouter de la glace à l'eau, un glaçon à la fois. Mélanger délicatement l'eau avec le thermomètre. Observer attentivement l'extérieur de la boîte et le thermomètre.

Que se passe-t-il ? Du liquide commence à se former sur l'extérieur de la boîte et la température descend.

Pourquoi ? La température – au moment où le liquide apparaît sur la boîte – est égale ou proche du point de saturation –, l'humidité relative est de 100%.

Lorsque l'eau se refroidit et se condense sur un objet, les gouttelettes formées portent le nom de rosée. La rosée apparaît quand de l'air humide entre en contact avec un objet qui le refroidit et le fait passer sous son point de condensation (ou point de rosée), point à partir duquel il ne peut accepter davantage d'eau.

Quand des courants d'air s'élèvent rapidement, le refroidissement a lieu très haut dans le ciel et des nuages se forment. Lorsque les courants d'air légers mélangent l'air froid avec l'air chaud, du brouillard apparaît.

La rosée se forme habituellement sur l'herbe et les plantes qui ont refroidi. La température à laquelle se passe ce phénomène dépend de la quantité de vapeur d'eau dans l'air. Si elle est faible, la rosée ne se forme pas avant que la température n'ait baissé jusqu'à 0°C, ou même en dessous. Lorsqu'il fait aussi froid, du givre apparaît alors. Si l'air contient une grande quantité de vapeur d'eau, la rosée peut se former à la température de 20°C.

305 Un pluviomètre

MATÉRIEL

une règle
de la bande adhésive
différents récipients, comme une boîte de café, un bocal, et un pack de lait découpé
un crayon
du papier

Mesure la quantité de pluie tombée au cours d'une période donnée et compare ton résultat avec les statistiques officielles.

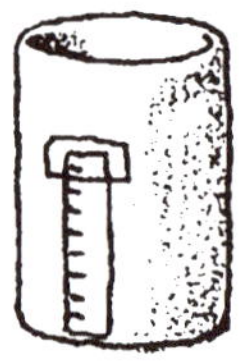

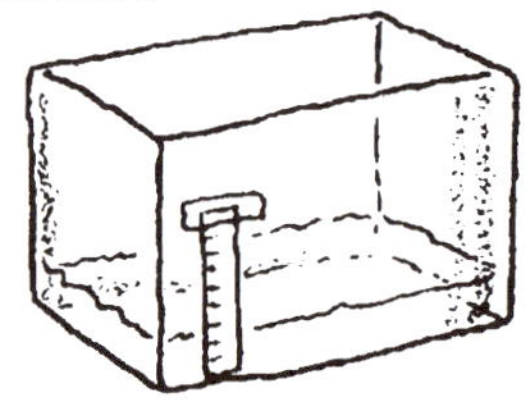

Que faire ? En se servant de la règle, tracer les centimètres sur plusieurs morceaux de bande adhésive. Coller ces morceaux de bande sur les différents récipients.

Placer les récipients sur une surface plate. Il peut être utile de placer ces récipients dans une grande boîte pour s'assurer qu'ils ne se renverseront pas.

Lors de chaque chute de pluie, mesurer la quantité d'eau recueillie dans chaque récipient. Les niveaux doivent être identiques, quelle que soit la taille des récipients, en considérant que leurs côtés sont parallèles. Enregistrer les quantités et les dates.
Comparer les relevés concernant une pluie avec ceux de la suivante. Puis, avec ceux annoncés par la radio ou la télévision. Peut-être ne seront-ils pas les mêmes. Parfois, la quantité de pluie varie d'un côté d'une rue à l'autre !

306 Lecture des nuages

Quand l'air est chargé d'humidité et que la température descend, la vapeur d'eau qu'il contient se change en gouttelettes et se mélange aux minuscules particules en suspension dans l'air, pour donner naissance à du brouillard. Quand ce brouillard apparaît très haut dans le ciel, des nuages se forment. Le type de nuages dépend de la température de l'air et du sens de son déplacement.

Les cirrus sont des nuages élevés, d'aspect fibreux.

Les stratus sont des nuages bas en couches, pouvant amener un ciel bouché ou du brouillard.

Les cumulus ressemblent à des choux-fleurs dotés d'une base plate. Ils sont habituellement signes de beau temps.

Les nimbus sont des nuages de pluie de couleur gris foncé.

La plupart des nuages changent sans cesse de forme. Ils s'évaporent en partie au contact d'un air chaud et quand le vent souffle.

Le temps est dit « clair » quand les nuages couvrent moins des trois dixièmes du ciel. Il est « partiellement ensoleillé », s'ils couvrent de trois à sept dixièmes du ciel, et « nuageux » ou « couvert » quand ils dépassent les sept dixièmes.

Les météorologues déchiffrent les nuages. Grâce à la carte des nuages ci-contre, tu vas toi aussi pouvoir les lire !

Échelle pH

L'échelle pH, imaginée par S.P.L. Sørensen, un biochimiste danois, sert à déterminer si une solution est acide ou alcaline.

Tous les acides contiennent de l'hydrogène. Plus un acide est puissant, plus la solution contient d'hydrogène – et moins elle peut accepter d'hydrogène lorsqu'elle est mise en présence d'une autre substance. Quand elle ne peut plus accepter aucune molécule d'hydrogène, son pH devient 0. Plus l'acide est puissant, plus le pH est bas.

Une solution avec un pH au-dessus de 7 est alcaline. En dessous de 7, elle est acide.

14.0	déboucheur de canalisations
13.0	ammoniaque
12.4	chaux
11.0	
10.5	lait de magnésie
8.5	bicarbonate de soude
8.3	eau de mer
8.0	
7.4	sang
7.0	eau distillée
6.6	lait
6.0	
5.6	pluie non polluée
5.0	jus de tomate
4.2	café
3.0	jus de pomme
2.2	vinaigre
2.0	jus de citron
1.5	
1.0	acide de pile électrique
0.0	

307 Les pluies acides

MATÉRIEL
6 à 10 cuillérées à soupe de jus de chou rouge
5 petits verres
eau de pluie
du jus de pomme
du jus de citron
un bocal propre
de l'eau bouillie et refroidie
du lait

Tu peux déterminer à quel point les pluies qui tombent dans ta région sont acides en te servant d'un papier à pH ou papier réactif, que tu achèteras dans certains laboratoires ou dans des magasins de bricolage. Ou bien tu peux fabriquer ton propre papier indicateur à partir d'un bocal de chou rouge.

Que faire ? Recueillir de l'eau de pluie dans un bocal propre.

Aligner les verres et les marquer. Placer une cuillérée de jus de chou rouge dans chacun d'eux. Ajouter de l'eau de pluie dans le premier, une égale quantité d'eau bouillie dans le second, de lait dans le troisième, de jus de pomme dans le quatrième et de jus de citron dans le dernier.

Comparer les teintes obtenues dans chacun d'eux. Lorsque tu as trouvé celui dont la teinte se rapproche le plus de celle obtenue avec l'eau de pluie, réfère-toi à l'échelle de la page 259 pour déterminer le pH de l'eau de pluie de ta région.

Que se passe-t-il ? Si la solution d'eau de pluie change très peu la teinte du jus de chou, la pluie de ta région est normale. Si la solution vire au rose, comme celle du jus de citron, la pluie est sans doute très acide.

Pourquoi ? La pluie présente normalement un léger degré d'acidité, en raison des oxydes de l'air qui donnent naissance à des acides légers. La pluie non polluée possède un pH autour de 5,6.

Si ton eau de pluie possède un pH plus bas, ce qui tombe dans ta région est pollué par les acides. Lorsque le pH de l'eau des lacs et des rivières passe sous la barre de 5 sur l'échelle, la plupart des poissons meurent.

Lorsque les déchets produits par le pétrole consommé pour faire fonctionner les usines – ainsi que nos voitures, nos trains et nos avions – se mélangent à l'eau que contient l'air, cela donne naissance à des acides qui tombent alors sur le sol. Que ce soit sous la forme de pluie ou de minuscules particules.

Cette nouvelle forme de pollution, créée par l'homme, a été baptisée de « lent poison tombé du ciel ». Elle provoque des dommages aux arbres et aux cultures et fait peser une menace sur les êtres vivants dans les lacs et les rivières, autant que sur ceux vivant sur terre. Cette pollution peut même entraîner l'effondrement de certains immeubles.

Air, H_2O et autres éléments

Dans notre monde, tout occupe un certain espace et possède un poids : toi, aussi bien que l'air. Ce chapitre va te le prouver !

La matière se présente sous trois états : solide, liquide ou gazeux. Cela indique la façon dont se comporte sa consistance, sa manière de se déplacer, son aspect, même lorsqu'elle est invisible, comme l'air. Une table est un objet solide, l'eau est liquide et l'air est un gaz, mais tous les trois sont faits de petites particules appelées des molécules, et même de plus petites encore, portant le nom d'atomes. C'est ce genre de choses qu'étudient les chimistes, et dont ils se servent pour créer de nouveaux produits destinés à rendre notre vie meilleure.

Être malin et agir en toute sécurité

Tu peux réaliser les expériences qui suivent en toute sécurité, à condition de respecter ces quelques règles générales :

• Nettoyer toujours à fond les récipients de cuisine, bols et ustensiles dont on s'est servi, avant de procéder à leur rangement.

• Ne pas laisser traîner de produits chimiques n'importe où dans la maison. Les manipuler avec précaution.

• Se montrer particulièrement prudent en se servant du four à micro-ondes ou du réchaud, en manipulant de l'eau bouillante ou des aliments chauds. Demander à un adulte d'aider à manipuler les appareils nécessaires, ou de réaliser les expériences avec soi si l'on craint de le faire seul.

• Marquer les étiquettes aux noms des produits que contiennent les bouteilles, les bocaux et tous les récipients que l'on conservera, et les placer dans un endroit protégé, hors de portée des jeunes enfants.

• Lire entièrement les instructions fournies avec les expériences avant de s'y lancer, pour s'assurer que l'on a bien réuni l'ensemble des ingrédients et du matériel nécessaires, et que l'on dispose du temps requis pour les accomplir.

• Lorsqu'une expérience risque d'être salissante, l'effectuer à l'extérieur ou dans un évier. Une autre solution consiste à couvrir la zone de travail avec de vieux journaux ou une autre matière protectrice.

Brassage atomique : la molécule et moi.

La molécule est la plus petite partie d'une chose conservant la forme de cette chose. On ne peut pas voir les molécules, mais l'ensemble de ce qui fait le monde en est constitué. La meilleure façon de comprendre cela est de s'imaginer que l'on rétrécit de plus en plus jusqu'à la taille d'une molécule. Si tu étais une molécule posée sur une table, un cristal de sel (fait d'un grain de sel) posé sur cette même table t'apparaîtrait comme une montagne. Si tu étais une molécule d'eau, tu serais la plus petite partie de la plus petite goutte. La dernière partie de la goutte d'eau à s'évaporer, ce serait toi. Mais si les molécules sont petites, leurs constituants sont plus petits encore. Ces minuscules particules qui composent les molécules s'appellent des atomes.

Si tu étais une molécule d'oxygène, tu serais composé de deux de ces minuscules particules ou atomes. Il te faudrait deux de ces atomes d'oxygène, parce qu'un seul atome d'oxygène ne suffit pas à constituer l'oxygène.

Une substance qui ne contient qu'un type d'atome porte le nom d'élément. Oxygène, hydrogène, azote et carbone sont tous des éléments (regarde donc le tableau périodique des éléments, page 264 et 265). Si tu étais l'élément azote, tu ne serais composé que d'atomes d'azote. Tu ne pourrais être rien d'autre.

Les atomes de différents éléments se combinent pour former diverses molécules. Une molécule d'eau est faite de trois atomes. Si tu étais un atome d'oxygène, tu pourrais être rejoint par deux amis, représentant les atomes d'hydrogène, et composer avec eux une molécule d'eau, car l'eau est faite de deux atomes d'hydrogène pour un atome d'oxygène. Tu serais alors une nouvelle substance, faite de deux éléments différents (ou davantage) et portant le nom de composé. L'eau, le gaz carbonique et le sucre sont tous des exemples de composés. En tant que molécule, c'est-à-dire la plus petite partie de toi-même, tu pourrais exister sous trois formes différentes. Les chimistes t'identifieraient sous la forme d'un des trois états de la matière : solide, liquide ou gazeux.

Si nécessaire, un scientifique ou un chimiste pourrait te couper en morceaux, grâce à de l'électricité, et redonner ainsi, à toi et tes deux amis, votre forme originale d'atomes. Mais vous ne seriez alors plus de l'eau, mais trois atomes séparés, deux atomes d'hydrogène et un atome d'oxygène. La plus petite partie de toi-même pouvant exister se présente sous la forme d'une molécule.

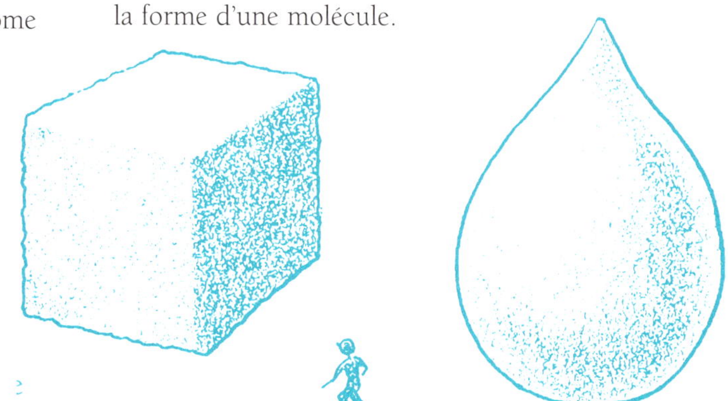

Structure de l'atome

Tout ce qui existe sur terre est constitué d'atomes. Ils sont la plus petite partie de tout élément, et les atomes de chacun de ces éléments sont différents. Si tu pouvais prendre les électrons de chacun de ces éléments et les compter, tu obtiendrais des nombres (atomiques) différents.

Chaque atome possède un point central, appelé noyau, constitué de neutrons et de protons. Certains des composants d'un atome possèdent une charge électrique : les protons du noyau sont chargés positivement, mais les neutrons ne possèdent pas de charge électrique (ils sont électriquement neutres.)

Tournant autour du noyau, on trouve de plus petites parties appelées électrons. Ceux-ci ont une charge négative. Ce sont ces charges positives et négatives qui permettent à l'atome de rester uni et entier.

On peut se figurer le noyau d'un atome sous la forme d'une balle, autour de laquelle tourneraient de plus petites balles représentant les électrons. Mais sans doute vaut-il mieux se dire que le noyau d'un atome est comme le Soleil autour duquel tournent les planètes, qui joueraient le rôle des électrons. Elles subissent une attraction qui les rapproche du Soleil, tout comme les électrons subissent l'attraction du noyau de l'atome.

308 Un tableau des éléments

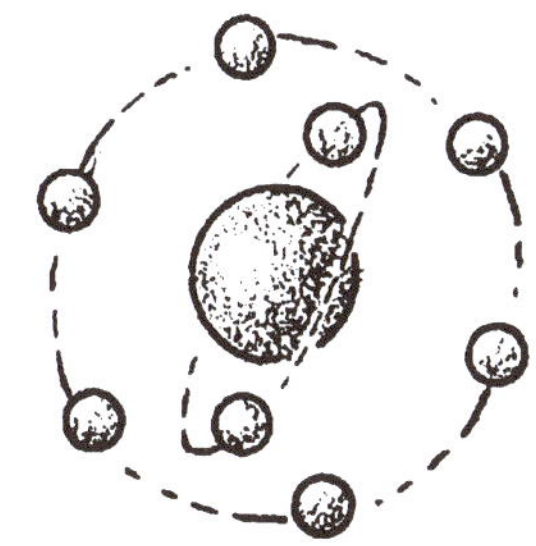

Une table spéciale portant le nom de tableau périodique des éléments peut te permettre de comprendre un peu mieux la chimie des atomes. Dimitri Ivanovitch Mendeleïev, un chimiste russe, a mis sur pied le premier tableau, au cours de l'année 1869. Il a laissé plusieurs cases libres pour que l'on puisse y placer les éléments qui seraient découverts après lui. Dans la version moderne (voir le tableau périodique placé aux pages suivantes), les sept rangées numérotées sur la gauche, et qui traversent le tableau, appelées périodes, indiquent le nombre d'orbites effectuées par les électrons pour chacun de ces éléments.

Les éléments du groupe 1 ne possèdent qu'une orbite, ceux du groupe 2 en ont deux, et ainsi de suite.

Chaque élément du tableau possède un nombre (son nombre atomique), un symbole ainsi qu'un poids atomique. Repère l'oxygène sur le tableau (période 2, colonne 16/6A). Le nombre atomique de l'oxygène est huit. Ceci indique qu'il existe huit protons dans le noyau d'un atome d'oxygène. Vois les chiffres deux et six inscrits sur la droite de la case. Additionnés, ils font huit. Ces deux chiffres, l'un au-dessus de l'autre, représentent, pour l'élément oxygène, le nombre d'électrons dans la première orbite (2) et dans la seconde orbite (6). Le nombre d'électrons circulant autour du noyau d'un atome est équivalent au nombre de protons contenus dans ce noyau.

Tableau périodique

6 C Carbone 12,01115	2 4

- 2 4 — Nombre d'électrons sur chaque couche
- 6 — Numéro atomique
- C — Symbole
- Carbone — Nom
- 12,01115 — Masse atomique

1 1A	
1	Nouvelle notation
1A	Notation originelle

	1 1A	2 2A	3 3B	4 4B	5 5B	6 6B	7 7B	8 8B	9 8B
1	1 H Hydrogène 1,00797 1								
2	3 Li Lithium 6,941 2 1	4 Be Béryllium 9,0122 2 2							
3	11 Na Sodium 22,9898 2 8 1	12 Mg Magnésium 24,305 2 8 2							
4	19 K Potassium 39,0983 2 8 8 1	20 Ca Calcium 40,08 2 8 8 2	21 Sc Scandium 44,956 2 8 9 2	22 Ti Titane 47,88 2 8 10 2	23 V Vanadium 50,942 2 8 11 2	24 Cr Chrome 51,996 2 8 13 1	25 Mn Manganèse 54,9380 2 8 13 2	26 Fe Fer 55,847 2 8 14 2	27 Co Cobalt 58,9332 2 8 15 2
5	37 Rb Rubidium 85,4678 2 8 18 8 1	38 Sr Strontium 87,62 2 8 18 8 2	39 Y Yttrium 88,905 2 8 18 9 2	40 Zr Zirconium 91,22 2 8 18 10 2	41 Nb Niobium 92,906 2 8 18 12 1	42 Mo Molybdène 95,94 2 8 18 13 1	▲43* Tc Technétium (98) 2 8 18 13 2	44 Ru Ruthénium 101,07 2 8 18 15 1	45 Rh Rhodium 102,905 2 8 18 16 1
6	55 Cs Césium 132,905 2 8 18 18 8 1	56 Ba Barium 137,33 2 8 18 18 8 2		72 Hf Hafnium 178,49 2 8 18 32 10 2	73 Ta Tantale 180,948 2 8 18 32 11 2	74 W Tungstène 183,85 2 8 18 32 12 2	75 Re Rhénium 186,2 2 8 18 32 13 2	76 Os Osmium 190,2 2 8 18 32 14 2	77 Ir Iridium 192,2 2 8 18 32 15 2
7	▲87 Fr Francium (223) 2 8 18 32 18 8 1	▲88 Ra Radium (226,0254) 2 8 18 32 18 8 2		▲104* Unq Unnilquadium (261) 2 8 18 32 32 10 2	▲105* Unp Unnilpentium (262) 2 8 18 32 32 11 2	▲106* Unh Unnilhexium (263) 2 8 18 32 32 12 2	▲107* Uns Unnilseptium (264) 2 8 18 32 32 13 2	▲108* Uno Unniloctium (265)	▲109* Une Unnilennium (266)

6	57 La Lanthane 138,91 2 8 18 18 9 2	58 Ce Cérium 140,12 2 8 18 19 9 2	59 Pr Praséodyme 140,907 2 8 18 21 9 2	60 Nd Néodyme 144,24 2 8 18 22 8 2	▲61* Pm Prométhium (145) 2 8 18 23 9 2	62 Sm Samarium 150,35 2 8 18 24 8 2	63 Eu Europium 151,96 2 8 18 25 8 2
7	▲89 Ac Actinium (227,0278) 2 8 18 32 18 9 2	▲90 Th Thorium 232,038 2 8 18 32 18 10 2	▲91 Pa Proctactinium (231,0359) 2 8 18 32 18 10 2	▲92 U Uranium 238,03 2 8 18 32 32 10 2	▲93* Np Neptunium (237,0482) 2 8 18 32 22 9 2	▲94* Pu Plutonium (244) 2 8 18 32 24 8 2	▲95* Am Americium (243) 2 8 18 32 25 9 2

DES ÉLÉMENTS

✶ Synthétique

▲ Radioactif

( ) Indique le poids de l'isotope le plus stable

10	11 1B	12 2B	13 3A	14 4A	15 5A	16 6A	17 7A	18 8A
								2 **He** Hélium 4,0026 (2)
			5 **B** Bore 10,811 (2-3)	6 **C** Carbone 12,01115 (2-4)	7 **N** Azote 14,0067 (2-5)	8 **O** Oxygène 15,9994 (2-6)	9 **F** Fluor 18,9984 (2-7)	10 **Ne** Néon 20,179 (2-8)
			13 **Al** Aluminium 26,9815 (2-8-3)	14 **Si** Silicium 28,086 (2-8-4)	15 **P** Phosphore 30,9738 (2-8-5)	16 **S** Soufre 32,064 (2-8-6)	17 **Cl** Chlore 35,453 (2-8-7)	18 **Ar** Argon 39,948 (2-8-8)
28 **Ni** Nickel 58,69 (2-8-16-2)	29 **Cu** Cuivre 63,54 (2-8-18-1)	30 **Zn** Zinc 63,37 (2-8-18-2)	31 **Ga** Gallium 69,72 (2-8-18-3)	32 **Ge** Germanium 72,59 (2-8-18-4)	33 **As** Arsenic 74,9216 (2-8-18-5)	34 **Se** Sélénium 78,96 (2-8-18-6)	35 **Br** Brome 79,904 (2-8-18-7)	36 **Kr** Krypton 83,80 (2-8-18-8)
46 **Pd** Palladium 106,4 (2-8-18-18-0)	47 **Ag** Argent 107,868 (2-8-18-18-1)	48 **Cd** Cadmium 112,40 (2-8-18-18-2)	49 **In** Indium 114,82 (2-8-18-18-3)	50 **Sn** Étain 118,69 (2-8-18-18-4)	51 **Sb** Antimoine 121,75 (2-8-18-18-5)	52 **Te** Tellure 127,60 (2-8-18-18-6)	53 **I** Iode 126,9044 (2-8-18-18-7)	54 **Xe** Xénon 131,29 (2-8-18-18-8)
78 **Pt** Platine 195,09 (2-8-18-32-17-1)	79 **Au** Or 196,967 (2-8-18-32-18-1)	80 **Hg** Mercure 200,59 (2-8-18-32-18-2)	81 **Tl** Thallium 204,383 (2-8-18-32-18-3)	82 **Pb** Plomb 207,19 (2-8-18-32-18-4)	83 **Bi** Bismuth 208,980 (2-8-18-32-18-5)	▲84 **Po** Polonium (209) (2-8-18-32-18-6)	▲85 **At** Astate (210) (2-8-18-32-18-7)	▲86 **Rn** Radon (222) (2-8-18-32-18-8)

64 **Gd** Gadolinium 157,25 (2-8-18-25-9-2)	65 **Tb** Terbium 158,9254 (2-8-18-27-8-2)	66 **Dy** Dysprosium 162,50 (2-8-18-28-8-2)	67 **Ho** Holmium 164,930 (2-8-18-29-8-2)	68 **Er** Erbium 167,26 (2-8-18-30-8-2)	69 **Tm** Thulium 168,934 (2-8-18-31-8-2)	70 **Yb** Ytterbium 173,04 (2-8-18-32-8-2)	71 **Lu** Lutétium 174,97 (2-8-18-32-9-2)
▲96✶ **Cm** Curium (247) (2-8-18-32-25-9-2)	▲97✶ **Bk** Berkélium (247) (2-8-18-32-26-9-2)	▲98✶ **Cf** Californium (251) (2-8-18-32-28-8-2)	▲99✶ **Es** Einsteinium (252) (2-8-18-32-29-8-2)	▲100✶ **Fm** Fermium (257) (2-8-18-32-30-8-2)	▲101✶ **Md** Mendélevium (258) (2-8-18-32-31-8-2)	▲102✶ **No** Nobélium (259) (2-8-18-32-32-8-2)	▲103✶ **Lr** Lawrencium (260) (2-8-18-32-32-9-2)

309 Orbites atomiques

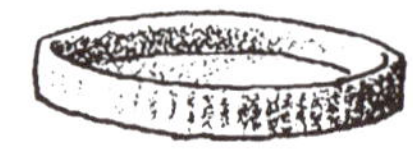

MATÉRIEL

4 boules de pâte à modeler de couleurs différentes
du papier journal
le couvercle d'un gros bocal

Une façon simple d'en apprendre plus au sujet des atomes consiste à réaliser un modèle. Même si protons et électrons ne sont pas des boules de pâte à modeler (en réalité, un électron est une particule chargée électriquement qui tourne plus vite que le temps qu'il te faut pour prononcer le mot « atome »), réaliser un modèle en pâte t'aidera à comprendre ce qui peut se révéler difficile à saisir.

Que faire ? Étaler quelques feuilles de journal sur ton plan de travail. Choisir deux couleurs de pâte à modeler, par exemple rouge et bleu. Fabriquer deux lanières de pâte rouge et une lanière de pâte bleue, en les roulant entre les mains. Elles représenteront les orbites empruntées par les électrons autour du noyau. S'assurer que les lanières sont assez longues pour constituer des cercles complets sur le couvercle du bocal. Placer la première lanière rouge en cercle, au centre du couvercle. Entourer cette lanière par la lanière bleue, et entourer le tout par la seconde lanière rouge (ceci fait, le modèle devra avoir l'aspect d'une cible). Placer de la pâte bleue au centre de la cible. Aplatir légèrement les cercles de pâte du bout des doigts.

Former une petite boule de pâte jaune et la placer au centre du cercle bleu. Façonner deux boules de pâte verte, plus petites encore, et les placer en bordure du centre bleu, l'une en face de l'autre, de part et d'autre de la boule jaune. Placer ensuite huit autres boules vertes en quatre groupes de deux en bordure du premier cercle rouge.

Que se passe-t-il ? Tu viens de constituer un modèle atomique des plus pratiques !

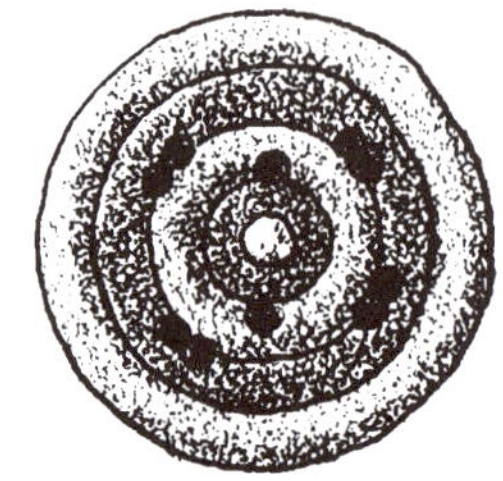

Pourquoi ? Les atomes n'ont jamais plus de sept orbites, et seul un certain nombre d'électrons peut circuler sur chacune de ces orbites. La boule jaune au centre représente le noyau de l'atome. Les deux petites boules vertes sur le premier cercle indiquent qu'il y a deux électrons sur la première orbite. La seconde orbite, en bordure du cercle rouge, contient huit balles vertes, et ceci signifie qu'il y a huit électrons sur cette orbite.

La troisième orbite de notre modèle (en bordure du cercle bleu) peut contenir huit électrons en orbite s'il s'agit de la dernière orbite de cet atome, mais ce chiffre monte à dix-huit si ce n'est pas la dernière orbite. Une chose importante dont il faut se souvenir, c'est qu'après la première orbite, chaque orbite suivante peut contenir huit électrons au maximum, avant qu'une nouvelle orbite ne soit constituée.

310 Identifier le modèle

En te fondant sur le tableau périodique des éléments, identifie le modèle que tu viens de confectionner. Ajoute ensuite des boules vertes ou électrons pour créer les modèles d'autres éléments.

Iso, quoi ?

Les isomères sont essentiellement des composés d'atomes de deux éléments ou plus qui se sont unis chimiquement. Même s'ils ont le même nombre et le même genre d'atomes, ils possèdent une disposition différente. Les scientifiques se servent de certains composés, pour arranger autrement leurs molécules et obtenir ainsi des isomères, donnant naissance à de nouveaux produits. Les détergents, les peintures, les aspirines, produits que nous consommons quotidiennement, sont des exemples de matières obtenues grâce à ce procédé.

311 Motifs isomères

MATÉRIEL

6 trombones
du papier
un crayon

Teste les capacités de ton esprit. Vois combien de motifs isomères tu pourras inventer. Essaie avec tes amis. Ça fait fonctionner les neurones !

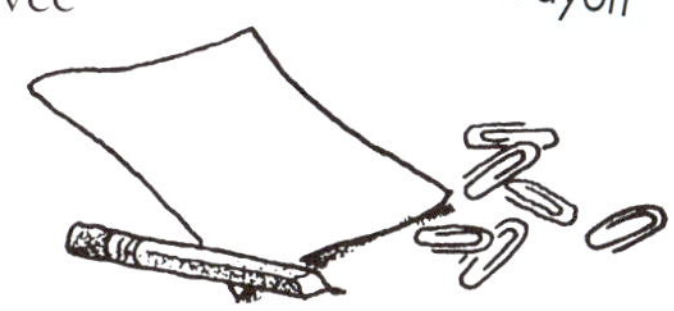

Que faire ? Prendre un trombone. Le placer devant soi. On obtient de la sorte le premier motif. Peut-on en obtenir un autre, avec un seul trombone ? Prendre deux autres trombones et les attacher bout à bout pour former le début d'une chaîne. Se servir de ces deux trombones pour les placer l'un sur l'autre en formant une croix. Combien de motifs différents peut-on réaliser avec ces deux trombones ?

Ajouter un troisième trombone aux deux premiers. Combien de motifs peut-on à présent réaliser, avec ces trois-là ? Ajouter ensuite un quatrième trombone, puis un cinquième et un sixième. En ajoutant un trombone, combien de motifs supplémentaires parvient-on à créer ?

Essayer de deviner combien de motifs on arrivera à réaliser, avant de le faire. Noter les estimations et dessiner ensuite chacun des motifs effectués.

Que se passe-t-il ? Chaque fois que l'on ajoute un trombone, on peut réaliser de nouveaux motifs.

Pourquoi ? Cette expérience est basée sur l'étude des probabilités. Dans ce cas, le nombre de motifs à réaliser avec un nombre donné de trombones. Plus il y a de trombones ou d'éléments en jeu, plus le nombre de motifs réalisables est élevé. Ce nombre augmente plus vite que celui des trombones que l'on ajoute.

312 Le crayon du hasard

La plupart des crayons ont six faces. Numérote ces faces de 1 à 6. Place un livre sur la table et fais rouler le crayon dans sa direction jusqu'à ce qu'il s'arrête. Quelles sont les chances pour que le crayon s'arrête en montrant un chiffre donné sur sa face supérieure ?

Le hasard fait que chaque chiffre va sortir un même nombre de fois. En mathématiques, cela s'appelle être équiprobable. Existe-t-il des variables, c'est-à-dire des facteurs qui peuvent influencer le nombre de fois que va sortir un chiffre sur la face supérieure du crayon ?

313 Molécules en mouvement

Tu peux démontrer le mouvement des molécules dans les solides, les liquides ou les gaz, de façon très simple.

MATÉRIEL

le couvercle d'une petite boîte (ou une boîte plate avec de petits bords)
des billes
une paire de ciseaux

Que faire ? Placer une couche de billes (ou de petites balles) dans le couvercle, de manière à ce qu'elles soient les unes contre les autres. Remuer lentement le couvercle d'arrière en avant. Retirer ensuite quelques billes du couvercle et lui donner à nouveau un mouvement de va-et-vient, plus rapide que celui de départ.

Retirer d'autres billes du couvercle et le faire à nouveau bouger, à plus grande vitesse.

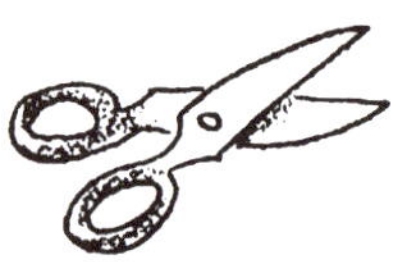

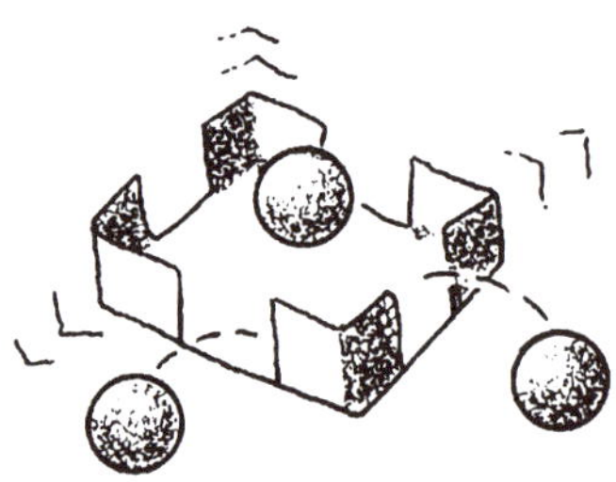

En fin de compte, découper une ouverture dans chacun des rebords du couvercle avant de se remettre à le remuer, encore et encore.

Que se passe-t-il ? À mesure que le nombre de billes diminue, elles se déplacent avec plus de facilité. Certaines sortent par les ouvertures pratiquées sur les côtés.

Pourquoi ? Les billes remplissant complètement le couvercle au départ correspondent aux molécules au sein d'un solide. Ceci explique pourquoi ces substances sont dures. Les molécules bougent, mais jamais beaucoup.

Lorsqu'on enlève quelques billes à l'ensemble, cela correspond à l'état des molécules dans un liquide. Elles s'écartent les unes des autres et bougent plus facilement.

À la fin de l'expérience, les quelques billes restantes dans le couvercle montrent l'état des molécules très éloignées les unes des autres et bougeant avec beaucoup de souplesse. C'est l'état gazeux.

Les trous dans les côtés du couvercle représentent ce qui se passe quand les substances se séparent les unes des autres. L'eau qui bout sur le réchaud et se change en vapeur en quittant la casserole. Une goutte d'eau laissée sur une assiette et qui s'évapore. Si l'une des ces molécules se déplace assez rapidement, elle arrive en surface et s'élance dans l'air.

Quand on chauffe un glaçon, il passe de l'état solide à l'état liquide, puis à l'état gazeux. Les molécules d'eau ne changent pas, mais c'est la forme de la substance qui se modifie, par exemple quand la glace se change en eau puis en vapeur.

314 Les molécules en expansion

Les molécules d'eau bougent-elles vraiment ? Si oui, à quelle vitesse ? Lente ou rapide ?

MATÉRIEL
2 verres transparents
de l'eau froide
de l'eau chaude
du colorant alimentaire
un compte-gouttes

Que faire ? Remplir un des verres avec de l'eau froide. Remplir l'autre d'eau chaude. Après quoi, verser rapidement une goutte de colorant alimentaire dans chaque verre (s'assurer que tous les autres paramètres sont identiques. Cela signifie que les verres doivent contenir la même quantité d'eau et la même quantité de colorant. Contrôler les paramètres constitue une partie importante des expériences scientifiques.)

Que se passe-t-il ? Le colorant se diffuse complètement dans les deux verres, mais à des allures différentes.

Pourquoi ? L'eau froide finit par être totalement colorée parce que les molécules d'eau se déplacent dans le verre. Mais dans le cas de l'eau chaude, l'énergie calorique force les molécules à se déplacer plus rapidement. Et cela fait que le colorant se diffuse plus vite, lui aussi.

Tu peux établir un tableau reprenant le temps mis par le colorant pour se répandre au sein de chacun des verres.

Les chimistes dans l'histoire

Au cours des temps préhistoriques, on croyait que la magie, via les esprits, régissait les phénomènes naturels. Les premiers hommes ont découvert le feu et la chaleur pour accommoder leurs aliments, tandis que les premiers hommes de science, souvent appelés alchimistes, ont découvert les composés, en s'imaginant qu'on pouvait changer le métal en or. Mais personne ne savait comment fonctionnait effectivement la chimie.

La chimie que nous connaissons (la chimie organique, qui étudie les composés du carbone, et non organique, qui traite des autres éléments) a débuté dans les années 1600, quand Robert Boyle a commencé à faire la liste des éléments toujours en usage de nos jours. Joseph Priestley et Karl Scheele ont tous deux découvert l'oxygène à la fin du XVIIIe siècle, sans s'être concertés. C'est à la même époque qu'Antoine Lavoisier, chimiste français, a découvert la combustion, en définissant les changements qui s'opèrent lorsqu'une matière est brûlée. John Dalton déclara (en 1803) que les éléments sont constitués d'atomes, alors que Jons J. Berzelius, scientifique suédois, estimait que tous les atomes possèdent une charge négative et une charge positive (en 1812). C'est lui qui a attribué le poids atomique aux éléments, tandis que Henry Moseley leur donnait leur nombres atomiques. En 1898, les chimistes français Pierre et Marie Curie ont découvert le radium, premier élément radioactif.

Une question de changement

315

MATÉRIEL
10 glaçons
une petit poêlon muni de son couvercle
un réchaud

Il arrive que les choses se transforment. Quand un toast est brûlé, il n'a plus la même composition. Ses molécules ont été disposées différemment par la chaleur. Ce qui subsiste, c'est du carbone, matière totalement différente. Ce phénomène est appelé une transformation chimique. Mais quand la glace se change en eau puis en vapeur, les molécules d'eau ne se sont pas transformées. La forme sous laquelle se présente la substance a changé, mais pas la substance elle-même, dans ce cas-ci de l'eau. Ce phénomène porte le nom de transformation physique. Voyons un peu comment cela fonctionne.

Que faire ? Placer les glaçons dans le poêlon et les faire fondre sur le réchaud. Lorsque les glaçons se sont changés en eau et que l'eau commence à bouillir, poser le couvercle sur le poêlon. Laisser bouillir quelques minutes, puis éteindre le feu et laisser le poêlon refroidir. Ensuite, en soulevant le couvercle, observer les gouttelettes d'eau qui se sont formées à l'intérieur.

Que se passe-t-il ? La glace s'est changée en eau, l'eau en vapeur, et cette vapeur est ensuite redevenue de l'eau.

Pourquoi ? La glace est un solide. Ses molécules se déplacent lentement, mais elles se déplacent. Quand on chauffe des glaçons, les molécules effectuent des mouvements plus rapides. La glace chauffe et fond. Si on continue de chauffer, les molécules bougent de plus en plus vite, se cognent les unes aux autres, et s'échappent dans l'air, en abandonnant le liquide. Les gouttes d'eau qui se forment sous le couvercle sont causées par la vapeur d'eau (gazeuse). À mesure que le poêlon refroidit, la vapeur se change en eau (liquide). Ce phénomène porte le nom de condensation. Les chimistes se servent de ce qui se passe au cours de cette expérience pour illustrer les trois états de la matière : solide, liquide et gazeux.

316

L'usine à eau

MATÉRIEL

un petit bocal propre
muni de son couvercle et
à moitié rempli d'eau
un four à micro-ondes
une manique de cuisine
ou un torchon à vaisselle
une cuillère
du sel

Grâce à cette expérience, tu vas devenir un magicien de la chimie. Tu distilleras de l'eau, c'est-à-dire que tu la débarrasseras du sel qu'elle contient, et cela sans avoir besoin d'équipement scientifique hors de prix. Impossible, penses-tu ? Tente le coup et tu verras. L'aide d'un adulte est néanmoins conseillée.

Que faire ? Mettre quelques grains de sel dans l'eau du bocal. Mélanger à l'aide de la cuillère et goûter. L'eau doit être salée. Dans le cas contraire, ajouter un peu de sel. Placer le bocal d'eau salée dans le four à micro-ondes (sans son couvercle) durant 90 secondes environ, ou jusqu'à ce que l'eau se mette à bouillir.

Ne pas toucher, ni sortir le bocal du four ! L'eau est bouillante !

Glisser avec précaution la main dans le four avec une manique de cuisine, ou torchon à vaisselle, et tenir le bocal tout en posant le couvercle (mieux encore, demander l'aide d'un adulte pour accomplir cette opération). Quand le bocal a refroidi, retirer le couvercle et goûter les gouttes d'eau sous le couvercle ou sur les parois du bocal.

Que se passe-t-il ? L'eau sur les parois du bocal ou sous le couvercle n'est pas salée.

Pourquoi ? L'eau bouillante dans le bocal fermé a produit de la vapeur, qui a formé de la condensation (des gouttelettes d'eau) sur les parois du bocal et sous le couvercle. Le sel est un composé qui n'est pas sorti de l'eau (sous forme de vapeur) quand celle-ci bouillait, si bien que le sel est resté au fond. C'est une bonne manière de purifier l'eau.

Quelle est la solution ?

317

Les chimistes étudient les suspensions et les solutions, mais de quoi s'agit-il vraiment ? Réalise cette simple expérience et tu le sauras.

MATÉRIEL

2 bocaux à moitié remplis d'eau
2 cuillérées à soupe de sel et 2 de terre
une loupe
une cuillère

Que faire ? Ajouter la terre à l'eau du premier bocal, et le sel à l'eau du second. Mélanger soigneusement. Observer l'eau des deux bocaux à l'aide de la loupe.

Que se passe-t-il ? Les particules de terre sont visibles, en train de flotter dans l'eau. En raison de leur poids, les plus grosses particules sont tombées au fond du premier bocal, suivies par les particules de taille moyenne, et puis par les plus petites. Les particules de sel dans l'autre bocal ont disparu, elles se sont dissoutes.

Pourquoi ? La terre ne se dissout pas dans l'eau, c'est-à-dire qu'elle ne se mélange pas et n'y disparaît pas. La terre et l'eau sont composées de molécules de types différents. Ces molécules ne peuvent pas se combiner chimiquement. La terre et l'eau forment ce que les chimistes appellent une suspension, parce que les particules de terre se dispersent dans l'eau et semblent y rester suspendues, avant de couler lentement vers le fond. Mais l'eau et le sel, eux, se combinent. Le sel se dissout, ou semble disparaître dans l'eau. Ses particules (des cristaux) ne tombent pas au fond du bocal. Ceci est un exemple de solution. Les chimistes appellent « soluté » les molécules solides qui deviennent une composante de solution, comme le sel, tandis que les molécules liquides portent le nom de « solvant ».

318 Acte 1 : tout mélanger !

MATÉRIEL
¼ de tasse de farine
¼ de tasse de sel
un verre
une cuillère
de l'eau chaude du robinet

Les chimistes parlent souvent de solutions et de suspensions, ainsi que d'émulsions et de mélanges. Dans une solution, une substance est entièrement dissoute dans une autre (comme le sel et l'eau). Dans une suspension, une substance se mélange à une autre, mais sans s'y dissoudre (comme la terre et l'eau).

Dans une émulsion, un liquide « flotte » dans un autre, mais sans s'y dissoudre. La mayonnaise est un parfait exemple d'émulsion. Quant à un mélange, il est fait de différentes substances qui ne peuvent pas se dissoudre l'une dans l'autre ou rester ensemble. Le sel et la farine peuvent être mélangés, mais est-ce que tu vas y arriver ?

Tente l'expérience qui suit et tu verras ce qui se passe.

Que faire ? Mélanger soigneusement le sel et la farine dans le verre (mais sans ajouter d'eau). Lorsque le mélange est parfait, ajouter l'eau chaude pour remplir le verre. Mélanger soigneusement et attendre 30 minutes. Plonger alors un doigt dans l'eau et goûter l'eau.

Que se passe-t-il ? L'eau en surface a un goût salé et celle du fond a pris une teinte blanche.

Pourquoi ? Le sel et la farine ont formé un mélange parfait. Mais ces substances sont si différentes qu'elles ne peuvent pas se dissoudre l'une dans l'autre ni former aucun composé chimique. Elles réagissent également différemment lorsqu'elles sont mises en présence d'eau. Alors que la farine commence par flotter avant de couler vers le fond du verre, le sel se dissout dans l'eau pour former une solution salée qui flotte au-dessus de la farine.

Conserve ce mélange pour réaliser l'expérience suivante.

319

Acte 2 : reformer les substances

MATÉRIEL
un bocal large
un plat creux
un filtre à café
le mélange de sel, de farine et d'eau de l'expérience 318
un élastique
de l'eau chaude

Puisque les choses ne se sont pas très bien passées entre le sel et la farine, dans le premier acte, il ne reste qu'à leur redonner leur apparence initiale. Eh bien, les voilà, cher public, sel et farine !

Que faire ? Placer le filtre sur le bocal et mettre l'élastique autour de l'ouverture pour maintenir le filtre en place. Laisser le filtre retomber légèrement vers le centre, de manière à ce qu'il puisse retenir l'eau plus facilement. Verser le mélange d'eau salée et de farine de l'expérience précédente dans le filtre. Très lentement, ajouter un peu d'eau chaude au mélange pour l'aider à traverser le filtre. Faire preuve de patience ! Il faudra sans doute un certain temps pour récolter une quantité suffisante d'eau salée dans le bocal. Recueillir autant de liquide que l'on veut, après quoi retirer le filtre de l'ouverture du bocal. Verser le liquide obtenu dans le plat creux. Le laisser pendant 24 heures dans un endroit chaud.

Que se passe-t-il ? La farine est restée dans le filtre, tandis que le sel et l'eau passaient au travers. Quand l'eau s'est évaporée du plat creux, elle a laissé derrière elle de petits cristaux salés.

Pourquoi ? Les molécules de cristaux de sel solides (appelés soluté par les chimistes) qui s'étaient dissoutes dans l'eau (le solvant) ont pu traverser le filtre sans problème, alors que les grains de farine, qui sont bien plus gros et ne se sont pas dissous, ont été arrêtés.

L'eau s'est ensuite évaporée, ce que le sel ne peut pas faire, et les molécules de sel sont donc restées dans le plat, tandis que l'eau disparaissait peu à peu.

Des gouttes et d'autres gouttes

320

MATÉRIEL

2 petits récipients plats
2 cuillérées à soupe d'huile
2 cuillérées à soupe d'eau
du papier blanc
une paire de ciseaux
des serviettes en papier
ou du papier absorbant
du colorant alimentaire
un compte-gouttes

L'eau et l'huile ne se comportent pas de la même manière, comme cette expérience va te le montrer.

Que faire ? Mettre l'huile dans un des récipients et l'eau dans le second. Découper deux bandes de papier blanc. Plonger une des bandes dans l'huile et la seconde bande dans l'eau ; placer les deux sur le papier absorbant ou la serviette. Laisser tomber une goutte de colorant dans chacun des récipients.

Que se passe-t-il ? La goutte de colorant qui colore le papier huilé reste en surface, tandis que la goutte qui colore le papier mouillé d'eau se répand sur toute la surface.

Pourquoi ? Le colorant alimentaire, qui est à base d'eau, reste en un point sur le papier huilé parce que les molécules d'eau ne se combinent pas avec l'huile. Des substances sont dites « immiscible » quand elles ne peuvent pas se combiner pour former une nouvelle substance. Le colorant sur le papier mouillé d'eau est « miscible » avec ce papier. Il se dissout sur la bande de papier et s'étale, même sous le papier. Ses molécules se combinent comme les molécules d'une solution.

321

La chromatographie : une peinture à l'eau

MATÉRIEL

du colorant alimentaire rouge et du bleu
un compte-gouttes
un petit récipient
2 serviettes blanches
ou du papier absorbant
du papier journal
1 tasse d'eau

Les chimistes doivent savoir séparer les substances comme les teintures ou les mélanges chimiques. Dans cette expérience, nous allons mélanger deux colorants alimentaires, pour ensuite tenter de les séparer à nouveau. C'est une version simplifiée de ce que les chimistes appellent une « chromatographie ».

Que faire ? Mélanger 2 ou 3 gouttes de chaque colorant dans le récipient. Placer les deux serviettes l'une sur l'autre et les poser sur le journal. Verser le mélange des colorants au centre des serviettes. À l'aide du compte-gouttes, faire couler de l'eau très lentement, pour essayer de séparer les couleurs.

Que se passe-t-il ? Le mélange coloré se scinde en deux zones, l'une teintée en pourpre (rouge-bleu), l'autre en bleu clair.

Pourquoi ? L'eau agit comme un solvant, pour dissoudre la solution des deux colorants. Les couleurs se dissolvant à des allures différentes, elles se séparent en formant des zones circulaires colorées qui pénètrent dans la matière spongieuse et absorbante des serviettes.

322 La course de vers plats

Organise une course fantastique entre des vers en papier et vois lequel sera vainqueur. Tout est à nouveau basé sur le comportement des molécules, et rien d'autre !

MATÉRIEL

des bandes de papier absorbant, d'environ 1 cm de large (autant de bandes que tu souhaites faire concourir de vers)
un compte-gouttes (si tu veux faire la course avec un ami, un compte-gouttes chacun)
de l'eau

Que faire ? Replier les bandes pour leur donner une forme d'accordéon. Les aligner ensuite sur le comptoir de la cuisine. Remplir le (ou les) compte-gouttes avec de l'eau. Laisser tomber quelques gouttes d'eau sur les extrémités et le centre de chacun des vers de papier, de façon à ce qu'ils s'étendent et se déplient en direction d'une ligne d'arrivée imaginaire.

Que se passe-t-il ? Les vers de papier semblent se déplier et se retourner.

Pourquoi ? Les milliers de petites alvéoles du papier se remplissent d'eau. Cette action capillaire provoque une expansion de ces parties du papier, qui deviennent plus grandes. En s'étendant, le papier se met à bouger, et les vers de course se mettent en mouvement.

323 Comment fabriquer un hydromètre

Un hydromètre est un instrument qui mesure la densité, ou le poids, de l'eau comparée à celle d'autres solutions. Tu peux fabriquer le tien avec quelques ustensiles quotidiens, mais il faudra te montrer patient, parce que plusieurs essais seront sans doute nécessaires pour que tu réussisses à faire correctement flotter ton appareil.

MATÉRIEL

une paille
une paire de ciseaux
une boule de pâte à modeler
du sel
un verre rempli aux trois quarts d'eau

Que faire ? Découper la paille en deux. Fermer une des extrémités d'une des demi-pailles avec de la pâte à modeler en formant une petite boule. Verser une petite quantité de sel par le haut de la paille pour l'équilibrer. Le sel doit monter d'une hauteur de 1 cm environ au fond de la paille. Présenter la paille à la lumière pour vérifier la hauteur atteinte.

Après quoi, délicatement et précautionneusement, plonger l'hydromètre dans l'eau. Il doit se mettre à flotter librement et en position verticale, et ne doit pas toucher le fond du verre. Si la paille ne flotte pas correctement, bien droit dans l'eau, ajuster la quantité de sel dans la paille ou la quantité d'eau dans le verre, jusqu'à obtenir le résultat espéré.

324 Un hydromètre qui tient

MATÉRIEL

l'hydromètre fabriqué pour l'expérience 323
un verre à moitié rempli d'eau
2 élastiques
2 cuillérées à soupe de sel

L'expérience qui suit va faire de toi un véritable chimiste. Pour toutes les expériences proposées dans ce livre, et plus particulièrement dans celle-ci, il est nécessaire que tu prennes garde à tous les paramètres. Cela signifie que toutes les substances et les relevés doivent être vérifiés. Il te faudra également faire preuve de patience. Ajuster ton hydromètre et effectuer les mesures correctes te demandera du temps. Mais tu y arriveras, c'est certain !

Que faire ? Placer un des élastiques autour de la base du verre et l'autre à proximité du bord. Placer délicatement l'hydromètre dans l'eau. Ici aussi, il doit flotter en toute liberté, en position verticale, et ne pas toucher le fond du verre. Repousser l'hydromètre vers la paroi du verre, en prenant garde à ne pas enfoncer l'ouverture de la paille sous le niveau de l'eau. Le laisser ensuite flotter librement. Ajuster l'élastique du bas pour qu'il soit juste en face de la boule de pâte à modeler de l'hydromètre. Cela permettra de déterminer de combien va s'enfoncer l'hydromètre. Ajuster l'élastique du haut pour qu'il soit au niveau de l'eau dans le verre.

Ajouter ensuite lentement et délicatement une première cuillère à soupe de sel à l'eau, puis une seconde, et observer comment réagit l'hydromètre en se fondant sur la position des élastiques.

Veiller à ce que l'hydromètre reste toujours au-dessus du niveau de l'eau et que la paille ne se remplisse ni d'eau ni de sel.

Que se passe-t-il ? Dans l'eau salée, l'hydromètre flotte plus haut et dépasse le niveau de l'élastique du bas. Le niveau de l'eau salée dépasse quant à lui la position de l'élastique du haut.

Pourquoi ? L'eau salée est plus dense, ou plus lourde, que l'eau ordinaire, et moins de molécules sont donc déplacées par le poids de l'hydromètre. La paille s'enfonce moins dans l'eau salée et dépasse la position de l'élastique du bas.

C oui !

325

MATÉRIEL
2 comprimés de vitamine C
un verre d'eau chaude
un verre d'eau froide

Non, il ne manque pas de lettres dans le titre de cette expérience. Nous avons voulu attirer ton attention sur la vitamine C, et sur le temps qu'un comprimé de cette vitamine va mettre pour se dissoudre dans de l'eau chaude.

Que faire ? Jeter un comprimé de vitamine C dans le verre d'eau chaude et le second dans le verre d'eau froide.

Que se passe-t-il ? Le comprimé de vitamine plongé dans l'eau chaude se dissout plus vite que celui plongé dans l'eau froide.

Pourquoi ? Les molécules solides de vitamine C (le soluté) plongées dans l'eau chaude (le solvant) se dissolvent plus vite, ou sont plus solubles, en raison de l'énergie calorique de l'eau qui force ces molécules à se déplacer et à s'écarter les unes des autres. Sans cette énergie calorique, cette transformation soudaine n'a pas lieu.

326

Le sommet de l'iceberg

MATÉRIEL
un verre
de l'eau chaude
6 à 8 glaçons

Si tous les icebergs des océans venaient à fondre, le niveau de la mer s'élèverait-il ? Cette expérience simple t'apportera la réponse, fondée sur un des composés parmi les plus importants étudiés par les chimistes, l'eau !

Que faire ? Placer autant de glaçons que possible dans le verre. Le remplir ensuite jusqu'au bord avec de l'eau chaude. Attendre.

Que se passe-t-il ? Lorsque les glaçons ont fondu, l'eau n'a pas débordé du verre.

Pourquoi ? Les glaçons ont simplement déplacé l'eau dans le verre, mais la quantité de glace ayant fondu était exactement égale à la masse des glaçons que contenait l'eau. Comme les glaçons dans ce verre, la plus grande partie des icebergs se trouve sous le niveau de la mer. Si tous les icebergs fondaient, comme le font les glaçons dans notre expérience, le niveau de la mer resterait égal à lui-même.

327 L'air existe vraiment

MATÉRIEL

un morceau de plastique épais (couvercle)
un verre d'eau (en plastique transparent)
une bassine profonde ou une grande casserole, remplie d'eau
un compte-gouttes

Comment peut-on savoir que l'air existe bien ? Il est invisible, et on ne peut donc pas l'observer. Peut-on prouver son existence ? L'expérience qui suit t'apportera la réponse. Retrousse tes manches pour l'accomplir !

Que faire ? Remplir le verre avec de l'eau. Placer le morceau de plastique ou le couvercle sur le verre. Poser la main dessus pour le maintenir en place. Après quoi, retourner le verre avec précaution et, dans cette position, le plonger dans l'eau de la bassine, jusqu'à ce qu'il soit entièrement sous la surface. Ne pas enlever le couvercle avant que le verre ne soit totalement plongé dans l'eau et ne touche le fond de la bassine.

Observer le niveau de l'eau dans le verre. Incliner légèrement le verre et venir placer le compte-gouttes dans l'ouverture. Appuyer sur le compte-gouttes. Le sortir ensuite de l'eau et le presser pour le débarrasser du liquide qu'il a aspiré. Répéter l'opération (appuyer sur le compte-gouttes sous le verre.) Faire cela à plusieurs reprises. On saura que l'on a correctement effectué l'expérience quand, en appuyant sur le compte-gouttes, on verra des bulles monter dans le verre.

Que se passe-t-il ? Des bulles d'air s'élèvent et le niveau d'eau descend dans le verre.

Pourquoi ? De l'air se trouve dans le compte-gouttes quand on le presse. Les bulles qui montent dans le verre viennent de l'air que l'on oblige à sortir du compte-gouttes. En amenant de l'air dans le verre

à l'aide du compte-gouttes, on voit peu à peu le niveau de l'eau qui baisse dans ce verre. L'air doit occuper un certain espace, il déplace donc un peu d'eau, en l'obligeant à sortir du verre. Tu vois ainsi que l'air existe bel et bien. Il occupe de l'espace.

328 Fais sauter les bouchons !

MATÉRIEL

une grande bouteille de soda munie d'un bouchon

Si l'air est chauffé, est-ce que le bouchon de la bouteille va sauter ?

Que faire ? Mouiller le bouchon et le mettre dans le goulot de la bouteille. Placer les mains autour du goulot. Garder les mains dans cette position, sans serrer.

Que se passe-t-il ? Le bouchon finit par sauter hors de la bouteille.

Pourquoi ? En plaçant les mains autour de la bouteille, tu as chauffé l'air à l'intérieur et obligé ainsi les molécules d'air à se déplacer et à essayer de s'échapper. Le bouchon humide joue d'abord le rôle d'un bouclier et maintient l'air en place, mais une petite partie de cet air parvient néanmoins à s'échapper en repoussant le bouchon sur les côtés ou vers le haut.

La banane magique

329

MATÉRIEL

une demi-banane pelée
une bouilloire d'eau bouillante
une bouteille étroite
(au goulot un peu plus petit que la banane)
un entonnoir
un torchon à vaisselle

Peux-tu faire entrer une banane dans une bouteille sans la toucher ? Amuse tes amis avec cette expérience scientifique ressemblant à un tour de passe-passe. Observe attentivement la banane, car elle risque de réagir plus vite que tu ne le crois. Une fois encore, l'affaire est liée aux molécules et à l'air.
Mais attention ! Il te faudra employer de l'eau bouillante. Il vaut mieux travailler au-dessus d'un évier.

Que faire ? Placer l'entonnoir sur la bouteille et verser avec précaution l'eau bouillante pour la remplir presque complètement (l'aide d'un adulte est conseillée). Enlever l'entonnoir. Enrouler le torchon à vaisselle autour de la bouteille et faire doucement couler l'eau. Vider ensuite la bouteille. Placer rapidement la pointe de la banane dans l'ouverture, pour lui faire jouer le rôle d'un bouchon (attention aux paramètres : la taille de la banane, celle du goulot, la quantité d'eau bouillante, le temps nécessaire – et faire preuve de patience ! Peut-être faudra-t-il plusieurs tentatives pour réussir cette expérience).

Que se passe-t-il ? La banane est aspirée à l'intérieur de la bouteille.

Pourquoi ? La chaleur de l'eau bouillante a forcé l'air à l'intérieur de la bouteille à se dilater et une partie de cet air à en sortir. Quand la banane est placée dans le goulot, alors que l'air à l'intérieur se refroidit peu à peu en se contractant, la pression interne diminue. La pression extérieure plus élevée pousse la banane vers l'intérieur de la bouteille. Cela te donne une idée de ce qui arrive quand de l'air est enlevé d'un endroit et que rien ne le remplace (formant un vide partiel). De petites différences de pressions de l'air peuvent déplacer des objets.

Et ensuite : Tu veux recycler la bouteille, mais la banane s'y trouve encore ? Que vas-tu faire ?

Attends quelques jours. Laisse les bactéries de la banane opérer leur œuvre chimique. Les bactéries libèrent des enzymes qui brisent les protéines et les farines. La banane va subir une transformation chimique et ramollir suffisamment pour qu'on puisse la faire sortir.

330 Force aérienne

MATÉRIEL
un entonnoir, une petite bouteille à col étroit
un verre d'eau
une petite boule de pâte à modeler

Les molécules d'air n'occupent pas seulement de l'espace, elles peuvent également empêcher l'eau d'entrer dans une bouteille.

Que faire ? Placer l'entonnoir sur la bouteille. Rouler la boule de pâte pour former une lanière et la placer autour de l'entonnoir, dans le goulot de la bouteille. Presser la pâte pour fermer hermétiquement la bouteille. Verser ensuite lentement une petite quantité d'eau dans l'entonnoir. Continuer à verser l'eau du verre dans l'entonnoir, jusqu'à vider le verre.

Que se passe-t-il ? Au début, l'eau va couler dans la bouteille, mais à mesure qu'on continue de verser, moins d'eau va s'écouler. En fin de compte, l'entonnoir va se trouver rempli d'eau et plus rien ne coulera dans la bouteille.

Pourquoi ? Les molécules d'air dans la bouteille fermée se pressent les unes sur les autres et occupent la totalité de l'espace, ce qui empêche l'eau d'y entrer.

331 Au sec !

MATÉRIEL
un petit verre
une serviette ou du papier absorbant
un bol en verre
de l'eau

Les molécules d'air peuvent même empêcher un papier d'être mouillé alors qu'il se trouve dans un verre rempli d'eau.

Que faire ?
Chiffonner le papier et le placer au fond du verre. S'assurer que le papier est coincé au fond et n'en tombera pas. Remplir le bol avec de l'eau. Après quoi, retourner le verre au-dessus du bol et l'abaisser jusqu'à ce qu'il touche la surface de l'eau. L'enfoncer tout droit dans l'eau jusqu'au fond. Laisser le verre au fond du bol. Sortir le verre de l'eau, sans l'incliner. Le laisser retourné tout en essuyant ses bords. Sortir ensuite la boule de papier.

Que se passe-t-il ? Le papier est resté sec au fond du verre.

Pourquoi ? Quand le verre est poussé au fond de l'eau, les molécules d'air ne peuvent pas s'en échapper. Elles restent coincées et se pressent les unes contre les autres, en se comportant comme un bouclier entre l'eau et le papier. Un peu d'eau pénètre dans le verre, mais ne parvient pas à atteindre le papier. Les molécules d'air occupent assez d'espace pour lui bloquer le passage.

332

Douces mousses

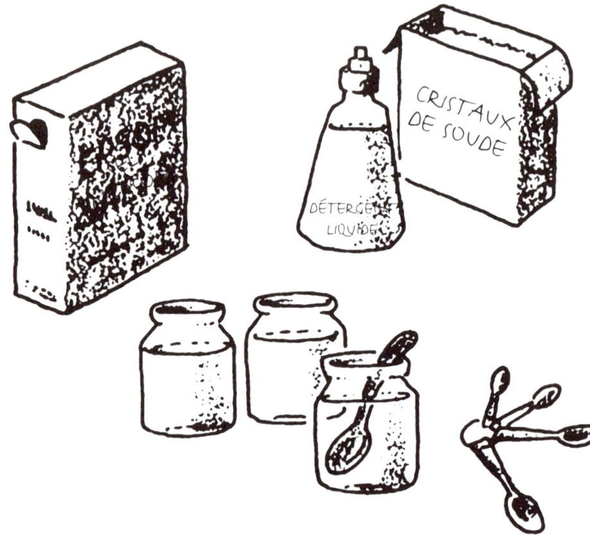

MATÉRIEL

une cuillère
de l'eau chaude
3 bocaux ou verres de taille égale
1 cuillérée à soupe de sulfate de magnésium (acheté en pharmacie)
1 cuillérée à soupe de cristaux de soude
3 cuillérées à café de détergent vaisselle liquide

Sais-tu que l'eau peut être dure ou douce ? Quel effet cela a-t-il sur la mousse de savon ? (tu vas utiliser deux produits chimiques pour cette expérience : du sulfate de magnésium et des cristaux de soude).

Que faire ? Remplir les trois récipients avec de l'eau chaude. Verser le sulfate de magnésium dans le premier. Mélanger avec soin la solution. Faire de même avec les cristaux de soude dans le deuxième récipient. Ajouter une cuillérée à café de détergent liquide à chacun des récipients, y compris celui qui ne contient que de l'eau chaude. Mélanger chacune des solutions et essayer de former de la mousse.

Que se passe-t-il ? Les cristaux de soude « adoucissent » l'eau, tandis que le sulfate de magnésium est un minéral qui rend l'eau plus « dure ».

Pourquoi ? L'eau du robinet contient souvent des sels de calcium, qui empêchent le savon de former de la mousse. Si l'eau contient beaucoup de ces sels, elle est dite « dure ». Les cristaux de soude adoucissent l'eau (en neutralisant les sels de calcium) et forment une substance solide, appelée précipité, qui tombe au fond de la solution lorsque la réaction chimique a lieu (c'est ainsi que se forment les traces au fond de la baignoire).

Le sulfate de magnésium est un minéral qui rend l'eau plus dure. C'est pourquoi on n'a pas pu former de mousse en sa présence. Est-ce que l'eau qui coule de tes robinets forme de la mousse ? L'eau est-elle dure ou douce dans ta région ?

Vide à présent les récipients. Que vois-tu sur les parois de ceux qui contenaient le sulfate de magnésium et les cristaux de soude ?

VOICI SUPERMAN.
MAIS OÙ EST CLARK ?

Quand Clark Kent se change en Superman, il n'est plus la même personne. On ne peut plus voir Clark pendant que Superman file dans les airs.

Les réactions ou les transformations chimiques se comportent de la même manière que Clark et Superman. Après une réaction ou une modification chimique, les molécules de la substance ne sont plus les mêmes. La substance a complètement changé.

Des transformations chimiques ont lieu partout et tous les jours – notre corps lui-même est une usine chimique. La nourriture que nous absorbons se combine à de l'oxygène et entraîne une réaction chimique qui libère de la chaleur et de l'énergie. D'autres réactions chimiques interviennent au cours de la combustion du charbon, de l'huile, du pétrole et du bois. Les chimistes élaborent des transformations chimiques pour produire de nouvelles substances comme des textiles, des plastiques, des nettoyants, des peintures ou des aliments.

Dans le chapitre qui suit, nous allons faire sortir l'oxygène d'un composé, produire du gaz carbonique à partir d'autres substances, et même nous servir de deux substances pour fabriquer un nouveau composé chimique appelé précipité.

Et ce ne sont là que quelques exemples des expériences passionnantes qui te sont proposées et qui impliquent les atomes et les réorganisations qu'ils subissent pour donner naissance à de nouveaux produits.

333 Du papier tournesol aux baies

La chance t'est offerte de fabriquer ton propre papier tournesol pour tester les acides et les alcalins, aussi appelés bases. On se sert de baies et c'est donc un vrai jeu de « baie baie » !

MATÉRIEL

½ tasse de baies (mûres, myrtilles, ou fraises)
de petites bandes de papier à dessin blanc
un petit bol
une fourchette
de l'eau
une cuillère à café
du papier absorbant

Que faire ? Enlever toutes les queues des baies et les placer dans le bol. Écraser les baies avec la fourchette jusqu'à les réduire en purée. Ajouter un peu d'eau pour détendre le jus. Plonger les bandelettes de papier dans le jus et les recouvrir à l'aide de la cuillère, jusqu'à ce qu'elles soient complètement couvertes. Faire glisser les bandelettes entre le pouce et l'index pour les débarrasser de la pulpe. Placer les bandelettes sur le papier absorbant. Lorsqu'elles sont sèches, enlever toute trace de pulpe ou de pépins que l'on aurait laissée. Le papier tournesol aux baies est prêt à « aux baies... ir » !

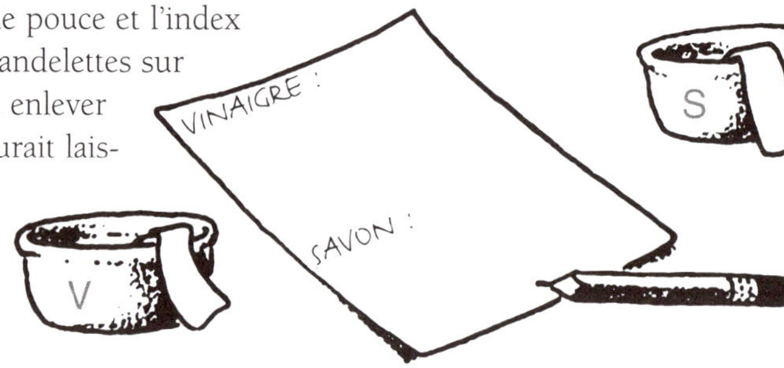

Que signifie le changement de couleur ?

Le papier tournesol pourpre fabriqué avec des mûres va virer au rose-rouge en présence d'un acide, et au pourpre profond en présence de composés alcalins, ou basiques. Ce sont ces bandelettes qui conviennent le mieux pour ce genre de test, car elles changent plus fortement de teinte.

Le papier tournesol pourpre à base de myrtilles va devenir d'un pourpre rougeâtre en présence d'acides et d'un pourpre bleu léger en présence de bases.

Le rose du papier à base de fraises (dans une moindre mesure que les deux autres) va virer au rose vif avec les acides et à un léger rose bleuâtre avec les bases.

Tu es un peu perdu ? Ne t'inquiète pas ! Voici une manière de se souvenir de tout cela facilement : le papier qui devient plus rouge est en présence d'un acide, tandis que celui qui prend une teinte plus bleue est en présence d'une base.

334 Virages

Pourquoi ? Le vinaigre est de l'acide acétique, alors que l'eau savonneuse est un composé alcalin. Les bandelettes de papier tournesol permettent de déterminer avec certitude si une substance est acide ou basique.

MATÉRIEL

- 2 bandelettes de papier tournesol aux baies
- 2 petits récipients, dont un avec couvercle
- 3 cuillérées à soupe de détergent liquide
- ½ tasse d'eau
- ¼ de tasse de vinaigre
- du papier et un crayon
- du papier journal

Es-tu prêt à tester le papier tournesol aux baies que tu as fabriqué ? En plongeant les bandelettes de papier dans diverses solutions, tu pourras savoir si cette substance est acide ou alcaline (les alcalins sont des produits qui peuvent se dissoudre dans l'eau et qui affaiblissent les acides.) Quand on teste le caractère acide ou alcalin d'une substance, on dit que l'on détermine le pH de cette substance.

Que faire ? Lire la section « Que signifie le changement de couleur ? ». Placer ensuite de l'eau et du détergent liquide dans le récipient avec couvercle, le fermer et l'agiter fermement. Placer le vinaigre dans l'autre récipient.

Plonger une bandelette de papier tournesol dans chacun des récipients. Deviner quelle teinte les bandelettes prendront et si elles vont montrer la présence d'un acide ou d'un alcalin. Écrire le nom des deux solutions (détergent vaisselle et vinaigre) et noter les résultats. Laisser sécher les bandelettes de papier sur du papier journal (cinq minutes environ) et inscrire sur chacune d'elles dans quelle solution elle a été plongée et quel changement de couleur a eu lieu. L'hypothèse effectuée était-elle correcte ?

Que se passe-t-il ? Le papier plongé dans le vinaigre est devenu plus rouge. Le papier plongé dans l'eau savonneuse est devenu plus bleu.

Note : Conserve les récipients, le papier tournesol, le crayon et le papier pour l'expérience suivante.

335 De nouveaux virages

MATÉRIEL

- 2 bandelettes de papier tournesol
- ½ tasse d'eau, avec 2 ou 3 jets de nettoyant pour vitre (contenant de l'ammoniaque) *(Attention ! Cette solution est dangereuse ! Range – la bien après usage.)*
- ¼ tasse de jus de citron

Es-tu prêt pour d'autres tests avec ton papier tournesol ? Tu vas agir de la même manière que pour les expériences précédentes, mais avec d'autres substances cette fois.

Que faire ? Plonger les bandelettes de papier tournesol dans les solutions et enregistrer les résultats comme pour l'expérience précédente.

Que se passe-t-il ? Le papier tournesol plongé dans le jus de citron devient plus rouge, mais celui plongé dans le nettoyant pour vitre contenant de l'ammoniaque est devenu plus bleu.

Pourquoi ? Le jus de citron est un autre acide, appelé acide citrique, et la solution avec de l'ammoniaque est un composé alcalin. Pourrais-tu deviner quels autres fruits contiennent de l'acide citrique et vérifier ensuite ton hypothèse ?

336

La puissance du pH

MATÉRIEL

des bandelettes de papier tournesol aux baies
de petits récipients
des échantillons à tester : de la terre mélangée à de l'eau, de l'eau du robinet, de l'eau d'une flaque, d'un lac ou d'une rivière, de la salive, et tout ce que tu voudras d'autre

Sers-toi à nouveau de ton papier tournesol aux baies pour tester l'eau du robinet, la terre, l'eau de la piscine et celle des flaques, et même ta salive !

Que faire ? Plonger les bandelettes de papier tournesol dans les échantillons à tester (voir les instructions de l'expérience 334).

Que se passe-t-il ? Les bandes changent de couleur selon que les échantillons sont acides ou basiques.

Pourquoi ? Le papier tournesol aux baies permet de déterminer avec certitude s'il y a un acide ou une base dans une substance (voir « Que signifie le changement de couleur ? »p. 284).

337

De l'amidon ?

MATÉRIEL

une bouteille en plastique remplie aux trois quarts d'eau
2 cuillérées à café de farine de maïs (Maïzena)
une cuillère plastique
un compte-gouttes
20 gouttes de teinture d'iode

Comment savoir si certaines substances contiennent de l'amidon ? L'amidon, matière que l'on trouve dans les plantes, nous procure de l'énergie (comme le sucre et les graisses). Les chimistes s'intéressent particulièrement à l'amidon parce qu'il s'agit d'un composé fait de carbone, d'hydrogène et d'oxygène. L'expérience qui suit te permettra de déterminer si une solution contient de l'amidon.

Que faire ? Verser la farine de maïs dans la bouteille. Ajouter les gouttes de teinture d'iode. Mélanger le tout et laisser ensuite reposer la solution pendant quelques minutes.

Que se passe-t-il ? L'eau vire au bleu foncé ou au pourpre.

Pourquoi ? L'iode est un bon test pour l'amidon. Il se combine chimiquement avec l'amidon, dans ce cas celui de la farine de maïs, pour donner une teinte bleu foncé. Les chimistes se servent régulièrement de la teinture d'iode dans ce but.

Regarde où se trouve l'iode sur le tableau périodique des éléments. Qu'est-ce que cela t'apprend au sujet de l'atome d'iode ?

Note : L'iode est un poison chimique. Demande l'aide d'un adulte, si nécessaire, et range soigneusement après avoir réalisé cette expérience. Lave également tous les ustensiles que tu souhaites conserver.

La force des plantes

Les plantes ne mangent pas. Elles fabriquent leur nourriture grâce à l'énergie du Soleil (par un procédé appelé photosynthèse). Elles changent l'eau et le gaz carbonique en glucose, une sorte de sucre, ainsi qu'en oxygène. Ce sucre est ensuite transformé en amidon. Sucre et amidon aident la plante à subsister.

338

La grande évasion de l'oxygène

MATÉRIEL

une petite quantité de rouille (grattée sur un vieil objet en fer)
1 cuillérée à soupe d'eau oxygénée
une petite bouteille ou un bocal
un large récipient ou un grand bol (pouvant contenir le bocal), rempli d'eau chaude du robinet
de la pâte à modeler
une loupe

Si l'on peut ajouter un atome, peut-on en enlever un – ou faire sortir un élément d'un composé ? Observe attentivement ! L'oxygène va véritablement s'évader sous tes yeux, au cours de cette expérience électrique et palpitante.

Que faire ? Placer une petite boule de pâte sous le petit bocal (cela servira d'ancre qui retiendra le bocal bien droit au fond de l'eau). Verser l'eau oxygénée dans le bocal et ajouter ensuite les particules de rouille. Plonger le bocal dans l'eau du grand bol et appuyer la pâte sur le fond. Observer le bocal avec attention, à l'aide de la loupe.

Que se passe-t-il ? De nombreuses petites bulles sortent du bocal contenant l'eau oxygénée.

Pourquoi ? Une molécule l'eau oxygénée (H_2O_2) contient un atome d'oxygène de plus qu'une molécule d'eau (H_2O). Quand on plonge de la rouille dans l'eau oxygénée et qu'on place le récipient dans de l'eau chaude, une réaction chimique a lieu. Les bulles que l'on voit dans la solution d'eau oxygénée sont en réalité des groupes de ces atomes « supplémentaires » libérés par la solution.

339 Pouvoir de la farine

MATÉRIEL
une tranche de pain de mie
du papier
un crayon

Les chimistes savent que les protéines sont des composés chimiques. La protéine appelée gluten est contenue dans les céréales, en particulier le blé.
Voyons un peu comment nous allons pouvoir nous servir du gluten contenu dans le pain, pour une expérience chimique.

Que faire ? Avec le crayon, tracer deux ou trois zones noires sur le papier. Prendre un bout de mie de pain et le frotter fermement sur les zones noircies par le crayon.

Que se passe-t-il ? Le pain joue le rôle d'une gomme et nettoie le papier.

Pourquoi ? Le gluten du pain est collant. Quand on frotte le pain sur les zones noircies par le crayon, on enlève les marques du papier grâce au pouvoir collant de cette protéine.

340 Le pain nettoyant

Tu sais à présent pourquoi les scientifiques se servent du gluten pour nettoyer certaines choses. Mais quelles choses ? Les protéines collantes du pain ont effacé les traces de crayon, mais pourraient-elles enlever d'autres taches ? Salis tes doigts avec de la terre, de l'huile, ou de la confiture. Frotte alors tes doigts sales sur le papier pour y laisser des traces. Tu pourras ensuite voir si le pain est efficace ou non pour faire disparaître ces taches.

341 Les couleurs s'en vont

MATÉRIEL

une tasse de thé foncé (du thé chaud ou de l'ice tea)
1 citron coupé en tranches

Qu'arrive-t-il au thé quand on y ajoute du citron ?

Que faire ? Presser légèrement 1 tranche de citron au-dessus du thé. Continuer de presser le citron en augmentant peu à peu la quantité de jus dans le thé, jusqu'à ce que la dernière tranche soit pressée.

Que se passe-t-il ? Le citron fait peu à peu disparaître la couleur du thé.

Pourquoi ? L'acide citrique du citron est un agent de blanchiment qui réagit chimiquement avec la coloration du thé, pour l'éclaircir.

342 L'action du détergent

MATÉRIEL

2 bocaux remplis d'eau, l'un avec son couvercle
des bouts de fil blanc
1 cuillérée à soupe (15 ml) de produit pour lessive, solide ou liquide

Comment fonctionne le détergent pour lessive ?

Que faire ? Ajouter le produit pour lessive à l'un des bocaux. Mettre le couvercle en place, agiter le bocal et ôter le couvercle. L'autre bocal ne contiendra que de l'eau. Jeter trois ou quatre morceaux de fil blanc dans chaque bocal et observer ce qui leur arrive.

Que se passe-t-il ? Les fils dans le bocal rempli d'eau flottent à la surface, tandis que les fils dans le bocal avec le détergent coulent au fond.

Pourquoi ? Les fils qui coulent au fond du bocal de détergent se sont gorgés d'eau. Le mélange d'eau et de détergent forme une émulsion, terme employé quand un liquide flotte dans un autre liquide. Cette émulsion force les brins de fil à se mouiller plus rapidement. Cette simple idée de se servir de détergent comme « agent mouillant » permet de faire disparaître plus facilement les taches des vêtements.

Conserve les produits pour l'expérience suivante.

343 Propre comme un sou neuf

Mettons à présent à l'épreuve notre agent détergent, en nous servant de fils que l'on vient de salir.

MATÉRIEL

les bocaux avec l'eau et la solution d'eau et de détergent de l'expérience précédente
d'autres bouts de fil
des substances pour salir les fils : graisse, huile, boue, confiture, jus de fruit
une cuillère

Que faire ? Salir des paires de fils avec du jus de fruit, de la graisse, de l'huile, du ketchup, de la moutarde et d'autres produits. Placer un fil de chaque paire dans chacun des bocaux. Mélanger le contenu des bocaux. Après dix minutes, sortir les fils des bocaux.

Que se passe-t-il ? Les fils ayant trempé dans la solution comprenant le détergent ont l'air propre, tandis que ceux qui sont restés dans l'eau sont sales.

Pourquoi ? Une fois encore, l'effet émulsionnant du détergent dans l'eau a complètement trempé les fils et a facilement réussi à les débarrasser de leur saleté. On peut s'en rendre compte à l'eau décolorée qui se trouve maintenant dans le bocal contenant la solution de détergent.

344 Fais appel aux nettoyeurs

Les chimistes travaillent sans cesse pour mettre au point de nouveaux produits et pour essayer de trouver ceux qui lavent le mieux. Certains produits alimentaires que l'on trouve dans une cuisine peuvent se révéler de très bons nettoyants. D'accord, mais lesquels ?

MATÉRIEL

un morceau de tissu en coton
de la margarine, de l'huile ou du beurre
des serviettes en papier
¼ de citron
¼ d'oignon
du vinaigre
½ tasse de lait entier
un crayon feutre

Que faire ? Avec la margarine, l'huile ou le beurre, faire plusieurs taches de graisse sur le tissu. S'assurer qu'elles ne sont pas trop proches les unes des autres. Prendre le morceau de tissu et l'étaler sur le plan de travail de la cuisine. Presser quelques gouttes de jus de citron sur une serviette et, en maintenant le tissu sur une surface dure, frotter le jus sur l'une des taches. Frotter énergiquement pour enlever la tache. Presser l'oignon dans une autre serviette pour en tirer du jus et essayer de faire partir une autre tache de graisse de la même manière. Répéter l'opération avec les deux autres substances. Noter de quelles substances on s'est servi pour faire disparaître chaque tache.

Que se passe-t-il ? Le citron, l'oignon et le vinaigre font quelque peu disparaître les taches, mais pas autant que le lait.

Pourquoi ? Le lait est le plus efficace dans ce travail de neutralisation. Il s'agit d'un cas de « Qui se ressemble se dissout ». La graisse du lait entier va donc dissoudre les taches de graisse du beurre ou de margarine. Les substances qui ont une composition graisseuse proche se dissolvent l'une dans l'autre.

345 Extinction de feux

MATÉRIEL
un grand bocal à large ouverture, muni de son couvercle
2 tasses d'eau
3 cuillérées à soupe de bicarbonate de soude
½ tasse de vinaigre
un grand clou
un marteau
une cuillère
un petit bocal

Fabrique ton extincteur d'incendie personnel à partir de choses que tu trouves chez toi.

Que faire ? Tout d'abord, trouver une grosse pierre dehors ou un vieil établi ou une planche, y poser le couvercle du gros bocal et, à l'aide du marteau et du clou, percer un gros trou dans ce couvercle (demander l'aide d'un adulte si nécessaire). Verser l'eau dans le gros bocal. Ajouter le bicarbonate de soude et mélanger. Remplir le petit bocal avec le vinaigre et le placer ensuite délicatement, sans couvercle, dans le grand bocal, en s'assurant que le vinaigre n'en sort pas. Placer le couvercle troué sur le gros bocal. En écartant le couvercle du visage, incliner le bocal au-dessus d'un évier.

Que se passe-t-il ? Un liquide mousseux jaillit par le trou du couvercle.

Pourquoi ? Le bicarbonate de soude peut éteindre le feu lorsqu'il est utilisé dans un extincteur à base d'acide et de soude. Dans ta version personnelle, le vinaigre (de l'acide acétique) se mélange au bicarbonate de soude pour produire du gaz carbonique (CO_2) qui étouffe les flammes.

346 J'œufs bondis, qu'est-ce qu'œufs tu attends ?

MATÉRIEL
2 œufs durs (dans leur coquille)
un verre d'eau
un verre de vinaigre

Un œuf peut-il être transformé chimiquement lorsqu'il entre en contact avec différents composés ?

Que faire ? Placer un œuf dans le verre d'eau et attendre 24 heures. Placer le second œuf dans le vinaigre et attendre le même laps de temps.

Que se passe-t-il ? L'œuf resté dans l'eau est le même, tandis que celui plongé dans le vinaigre a pris l'aspect d'une balle de caoutchouc, et ne possède plus de coquille ! Si tu le lances dans un évier, à petite distance, il rebondit vraiment. Tu comprends à présent le but de cette expérience.

Pourquoi ? Une transformation chimique a eu lieu dans l'œuf plongé dans le vinaigre. L'acide acétique (du vinaigre) a réagi avec le carbonate de calcium de la coquille. Celle-ci est devenue de plus en plus molle et a fini par disparaître, alors que l'œuf plongé dans l'eau n'a subi aucune modification chimique. Les chimistes diraient que la coquille de l'œuf plongé dans le vinaigre s'est « décalcifiée ».

347 Ne fais pas de vieux os !

Peut-on ramollir des os de poulet au point de les plier sans problème ? Réalise cette expérience et tu verras.

MATÉRIEL
un grand bocal à large ouverture
1 ½ tasse de vinaigre
quelques os de poulet propres (de la cuisse)

Que faire ? Verser le vinaigre dans le bocal et y placer ensuite les os de poulet. S'assurer que les os sont bien recouverts de vinaigre. Les y laisser pendant au moins 2 jours.

Que se passe-t-il ? Les os de poulet ne sont plus rigides, mais très mous.

Pourquoi ? Les os sont dans une large part constitués de minéraux de calcium et de phospore. Quand on fait tremper des os dans du vinaigre (de l'acide acétique), une réaction chimique a lieu au cours de laquelle les minéraux se dissolvent.

348 Adoucisseur d'eau

MATÉRIEL
½ tasse de cristaux de soude
un bocal de taille moyenne muni de son couvercle et rempli d'eau
une soucoupe
une cuillère

Dans quel genre d'eau de bain souhaite-tu te baigner ? La solution qui t'est proposée ici adoucit l'eau, et plus l'eau est douce, plus la quantité de mousse qu'elle peut produire est grande. L'expérience est facile et amusante, mais c'est de la vraie chimie.

Que faire ? Verser une petite quantité de cristaux de soude dans la soucoupe. Avec le dos de la cuillère, écraser les cristaux pour obtenir une poudre fine. Mettre ensuite cette poudre dans le bocal, par petites cuillères, jusqu'à ce que la soude ne puisse plus s'y dissoudre (si nécessaire, écraser davantage de cristaux et les ajouter en poudre à l'eau du bocal). On obtient ainsi une solution « saturée ». Conserver cette solution et en ajouter un peu à l'eau du bain.

Que se passe-t-il ? Les cristaux de soude se sont dissous dans l'eau et ont produit un adoucisseur d'eau naturel.

Pourquoi ? Le bicarbonate de sodium, constituant les cristaux de soude, neutralise, ou adoucit, l'eau en la débarrassant des sels durs qu'elle contient, comme le calcium. Les chimistes parlent de précipitation, mais à la différence du mot employé pour les prévisions météo, cela ne signifie pas qu'il va pleuvoir. Dans ce cas-ci, la précipitation est la réaction chimique survenant entre les deux composés, sel de calcium et cristaux de soude, pour former des molécules plus simples, qui donne naissance à une substance solide appelée un précipité (voir l'expérience 359).

349 De l'huile de bain vraiment chic

Ajoute de l'eau de Cologne, du parfum ou d'autres ingrédients comme des colorants, à ton adoucisseur d'eau personnel pour lui donner une apparence et une odeur agréables. Verse ton huile de bain dans des bouteilles ou des flacons aux formes amusantes et ajoute-leur quelques rubans colorés. Cela peut constituer un superbe cadeau fait maison mais néanmoins très apprécié, grâce à quelques petits tours de chimie amusante !

350 Pièces d'argent étincelantes

MATÉRIEL

un récipient et de l'eau
1 cuillérée à café de bicarbonate de soude
1 cuillérée à café de sel
une feuille d'aluminium
un poêlon (émail ou verre)
des pièces
un réchaud
un chiffon doux

CHAUD !

Pourquoi ne pas fabriquer notre propre détachant pour l'argent ? C'est bon marché et ça marche parfois mieux que ceux que l'on achète en magasin.

Que faire ? Dans le petit récipient, dissoudre le sel et le bicarbonate de soude dans un peu d'eau. Placer les pièces de monnaie dans la solution de manière à ce qu'elle les recouvre. Remplir le poêlon d'émail ou de verre avec de l'eau. Déchirer la feuille d'aluminium en petits morceaux et les jeter dans l'eau du poêlon. Amener l'eau du poêlon à ébullition sur le réchaud (en demandant l'aide d'un adulte si nécessaire), puis éteindre la flamme et laisser l'eau reposer et refroidir. Enlever les pièces de monnaie de la solution de sel et de bicarbonate. Rincer les pièces dans l'eau du poêlon refroidie et les essuyer à l'aide du chiffon doux.

Que se passe-t-il ? Te voilà l'heureux propriétaire de splendides pièces en argent qui étincellent.

Pourquoi ? Des réactions chimiques ont lieu entre le sel et la soude, puis avec la solution contenant de l'aluminium. La chaleur change le mélange d'eau et de morceaux d'aluminium en un électrolyte, qui transporte un faible courant électrique. C'est ce courant qui débarrasse les pièces de monnaie de leur ternissure.

351 L'oxydation ? La course de la rouille

Quand une substance transmet de l'oxygène à une autre, les chimistes parlent de « réduction », et de la substance qui a reçu cet oxygène, on dit qu'elle a été « oxydée ». Tu ne comprends pas ? Pense à ceci : tu possèdes dix balles qui représentent ton oxygène, et un ami t'en prend sept. Cet ami sera oxydé, parce qu'il a reçu de l'oxygène supplémentaire de ta part, mais, de ton côté, tu seras amoindri, parce que tu auras perdu une partie de ton oxygène. Tu peux accomplir cette réaction chimique, appelée oxydation, et voir comment elle fonctionne.

MATÉRIEL
des objets en métal : clous, jetons, paille de fer, punaises, des bocaux avec couvercle, de tailles différentes des liquides : de l'eau, une solution salée, du vinaigre

Que faire ? Placer les objets métalliques dans les bocaux. Ajouter deux cuillérées à soupe de différents liquides dans chaque bocal. Fermer soigneusement certains bocaux, laisser les autres ouverts. Placer certains bocaux dans un endroit frais et sombre, d'autres dans un endroit chaud et ensoleillé. Laisser l'expérience suivre son cours pendant 1 à 3 semaines. Noter soigneusement les données : date et heure de début de l'expérience, substances utilisées, et résultats obtenus.

Que se passe-t-il ? Une substance brun-rouge, ou brun-jaune, s'est formée sur certains objets métalliques. Mais pas sur tous.

Pourquoi ? L'humidité, un agent oxydant, a forcé l'oxygène de l'air à se fixer sur certains métaux, comme le fer et l'acier, et à former de la rouille. Cette réaction chimique, appelée oxydation, corrode ou rouille le métal. C'est pourquoi certains ponts et échelles d'incendie, qui sont souvent mouillés, doivent être peints pour les protéger de l'oxydation qui les attaque.

352

Pourquoi la rouille ?

Au cours de l'expérience précédente, certains objets ont rouillé et d'autres pas. Essaie de comprendre pourquoi. Peut-être l'oxydation demandait-elle plus de temps pour se produire, ou bien les objets étaient-ils protégés par un couche d'antirouille. Refais l'expérience en changeant un des paramètres et observe ce qui arrive. Compare les résultats.

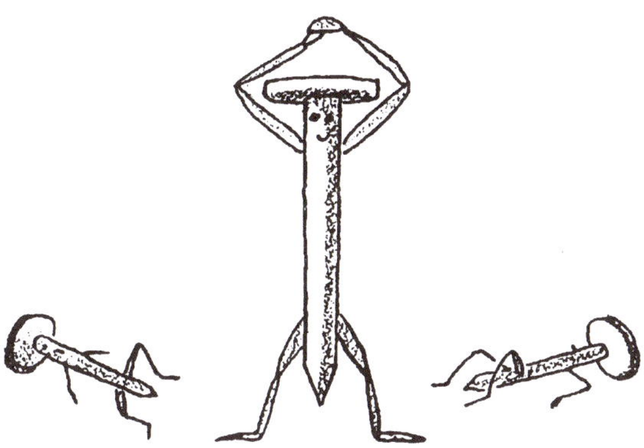

Tête en cuivre

353

MATÉRIEL

des pièces en cuivre sales
un petit récipient plat
2 tasses
1 cuillérée à café de sel
1 cuillérée à soupe d'eau et 2 de vinaigre
un compte-gouttes
du papier absorbant

Peux-tu voir les têtes qui se trouvent sur les pièces de monnaie en cuivre ? Lorsqu'elles sont devenues très sombres, c'est difficile. Mais il ne faut pourtant que quelques minutes et un peu de chimie pour redonner à ces pièces de cuivre salies leur aspect brillant.

Que faire ? Placer les pièces de monnaie dans le récipient. Dans une des tasses, faire une solution avec le sel et l'eau. Verser le vinaigre dans l'autre tasse. À l'aide du compte-gouttes, faire couler la solution salée sur les pièces, puis faire couler le vinaigre. Répéter toute l'opération et laisser les pièces reposer dans la solution pendant cinq minutes. Nettoyer ensuite les pièces en les essuyant avec le papier absorbant.

Que se passe-t-il ? Les pièces de monnaie sont devenues brillantes et la pellicule de saleté qui les recouvrait est partie.

Pourquoi ? Le vinaigre (de l'acide acétique) combiné au sel (chlorure de sodium) se transforme en une solution à faible taux d'acide chlorhydrique. Cet acide a le pouvoir de nettoyer les métaux comme le cuivre. Au bout d'un certain temps, les pièces vont s'oxyder à nouveau, devenir sombres et sales, en raison de l'eau et des molécules d'oxygène de l'air qui vont entrer en contact avec elles.

354

Le gaz glouton

MATÉRIEL

un morceau de filtre à café de 10 cm sur 10 cm
3 cuillérées à café de bicarbonate de soude
un grand bol creux, rempli d'eau
un élastique
un récipient long et étroit rempli d'eau
un marqueur indélébile
une loupe

Dans cette expérience, un gaz se met à dévorer l'eau. Tu n'y crois pas ? Essaie et tu verras.

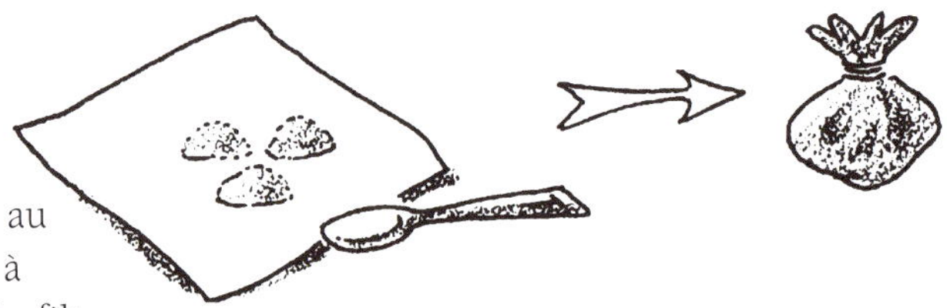

Que faire ? Placer le bicarbonate de soude au centre du carré de filtre à café. Relever les bords du filtre pour former une petite poche et placer l'élastique pour maintenir les bords en place. Mettre la poche de bicarbonate dans le récipient étroit et poser la main sur l'ouverture. En laissant la main en place, retourner le récipient et le plonger dans l'eau du grand bol. Enlever la main. Tracer une ligne au marqueur au niveau où l'eau monte dans le récipient. Observer ce qui se passe dans le récipient à l'aide de la loupe. Faire preuve de patience. Il faudra sans doute attendre une heure environ pour obtenir un résultat.

Que se passe-t-il ? Des bulles sortent de la petite poche au fond du récipient, et montent jusqu'à la surface. Certaines bulles s'accrochent aux parois. En l'espace d'une heure, le niveau de l'eau est passé légèrement sous la ligne tracée au début de l'expérience.

Pourquoi ? Quand le bicarbonate de la poche est dissous par l'eau, il émet du gaz carbonique (CO_2). Ce gaz a besoin d'espace dans le récipient, si bien qu'il déplace de l'eau et l'oblige à sortir du récipient, en faisant de ce fait baisser le niveau.

355 La main de King Kong

MATÉRIEL

un gant de latex
(vendu en paquet de dix)
¼ de tasse de bicarbonate de soude
½ tasse de vinaigre
un marqueur indélébile noir ou marron (facultatif)

La main de King Kong devait être très large pour qu'il puisse y faire tenir une dame. Tu vas pouvoir te fabriquer une main de ce genre, à partir d'ustensiles très simples. Sans les traces de marqueur, cette main prend la forme d'un pis de vache, cette poche placée sous le ventre des vaches et qui contient le lait – un tour de passe-passe étonnant ! Quoi que tu en penses, il ne s'agit que d'une expérience qui va t'apprendre pas mal de choses sur un gaz que tous les chimistes connaissent.

Que faire ? Un ami ou un assistant sera bien utile pour réaliser cette expérience, et il est également conseillé de l'effectuer au-dessus d'une bassine ou d'un évier, car elle peut se révéler salissante !

Pour obtenir une main de King Kong, tracer des lignes verticales au marqueur indélébile sur le gant de latex, pour figurer la main poilue du grand singe. Si l'on veut obtenir un pis de vache, laisser le gant dans son état normal.

Demander à l'assistant de tenir le gant au-dessus de la bassine ou de l'évier pendant que l'on verse le bicarbonate de soude, puis le vinaigre, dans le gant. Après quoi, refermer rapidement l'ouverture du gant en serrant avec la main. Serrer fermement pendant quelques minutes.

Que se passe-t-il ? Le gant se gonfle comme un ballon, puis reprend sa taille normale au bout de quelques minutes.

Pourquoi ? Quand on mélange du bicarbonate de soude avec du vinaigre, cela donne naissance à un gaz très connu, appelé gaz carbonique (CO_2). C'est pourquoi la solution se met à siffler et à mousser et pourrait déborder du gant si on n'en fermait pas hermétiquement l'ouverture. Dès que le gaz est coincé dans le gant, il n'a plus d'endroit où aller, et il se met à faire gonfler le gant. Finalement, la réaction s'achève, et le gaz parvient à s'échapper peu à peu. Le gant retrouve donc progressivement sa taille normale.

Ça gaze !

Le bicarbonate de soude est un composé fait d'hydrogène, de sodium, d'oxygène et de carbone. Quand on lui ajoute du vinaigre (de l'eau et de l'acide acétique), une réaction chimique a lieu. Les éléments carbone et oxygène se combinent pour former un nouveau composé gazeux appelé du dioxyde de carbone (le gaz carbonique).

Exercice exothermique

356

MATÉRIEL
un thermomètre
un petit bol
1 cuillérée à soupe de levure rapide
¼ de tasse d'eau chimique
une cuillère
un crayon et du papier

Quel genre de réaction chimique se produit quand de la levure se mélange à de l'eau oxygénée ? Cette expérience particulièrement excitante va t'échauffer, et pas seulement les neurones.

Que faire ? Noter la température indiquée par le thermomètre, puis le placer dans le bol. Verser la solution l'eau oxygénée, ajouter la levure, et mélanger le tout. Tout en observant la réaction, placer les mains autour du bol. Attendre une minute ou deux, puis sortir le thermomètre de l'eau et noter une fois de plus la température atteinte.

Que se passe-t-il ? La solution fait de la mousse et des bulles, tandis que les bords et le fond du bol deviennent très chauds. De la fumée peut même s'échapper de la solution. La température plus élevée affichée par le thermomètre indique la quantité de chaleur produite.

Pourquoi ? Quand de la levure et d'eau oxygénée se mélangent, cette dernière se change en oxygène et en eau. Les bulles sont causées par l'oxygène gazeux qui est libéré au cours de cette réaction chimique. Cette transformation produit également de la chaleur. Quand de la chaleur est produite lors d'une réaction chimique, on qualifie celle-ci d'exothermique.

Vague de froid endothermique

357

MATÉRIEL

un thermomètre
1 cuillérée à soupe de sulfate de magnésium
de l'eau du robinet, ni chaude ni froide
une cuillère
un bocal de taille moyenne
un crayon et du papier

Si une réaction chimique peut produire de la chaleur (lorsqu'elle est exothermique), une autre réaction peut-elle faire naître du froid ?

Prudence : le sulfate de magnésium peut être une solution dangereuse. Manipule-le avec précaution et range-le après usage.

Que faire ? Remplir le bocal avec de l'eau du robinet. Placer le thermomètre dans l'eau. En mettant les mains autour du bocal, sentir la fraîcheur de l'eau pendant que le thermomètre affiche la température. Noter la température indiquée par le thermomètre et le remettre dans l'eau. Verser le sulfate de magnésium et mélanger. Sentir à nouveau la température du bocal. Y a-t-il eu un changement ? Après quelques minutes, sortir le thermomètre de l'eau et noter la température affichée.

Que se passe-t-il ? Le bocal est légèrement plus froid, et la température de l'eau est plus basse, lorsque la réaction chimique a eu lieu.

Pourquoi ? Dans l'expérience précédente, « Exercice exothermique », une réaction chimique donnait naissance à de la chaleur. Mais il arrive que de la chaleur soit consommée lors d'autres réactions chimiques. Quand du sulfate de magnésium est ajouté à de l'eau, il se sert de la chaleur naturelle de cette eau pour se scinder en ions sulfate et en ions magnésium (les ions sont des atomes électriquement chargés, positifs ou négatifs, qui apparaissent lorsque des électrons sont gagnés ou perdus).

La réaction chimique ayant lieu lors de cette expérience est appelée endothermique, parce qu'il y a davantage de chaleur consommée que de chaleur produite. C'est pourquoi l'eau se refroidit, et c'est pourquoi on se sert de sel d'Epsom pour soulager les entorses aux chevilles et pour calmer les blessures.

358

Papier marbré

MATÉRIEL

de la craie colorée
des demi-feuilles de papier blanc
des petites tasses
un marteau ou une grosse pierre
2 cuillérées à soupe de vinaigre
du papier absorbant ou des serviettes en papier
un sachet plastique
une cuillère ou une fourchette
un grand bol ou une bassine (en plastique ou en caoutchouc)
du papier journal
de l'eau
de l'huile de cuisson

Emballe tes petits cadeaux dans ce papier marbré fait maison. Quand il est sec, ce papier ressemble à du parchemin, une sorte de papier craquant, gaufré et translucide.

Que faire ? Étaler quelques feuilles de papier journal sur la table de la cuisine. Remplir le bol d'eau et ajouter le vinaigre. Placer le bol au centre du papier journal. Conserver quelques feuilles pour y faire ensuite sécher le papier produit. Étaler une double épaisseur de papier absorbant et y placer un petit morceau de craie colorée. Écraser la craie en une fine poudre.

Soulever délicatement le papier absorbant et verser la poudre de craie dans une tasse. Recommencer avec autant de couleurs de craie que désiré. Verser une cuillère à café d'huile dans chaque tasse et mélanger soigneusement avec la cuillère ou la fourchette. Verser le contenu des tasses dans le bol d'eau. Les différentes huiles colorées doivent former de grandes taches à la surface de l'eau. Placer alors délicatement les demi-feuilles de papier à la surface de l'eau, une à une.

Déposer les demi-feuilles mouillées sur le papier journal et attendre qu'elles sèchent, pendant 24 heures. Quand elles sont tout à fait sèches, gratter doucement les petits grains de craie qui auraient pu se coller à la surface.

Que se passe-t-il ? Les huiles colorées se sont collées aux feuilles en dessinant des formes incurvées.

Pourquoi ? Les molécules chargées négativement et les molécules chargées positivement s'attirent. Les molécules de craie (un genre de carbonate de calcium), le vinaigre (de l'acide acétique), l'eau et la surface du papier se sont combinés chimiquement pour donner naissance à un lien chimique qui a fait se coller au papier les volutes colorées.

MATÉRIEL

un petit bocal à moitié rempli d'eau
1 cuillérée à café de sulfate de magnésium
un nettoyant pour vitres à l'ammoniaque

Précipité presto-parfait

359

Je parie que tu n'arriveras pas à répéter ce titre dix fois sans t'arrêter ! Mais ce que tu peux faire, par contre, c'est fabriquer un précipité en quelques secondes seulement. Tu te souviens sans doute qu'un précipité est une substance qui se forme lorsque a lieu une réaction chimique. Cette substance est également insoluble. Cela signifie qu'elle ne peut pas se dissoudre ou se mélanger comme le fait une substance dans une solution.

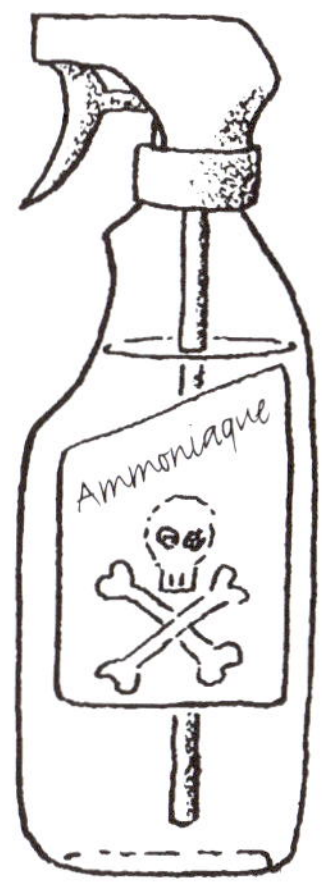

Que faire ? Dissoudre le sulfate de magnésium dans le bocal et ajouter quelques jets de nettoyant pour vitres.

Que se passe-t-il ? La solution devient d'un blanc laiteux.

Pourquoi ? Quand le sulfate de magnésium se mélange à l'hydroxyde d'ammonium (contenu dans le nettoyant pour vitres), il se forme un nouveau composé chimique. Le liquide d'un blanc laiteux est un précipité d'hydroxyde de magnésium.

360

Un autre précipité

Refais l'expérience précédente, mais en utilisant cette fois de l'alun (acheté en pharmacie ou en droguerie) à la place de sulfate de magnésium. Tu vas ainsi former un nouveau précipité appelé hydroxyde d'aluminium. Compare la couleur de l'hydroxyde de magnésium avec celle de l'hydroxyde d'aluminium.

SOLUTIONS SALÉES ET DOUX SUCCÈS

Sans le sucre et le sel, la vie serait vraiment triste. Mais, pire encore, nous ne pourrions pas vivre sans le délicat équilibre qui se forme dans notre corps entre le sucre et le sel. Nous allons à présent essayer de comprendre de quoi sont faits ces composés chimiques et quelle est leur action.

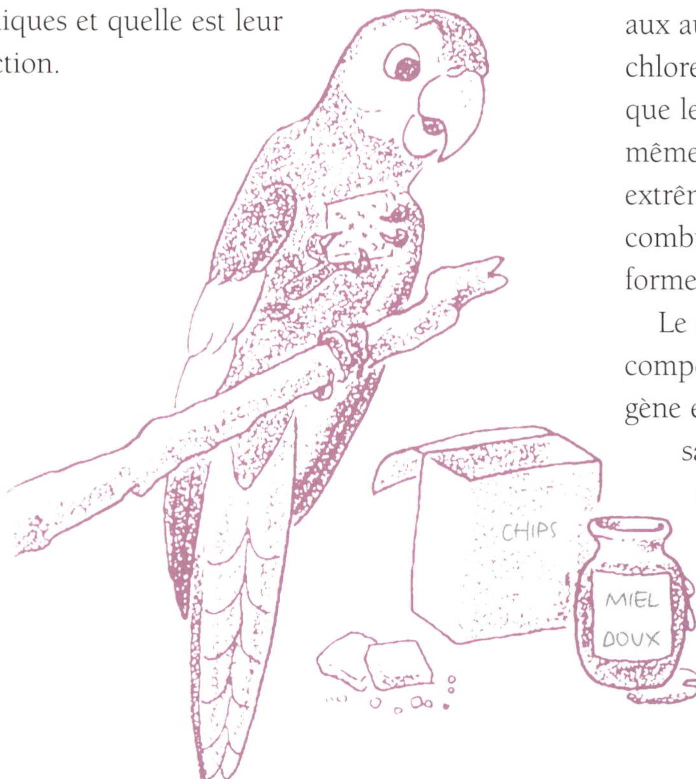

Sel et sucre

Le sel (NaCl) est un composé minéral, ce qui veut dire qu'il s'agit de la combinaison de deux éléments se présentant sous une forme cristalline. Chaque cristal de sel est constitué de millions d'atomes qui s'accrochent les uns aux autres. Le sel est fait de sodium et de chlore. Le sodium est un métal solide, tandis que le chlore est un gaz verdâtre. En eux-mêmes, ces deux produits chimiques sont extrêmement dangereux, mais quand ils sont combinés en un composé, ils prennent la forme du sel de table le plus ordinaire.

Le sucre est un hydrate de carbone, un composé chimique fait de carbone, d'hydrogène et d'oxygène. Le sucre de table est appelé saccharose. Il existe d'autres sucres, comme le glucose, le fructose, le lactose et le maltose.

361

La course des morceaux de sucre

MATÉRIEL

des morceaux de sucre
un verre rempli d'eau froide du robinet
un verre rempli d'eau très chaude du robinet
une cuillère
un crayon et du papier

Peut-on dissoudre plus de morceaux de sucre dans de l'eau froide que dans de l'eau chaude ? Faisons la course et nous verrons bien.

Que faire ? Mettre un morceau de sucre dans de l'eau froide et mélanger jusqu'à ce que tous les cristaux aient disparu, c'est-à-dire se soient dissous complètement. Continuer à mettre des morceaux de sucre dans l'eau froide, l'un après l'autre – en les comptant – jusqu'à ce que le sucre ne se dissolve plus. On s'en rend facilement compte car des petits cristaux de sucre restent alors en suspension dans l'eau et finissent par couler au fond du verre.

Refaire toute l'opération, mais avec de l'eau chaude, en s'assurant que l'on compte avec précision le nombre de morceaux de sucre qui se sont dissous dans les deux verres. Noter ces deux chiffres. Quel verre a accepté le plus de morceaux de sucre ?

Que se passe-t-il ? L'eau froide arrive à dissoudre moins de morceaux de sucre que l'eau chaude.

Pourquoi ? Les premiers morceaux de sucre se dissolvent facilement et complètement dans les deux verres. Puis, à mesure que l'on ajoute d'autres morceaux, la solution atteint le point où les cristaux ne peuvent plus se dissoudre et restent donc visibles. Les chimistes et les scientifiques parlent alors d'une solution saturée. Plus de morceaux de sucre peuvent se dissoudre dans l'eau chaude parce que la chaleur de l'eau fait bouger les molécules plus vite et plus loin. De ce fait, les espaces entre les molécules d'eau sont plus grands, ce qui permet à plus de sucre de venir s'y loger.

Lent et sucré

362

MATÉRIEL

2 morceaux de sucre
un petit récipient
un marteau ou une pierre
2 verres à moitié remplis d'eau

Qu'est-ce qui se dissout le plus vite, un morceau de sucre entier ou un morceau écrasé ?

Que faire ? Écraser un des morceaux de sucre dans le récipient, à l'aide du marteau. Laisser l'autre morceau entier. Les déposer dans l'eau de chacun des verres, au même moment.

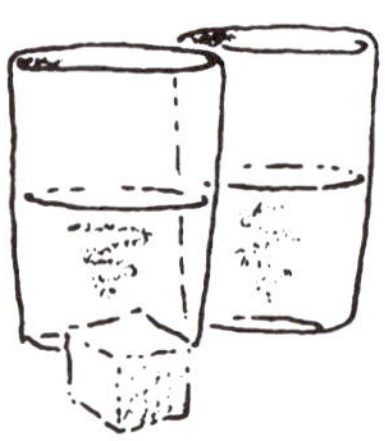

Que se passe-t-il ? Le morceau écrasé se dissout plus rapidement.

Pourquoi ? Les molécules d'eau s'attaquent d'abord aux parties extérieures du sucre solide, avant de pouvoir s'attaquer à l'intérieur. Cela prend un certain temps. Lorsque les molécules d'eau entrent en contact avec plus de surface du sucre, puisque le morceau est écrasé, la vitesse de solubilité (le rythme à laquelle une substance se dissout) est plus élevée.

Tout doux

MATÉRIEL

un biscuit sec non salé

363

Notre corps est une usine chimique complexe, comme cette simple expérience va te le montrer.

Que faire ? Mâcher le biscuit sec lentement, pendant quelques minutes.

Que se passe-t-il ? Le biscuit prend un goût légèrement sucré.

Pourquoi ? La salive contient des substances appelées enzymes. L'enzyme styaline brise les amidons et les autres hydrates de carbone d'un sucre appelé maltose. Quand on mâche un biscuit sec, l'amidon qu'il contient se change en sucre, que l'on sent sur la langue.

Hydrates de carbone

Les composés organiques appelés hydrates de carbone se retrouvent dans les aliments comme le sucre, le pain, les pommes de terre et les biscuits secs. Ils sont constitués d'atomes de carbone, d'hydrogène et d'oxygène.

364 Attention carie !

MATÉRIEL

une dent
un verre de coca

Tu veux savoir à quelle vitesse une dent se dissout dans du coca ?

Ne t'arrache pas une dent pour réaliser cette expérience, et ne prends pas le dentier de Grand-Maman ! Mais si jamais tu trouves une dent quelque part chez toi, essaie donc ceci !

Que faire ? Mettre la dent dans le verre de coca. L'y laisser une semaine au moins.

Que se passe-t-il ? La dent commence à se dissoudre.

Pourquoi ? Tu sais à présent pourquoi tes parents et le dentiste te disent de ne pas boire trop de boissons sucrées avec un fort taux d'acidité. Même si tes dents ne restent pas continuellement en contact avec le coca, le taux de sucre élevé et l'acidité que contient ce genre de boisson peut affecter leur état, au fil du temps. Dans cette expérience, le sucre et l'acidité parviennent à dissoudre la dent, même lorsqu'elle est protégée par sa surface d'émail.

Froid d'eau 365

MATÉRIEL

10 glaçons
2 tasses
1 cuillérée à soupe de sel
2 thermomètres
un marqueur
un papier et du crayon

Qu'est-ce qui est le plus froid, la glace normale ou la glace salée ?

Que faire ? Marquer les tasses avec le marqueur, l'une « salée » et l'autre « non salée ». Placer un thermomètre dans chacune d'elles. Entourer les thermomètres de glaçons, en mettant environ 5 d'entre eux dans chaque tasse. Verser le sel sur et autour des glaçons dans une tasse. Attendre une trentaine de minutes. Noter les températures atteintes par les deux thermomètres.

Que se passe-t-il ? La température de la tasse contenant la glace et le sel est plus basse.

Pourquoi ? L'eau gèle à 0°C. Dans l'eau non salée, la température reste habituellement au-dessus du point de congélation, tandis que celle de l'eau salée descend bien en dessous. Le sel capte la chaleur des glaçons et les refroidit beaucoup plus, tout en faisant descendre la température affichée par le thermomètre.

Et ensuite : Refais cette expérience, mais en utilisant de la glace pilée au lieu de glaçons. La glace pilée donne-t-elle de l'eau plus froide ? Note les températures obtenues dans chacune des expériences et compare les résultats.

INDEX

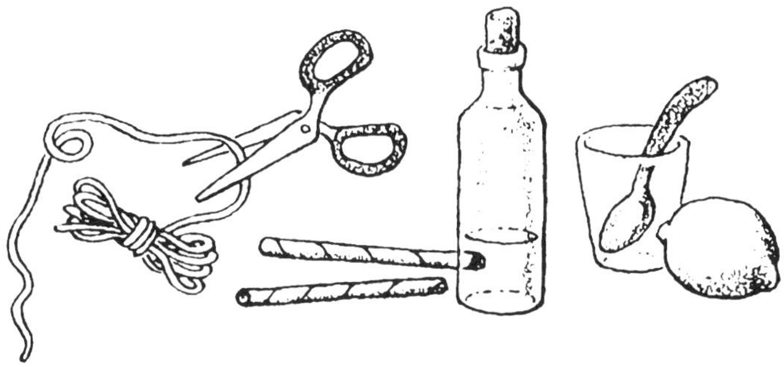

A

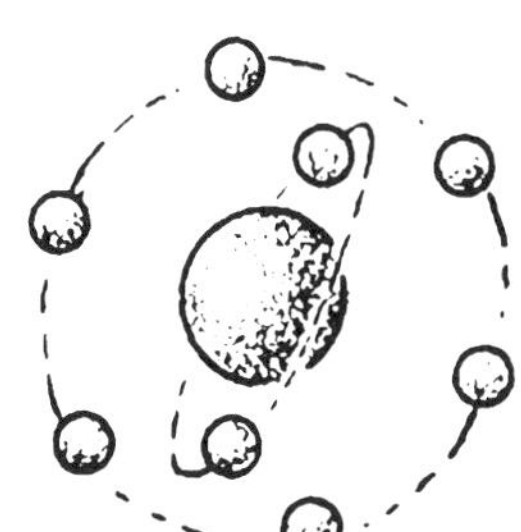

B

C

D

E

F

L

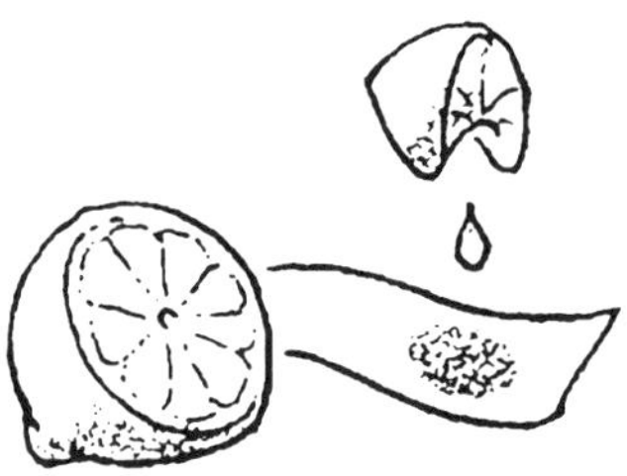

M

N

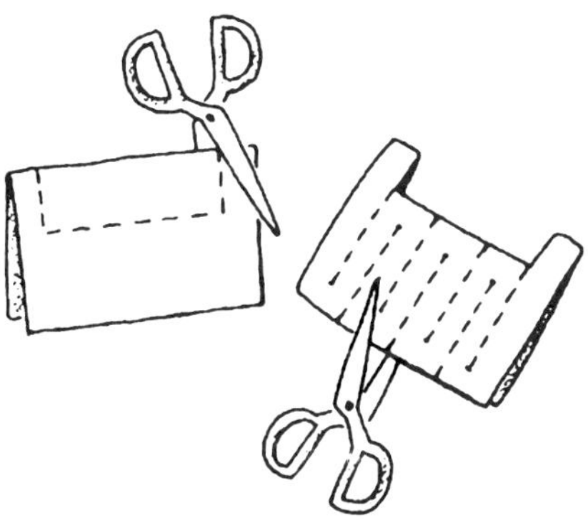

O

P

R

S

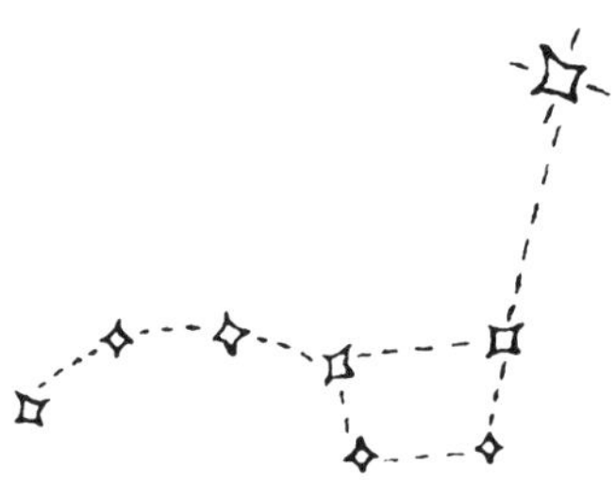

T

V

W